KB057133

나무 도감

세밀화로 그린 보리 큰도감

나무 도감

초판 펴낸 날 2001년 4월 15일
개정증보판 1쇄 펴낸 날 2019년 1월 31일 | **3쇄 펴낸 날** 2022년 2월 21일

그림 이제호, 손경희, 임병국
글 임경빈(서울대 명예교수), 김준호(서울대 명예교수), 김용심(자유기고가), 보리 편집부
감수 임경빈
도와주신 분 강동익(치악산국립공원), 박수현(한국식물분류학회), 양영환(제주민속자연사박물관)
전의식(한국식물연구회), 최명섭(임업연구원), 탁동철(강원도 상평초등학교), 홍은주(이산산림문화연구소)

초판 편집 김용란, 박정훈, 심조원, 유현미, 이대경
개정증보판 편집 김소영, 김수연, 김용란
디자인 이안디자인
제작 심준엽
영업 나길훈, 안명선, 양병희, 원숙영, 조현정
독자 사업(잡지) 정영지
새사업팀 조서연
경영 지원 신종호, 임혜정, 한선희
인쇄 (주)로얄프로세스
제본 과성제책

펴낸이 유문숙
펴낸 곳 (주) 도서출판 보리
출판등록 1991년 8월 6일 제 9-279호
주소 경기도 파주시 직지길 492 (우편번호 10881)
전화 (031)955-3535 / **전송** (031)950-9501
누리집 www.boribook.com **전자우편** bori@boribook.com

값 80,000원
보리는 나무 한 그루를 베어 낼 가치가 있는지 생각하며 책을 만듭니다.

ISBN 979-11-6314-025-2 06480 978-89-8428-832-4 (세트)
이 도서의 국립중앙도서관 출판예정도서목록(CIP)은 서지정보유통지원시스템 홈페이지(http://seoji.nl.go.kr)와 국가자료공동목록시스템(http://www.nl.go.kr/kolisnet)에서
이용하실 수 있습니다. (CIP 제어번호 : CIP2018041696)

나무 도감

세밀화로 그린 보리 큰도감

우리나라에 사는 나무 137종

그림 이제호 외 / 글 임경빈 외

보리

일러두기

1. 우리나라에 사는 토박이 나무와 흔히 볼 수 있는 나무 137종을 실었다.
2. 이 책에는 원색 그림 454점, 흑백 그림 85점이 실려 있다. 그림은 모두 살아 있는 나무를 보고 그렸다.
3. 아이부터 어른까지 함께 볼 수 있도록 쉽게 풀어 썼다. 어려운 식물학 용어는 풀어 썼다.
4. 이 책은 '우리 겨레와 나무', '산과 들에서 자라는 나무', '더 알아보기'로 구성하였다. '우리 겨레와 나무'에서는 우리나라에 어떤 나무들이 자라는지, 철 따라 나무가 어떻게 달라지는지, 우리 겨레가 살림에 어떻게 써 왔는지 알 수 있다. '산과 들에서 자라는 나무'에는 가나다 차례로 나무 한 종 한 종에 대한 자세한 설명 글과 세밀화가 실려 있다. '더 알아보기'에는 나무줄기, 잎, 꽃, 열매의 생김새와 나무를 심고 가꾸는 법을 실었다. 흑백 선그림을 곁들여 알기 쉽게 하였다. 나무를 쉽게 찾아볼 수 있게 '우리 이름 찾아보기', '학명 찾아보기', '분류 찾아보기'도 덧붙였다.
5. 나무 이름과 학명, 분류는 국가표준식물목록(국가생물종지식정보시스템)을 따랐다. 《대한식물도감》(이창복, 향문사, 2003), 《한국식물도감》(이영노, 교학사, 2002)과 《조선식물지》(과학기술출판사, 2000), 《국가생물종목록집 「북한지역 관속식물」》(환경부 국립생물자원관, 2018)을 참고했다. 북녘 이름은 '구름나무[북]'같이 표시했다. 사람들이 흔히 쓰는 이름은 그대로 따랐다.
   · 앵도나무 → 앵두나무
6. 맞춤법과 띄어쓰기는 국립국어원 누리집에 있는 《표준국어대사전》을 따랐다. 과명에 사이시옷은 적용하지 않았다.
   · 버드나뭇과 → 버드나무과
7. 우리나라 고유종은 ☯ 그림 기호로 표시했다.
   · 개나리☯

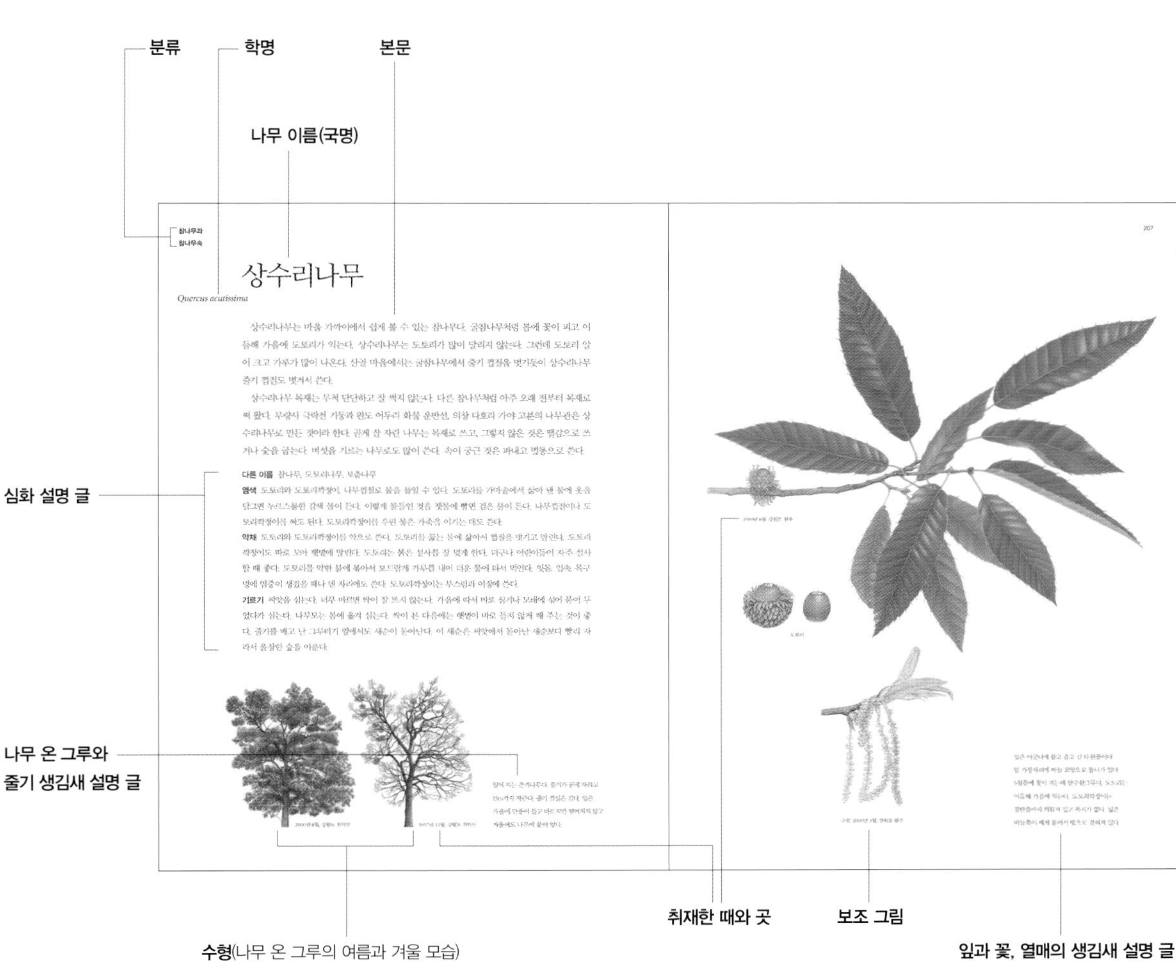
분류
학명
본문
나무 이름(국명)
참나무과
참나무속
상수리나무
Quercus acutissima
상수리나무는 마을 가까이에서 쉽게 볼 수 있는 참나무다. 굴참나무처럼 봄에 꽃이 피고 이듬해 가을에 도토리가 익는다. 상수리나무는 도토리가 많이 달리지 않는다. 그런데 도토리 알이 크고 가루가 많이 나온다. 산골 마을에서는 굴참나무에서 줄기 껍질을 벗기듯이 상수리나무 줄기 껍질도 벗겨서 쓴다.
상수리나무 목재는 무척 단단하고 잘 썩지 않는다. 다른 참나무처럼 아주 오래 전부터 목재로 써 왔다. 무량사 극락전 기둥과 완도 어두리 화물 운반선, 의창 다호리 가야 고분의 나무관은 상수리나무로 만든 것이라 한다. 곧게 잘 자란 나무는 목재로 쓰고, 그렇지 않은 것은 땔감으로 쓰거나 숯을 굽는다. 버섯을 기르는 나무로도 많이 쓴다. 속이 궁근 것은 파내고 벌통으로 쓴다.
다른 이름 참나무, 도토리나무, 보춤나무
염색 도토리와 도토리깍정이, 나무껍질로 물을 들일 수 있다. 도토리를 가마솥에서 삶아 낸 물에 옷을 담그면 누르스름한 갈색 물이 든다. 이렇게 물들인 것을 잿물에 빨면 검은 물이 든다. 나무껍질이나 도토리깍정이를 써도 된다. 도토리깍정이를 우린 물은 가죽을 이기는 데도 쓴다.
약재 도토리와 도토리깍정이를 약으로 쓴다. 도토리를 끓는 물에 삶아서 껍질을 벗기고 말린다. 도토리깍정이도 따로 모아 햇볕에 말린다. 도토리는 묽은 설사를 잘 멎게 한다. 더구나 어린이들이 자주 설사할 때 좋다. 도토리를 약한 불에 볶아서 보드랍게 가루를 내어 더운 물에 타서 먹인다. 잇몸, 입속, 목구멍에 염증이 생겼을 때나 덴 자리에도 쓴다. 도토리깍정이는 부스럼과 이질에 쓴다.
기르기 씨앗을 심는다. 너무 마르면 싹이 잘 트지 않는다. 가을에 따서 바로 심거나 모래에 섞어 묻어 두었다가 심는다. 나무모는 봄에 옮겨 심는다. 싹이 튼 다음에는 햇볕이 바로 들지 않게 해 주는 것이 좋다. 줄기를 베고 난 그루터기 옆에서도 새순이 돋아난다. 이 새순은 씨앗에서 돋아난 새순보다 빨리 자라서 울창한 숲을 이룬다.
207
심화 설명 글
나무 온 그루와
줄기 생김새 설명 글
수형(나무 온 그루의 여름과 겨울 모습)
취재한 때와 곳
보조 그림
잎과 꽃, 열매의 생김새 설명 글

차례

더 알아보기

그림으로 찾아보기

굴참나무 94
귀룽나무 96
귤나무 98
낙엽송(일본잎갈나무) 100
노간주나무 102
느릅나무 104
느티나무 106
능금나무 108
능소화 110
다래 112
닥나무 114
단풍나무 116

담쟁이덩굴 118
대추나무 122
독일가문비나무 124
돌배나무 126
동백나무 128
두릅나무 130
두충 132
떡갈나무 134
뜰보리수 136
리기다소나무 138
마가목 140
매실나무(매화나무) 142
맹종죽(죽순대) 144

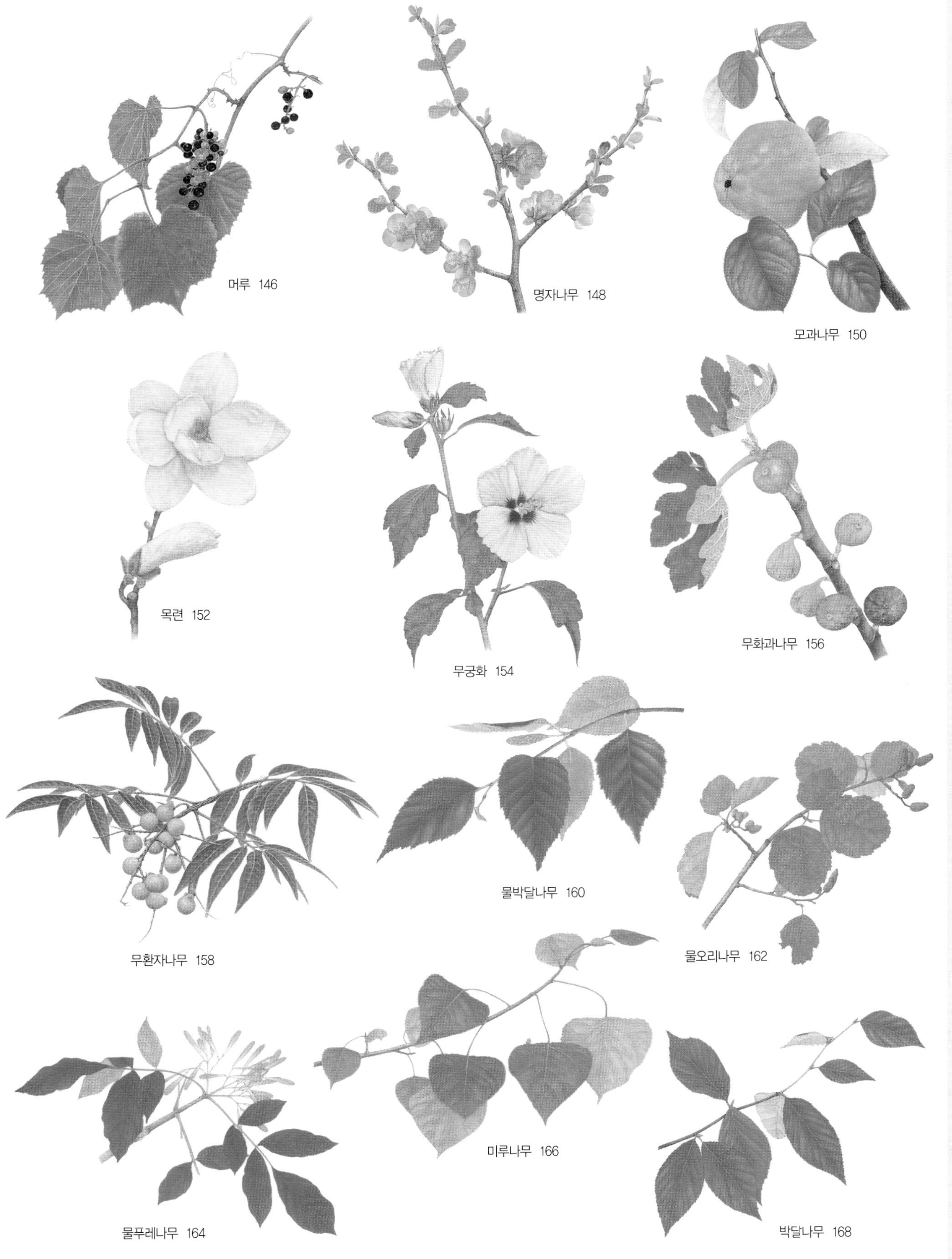
머루 146
명자나무 148
모과나무 150
목련 152
무궁화 154
무화과나무 156
무환자나무 158
물박달나무 160
물오리나무 162
물푸레나무 164
미루나무 166
박달나무 168

밤나무 172
박태기나무 170
배나무 174
벚나무 178
버드나무 176
보리수나무 180
복분자딸기 182
복숭아나무(복사나무) 184
붉나무 186
비자나무 188
뽕나무 190
사과나무 192

산딸기 196
사철나무 194
산수유 200
산사나무 198
산초나무 202
살구나무 204
상수리나무 206
생강나무 208
서양측백나무 210
석류나무 212
소나무 214
솜대(분죽) 216
스트로브잣나무 218

신갈나무 220
싸리 222
아까시나무 224
앵두나무(앵도나무) 226
오갈피나무 228
오동나무 230
오리나무 232
오미자 234
옻나무 236
왕대 238
유자나무 240
으름덩굴 242
은행나무 244

음나무(엄나무) 246

이스라지 248

인동덩굴 250

자귀나무 252

자두나무 254

자작나무 256

잣나무 258

전나무 260

조릿대 262

조팝나무 264

졸참나무 266

주목 268

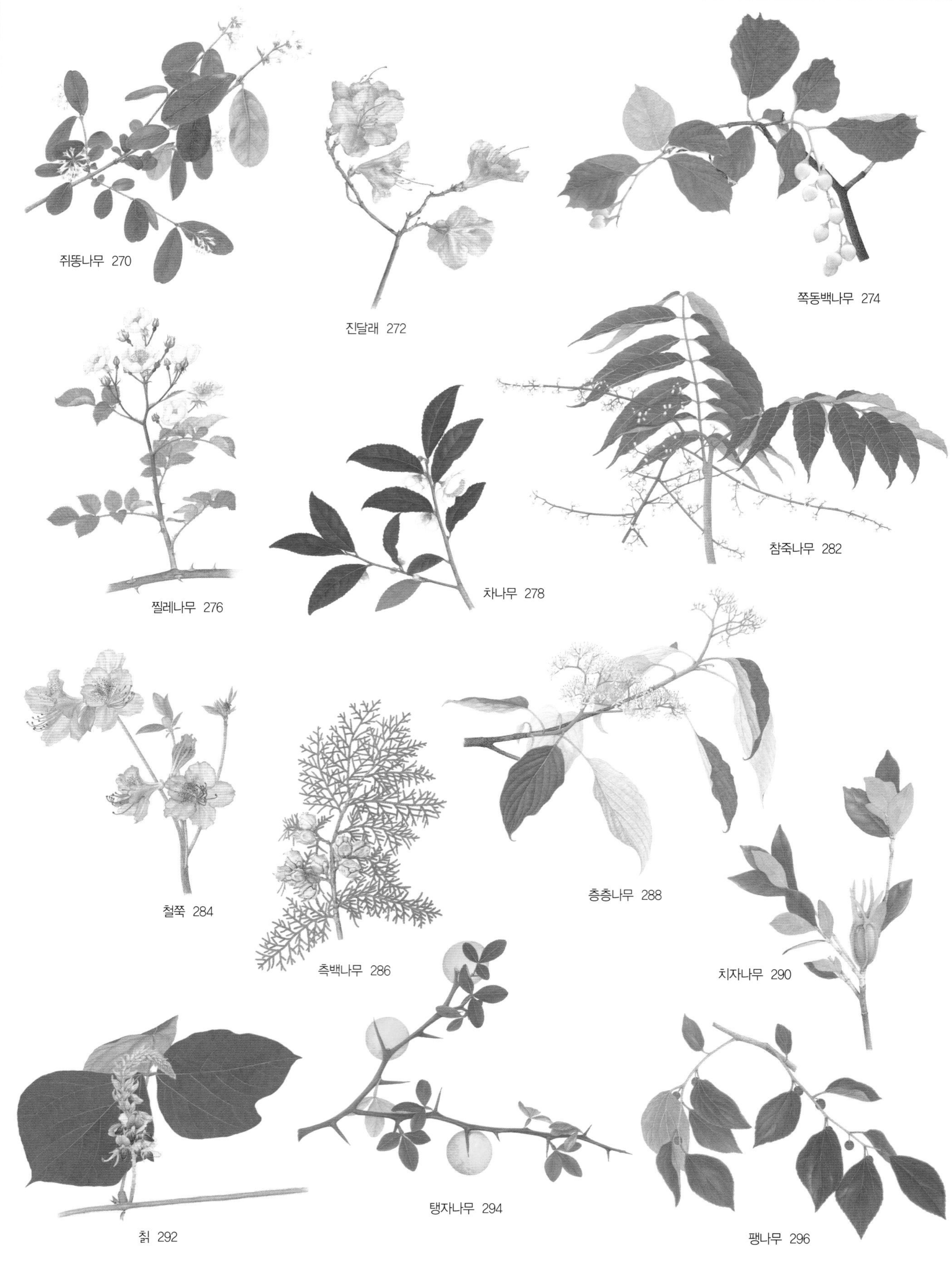
쥐똥나무 270
진달래 272
쪽동백나무 274
찔레나무 276
차나무 278
참죽나무 282
철쭉 284
측백나무 286
층층나무 288
치자나무 290
칡 292
탱자나무 294
팽나무 296

포도 298
플라타너스(버즘나무) 300
피나무 302
함박꽃나무 304
해당화 306
해송(곰솔) 308
향나무 310
호두나무 312
회양목 316
화살나무 314
회화나무 318
히말라야시다(개잎갈나무) 320

우리 겨레와 나무

여러 가지 나무를 갖추어 심으면
봄에는 꽃을 보고, 여름에는 그늘에서 쉬고, 가을에는 열매를 먹는다.
또 재목과 살림살이를 다 나무에서 얻을 수 있다.
그래서 옛날 사람들은 나무 심는 것을 소중히 여겼다.

-《산림경제》(홍만선, 1643~1715)에서

우리나라 나무

식물은 뿌리를 내린 바로 그 자리에서 한평생 산다. 하지만 아무 곳에서나 뿌리를 내리지 않는다. 소나무가 물속에서 살지 못하고 연꽃이 산에서 살지 못하듯이 식물은 꼭 알맞은 곳이 아니면 뿌리를 내리지 않는다.

우리나라에서 사는 식물은 우리나라 기후와 풍토가 살기에 알맞기 때문에 잘 자란다. 우리나라는 날씨가 따뜻하고 비가 많이 내리는 편이다. 봄, 여름, 가을, 겨울, 사철이 뚜렷하고 땅이 남북으로 길게 놓여 있다. 그래서 4,000종이 넘는 식물이 자라고 있다. 또 600종이 넘는 나무가 자라서 울창한 숲을 이룬다. 우리 겨레는 숲이 베풀어 주는 은혜를 듬뿍 받으며 살아왔다.

우리나라 자연 환경과 나무

숲이 생기기에 알맞은 우리나라 날씨

우리나라는 유라시아 대륙의 동북쪽 해안에 자리 잡고 있다. 지구 위의 어느 나라든지 대륙의 동쪽 해안에 가까운 나라들은 숲이 울창하다. 대륙의 동쪽 지역에 숲이 발달하는 까닭은 지구가 서쪽에서 동쪽으로 자전하기 때문이다. 지구가 자전을 하면서 바닷바람이 동쪽에서 서쪽으로 밀려간다. 이 축축한 공기는 육지에 닿자마자 식으면서 빗물이 되어 동쪽 해안에 내린다. 지구 위의 모든 나라에 숲이 있지는 않다. 보통 대륙의 가운데에는 비가 내리지 않는 사막이 생긴다.

숲이 생기려면 비가 한 해에 적어도 750mm가 넘게 내려야 하는데 우리나라는 일 년 동안 보통 1,100mm가 넘게 비가 온다. 그리고 우리나라는 한 해 평균 기온이 11℃로 아주 춥지도 않고 아주 덥지도 않은 온대 기후이다. 그래서 숲이 생기기에 알맞다.

우리나라 아한대림, 온대림, 난대림

우리나라는 땅이 남북으로 길게 놓여 있다. 그래서 북쪽 지방은 남쪽 지방보다 겨울에 더 춥고, 남쪽 지방은 북쪽 지방보다 여름에 더 덥다. 북쪽 지방은 기온이 아한대에 가깝다. 아한대 지방에는 바늘잎나무가 자란다. 백두산 기슭에는 가문비나무나 전나무 같은 바늘잎나무가 자란다.

따뜻한 남쪽 지방에는 일 년 내내 푸른 잎을 달고 있는 늘푸른나무가 자란다. 제주도나 남해안 섬에는 동백나무, 유자나무, 차나무, 치자나무 같은 늘푸른나무가 많이 자란다. 이 나무들이 자라는 곳을 난대라고 한다. 난대는 온대보다 조금 더 따뜻하고 열대보다는 더 서늘한 곳이다.

북쪽 지방과 남쪽 지방 사이에 있는 중부 지방에는 겨울에 잎이 지는 갈잎나무들이 자란다. 갈잎나무로 이루어진 숲을 온대림이라고 한다. 온대림에는 상수리나무, 굴참나무, 졸참나무, 갈참나무, 떡갈나무, 신갈나무 같은 참나무가 많이 자란다.

이처럼 참나무가 많아서 우리나라 식물대를 참나무대라고도 한다. 참나무대는 북쪽으로 길게 뻗어서 중국 동북부 만주에 이르기까지 넓게 퍼져 있다.

참나무 사이에서 새로운 참나무가 나타나기도 한다. 예를 들면 떡갈나무와 신갈나무 사이에서 떡신갈나무가 생기고 갈참나무와 졸참나무 사이에서 갈졸참나무가 생긴다. 우리나라에 사는 참나무는 병에 걸리지 않고 잘 자란다. 우리나라의 기후와 풍토가 참나무가 자라기에 알맞기 때문이다.

우리나라에는 높은 산이 많다. 산은 높이 올라갈수록 기온이 낮아진다. 보통 100m를 오를 때마다 0.5℃쯤 낮아진다. 산을 100m 오를 때마다 기차를 타고 남쪽에서 북쪽으로 110km 달렸을 때만큼이나 기온이 낮아진다. 따라서 산기슭보다 높은 산꼭대기는 무척 기온이 낮다. 높은 산 위에서 자라는 식물은 따로 있다. 구상나무나 주목 같은 나무들이다. 이런 바늘잎나무는 지리산이나 설악산이나 한라산 같은 큰 산의 높은 곳에서 자라는데 아한대 지방에서도 자란다.

북부 지방에 사는 바늘잎나무

가문비나무 전나무 잣나무

중부 지방에 사는 갈잎나무

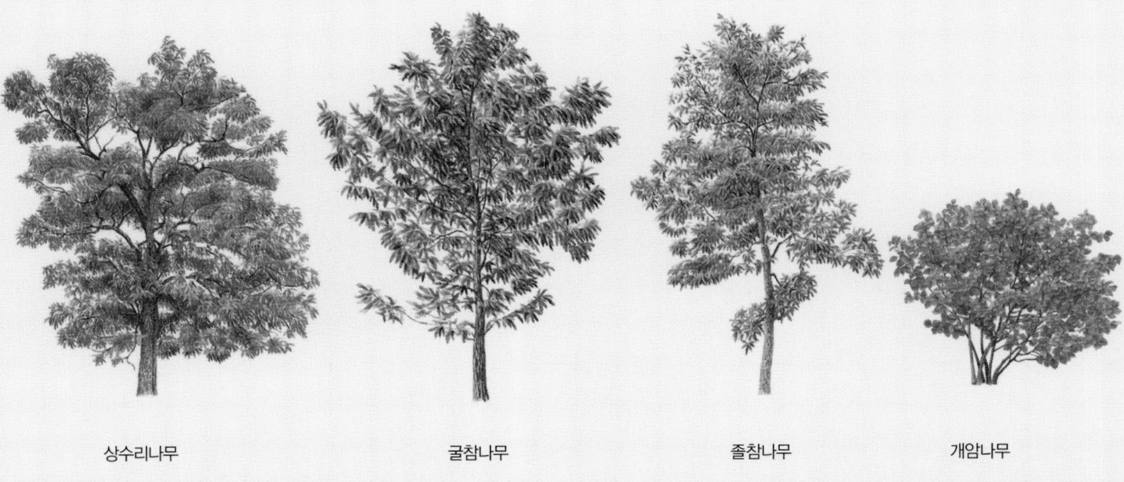

상수리나무 굴참나무 졸참나무 개암나무

남부 지방에 사는 늘푸른나무

동백나무 유자나무 차나무 치자나무

우리나라 산과 숲

나무가 좋아하는 땅

식물은 흙 속에 뿌리를 뻗고 산다. 그런데 물기가 적고 메마른 흙에서 잘 자라는 식물과 물기가 많은 흙에서 자라는 식물이 다르다. 소나무나 박달나무는 물기가 적고 메마른 흙에서 자란다. 이 나무들은 물기가 많은 흙을 싫어한다. 소나무는 사람들이 산기슭에서 자라는 다른 나무를 베어 냈기 때문에 아래로 내려와서 자라게 되었다. 이제는 마을 뒷산이나 개울가 모래땅에서도 잘 자란다.

물이 흐르는 산골짜기 가까이에는 물기를 좋아하는 나무가 자란다. 버드나무, 오리나무, 느티나무, 물푸레나무 같은 나무다. 겉으로 보기에 물기가 없는 것처럼 보이는 곳도 물푸레나무 밑을 파 보면 물이 나온다.

물을 많이 좋아하는 나무도 있다. 개울가나 습지에서 자라는 버드나무나 오리나무는 물을 무척 좋아한다. 이 나무들은 다른 나무가 살지 못하는 질퍽한 땅에서도 잘 자란다. 이렇게 나무는 저마다 살기에 알맞은 곳에서만 뿌리를 내리고 자란다.

나무가 이루는 숲의 질서

숲에서 자라는 식물들은 저마다 키가 다 다르다. 숲은 식물의 키에 따라 여러 층으로 이루어진다.

숲을 이루는 맨 위층은 큰키나무들이 차지하고 있다. 키가 보통 20~30m 되는 나무들이다. 갈참나무, 떡갈나무, 상수리나무, 주목, 가문비나무, 전나무, 비자나무 같은 키가 큰 나무는 어느 것이나 맨 위층을 이룬다. 이렇게 큰 나무들은 모두 햇빛을 좋아한다.

큰키나무 아래에는 작은키나무들로 이루어진 층이 있다. 보통 키가 7~8m쯤 자라는 나무들이다. 단풍나무, 쪽동백나무, 함박꽃나무 들이다. 큰키나무가 너무 우거져서 작은키나무가 없는 숲도 꽤 많다. 작은키나무 밑에는 떨기나무가 층을 이룬다. 떨기나무층은 사람 키만큼 자라는 작은 나무들로 이루어진다. 높이가 2m쯤 된다. 개암나무, 국수나무, 싸리, 진달래 들이다.

떨기나무 아래는 풀이 있다. 풀은 큰키나무나 떨기나무가 엉성할수록 무성하게 나고 배게 있을수록 보잘것없다. 풀 아래는 이끼가 있다. 이끼는 키가 작아서 땅에 찰싹 붙어 있다.

숲을 이루는 식물들은 저마다 층을 이루며 질서 있게 자라고 있다. 맨 위에서 땅바닥까지 공간을 사이좋게 나눠 가진다. 가장 위층을 이루는 큰키나무가 가장 햇빛을 많이 받고, 맨 아래층에 사는 이끼는 가장 적게 받는다.

숲속에는 덩굴나무도 자란다. 칡이나 오미자나 인동덩굴은 줄기가 곧게 서지 못하고 무엇을 감으면서 자란다. 가느다란 줄기로 햇빛을 찾아서 키가 큰 나무나 바위를 감고 기어오른다. 덩굴식물들은 숲 가장자리에 많이 자란다. 그래서 덩굴식물 때문에 숲이 안과 밖으로 나뉜다. 숲속은 바깥보다 햇빛이 약하고 습도가 높고 바람이 적어야 한다. 덩굴식물들은 숲 가장자리에 장막을 쳐서 숲을 보호한다. 이렇게 덩굴식물들이 자라는 모습이 마치 숲이 망토를 입은 것 같다고 해서 망토군락이라고 한다.

여러 가지 큰키나무

신갈나무 느티나무 소나무 박달나무

여러 가지 작은키나무

매실나무 살구나무 귤나무 동백나무

여러 가지 떨기나무

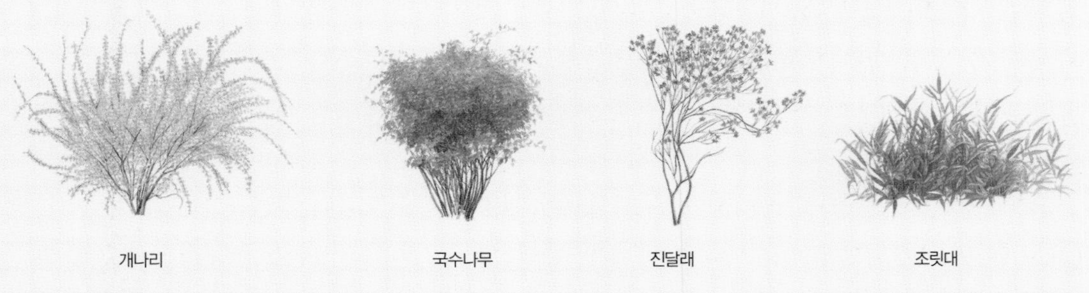

개나리 국수나무 진달래 조릿대

여러 가지 덩굴나무

포도 으름덩굴 인동덩굴 담쟁이덩굴

철 따라 달라지는 나무

사철 다른 우리 나무

우리나라는 봄, 여름, 가을, 겨울, 사철이 뚜렷하다. 나무들은 철 따라 모습이 달라진다. 봄에는 나무들이 꽃을 피우고 잎을 펼친다. 여름에는 줄기와 가지가 무성하게 자라고 잎이 우거져서 그늘을 드리운다. 가을에는 열매가 여물고 울긋불긋한 단풍이 산과 들을 물들인다. 겨울에는 잎이 떨어지고 나뭇가지와 겨울눈이 드러난다.

나무의 봄살이

이른 봄에 꽃 피는 나무는 잎이 나기에 앞서 꽃이 먼저 핀다. 그 가운데서도 산에서 가장 먼저 꽃이 피는 나무는 생강나무다. 3월 중순쯤에 양지바른 산기슭에서 노란 꽃을 피운다. 이때는 바람 끝이 아직 찰 때라서 추우면 꽃잎을 오므리고 따뜻하면 펴기를 몇 번이고 되풀이한다. 농사꾼들은 생강나무 꽃을 보고 농사 채비를 서두른다. 볍씨를 담그고, 보리밭에 김을 매고 거름주기에 바빠진다. 생강나무는 꽃이 피고 나서 한 달이나 지나야 잎이 나온다.

생강나무 꽃이 핀 지 열흘쯤 지나면 동네에서 산수유 꽃이 핀다. 산수유도 꽃이 잎보다 먼저 핀다. 산수유 꽃은 생강나무 꽃보다 더 다닥다닥 붙는다. 그래서 더 화려하다. 산수유 꽃이 핀 지 다시 열흘쯤 지나면 울타리에서 개나리꽃이 핀다. 이때가 4월 초순이다. 봄이 빠른 제주에서는 더 빨리 핀다. 이른 봄에 피는 꽃은 모두 노란색이다. 생강나무 꽃, 산수유 꽃, 개나리꽃이 모두 노란색이다. 개나리꽃이 질 무렵이 되면 뜰에서 목련이 핀다.

4월 중순이 되면 진달래가 핀다. 산비탈이 붉게 보이도록 온 산에서 피어난다. 진달래꽃이 질 때가 되면 봄이 한창 무르익는다. 동네마다 여기저기서 과일나무 꽃이 피어난다.

새순이 돋은 느티나무

앵두나무, 살구나무, 복숭아나무, 벚나무가 앞서거니 뒤서거니 하면서 꽃이 핀다. 들에는 아지랑이가 끼고 사람들 옷차림도 가볍고 밝아진다. 버드나무는 가느다란 가지에 연한 잎이 나온다.

이제 나무마다 나뭇잎이 돋아나기 시작한다. 겨울 동안 비늘잎 속에 꼬깃꼬깃 접혀서 웅크리고 있던 어린싹이 두껍고 딱딱한 비늘잎을 헤치고 돋아난다. 이때부터 나무에서 나물을 할 수 있다. 두릅나무 새순은 이 무렵에 난다. 두릅보다 조금 늦게 울타리 가에 심어 놓은 참죽나무에서 새순이 올라온다. 이 무렵에 산에 가면 산나물이 한창 난다. 오갈피나무나 고추나무나 화살나무는 어린잎을 따서 먹는다. 끓는 물에 데쳐서 무쳐 먹으면 아주 맛있다. 어지간한 산나물은 삶아 말려서 묵나물을 해 두고 먹는다.

5월로 접어들면 나뭇잎이 푸르게 우거지기 시작한다. 멀리서 신갈나무 숲을 바라보면 빛깔이 날마다 달라진다. 거무튀튀하던 빛깔이 조금씩 밝아지다가 하루 이틀 사이에 연한 풀빛이 된다. 이제 산은 하루가 다르게 풀빛이 짙어진다. 참나무 잎이 푸르게 될 때쯤이면 뒤늦게 산벚나무 꽃이 핀다. 산벚나무 꽃은 연한 분홍색이다. 푸른 산속에서 군데군데 보이는 벚꽃은 참 보기 좋다.

봄에 피는 꽃

살구꽃

자두나무 꽃

매화

벚꽃
진달래꽃
돌배나무 꽃
사과나무 꽃
앵두꽃
백목련 꽃
복사꽃
개나리꽃
보리수나무 꽃
물오리나무 꽃
생강나무 꽃
산수유 꽃

나무의 여름살이

초여름에 접어들면 철쭉꽃이 핀다. 철쭉은 꽃이 피면서 잎도 함께 핀다. 붉은 철쭉꽃은 진달래꽃보다 색이 짙다. 진달래꽃은 그냥 따 먹지만 철쭉꽃은 못 먹는다. 그래서 진달래꽃을 참꽃이라 하고 철쭉꽃을 개꽃이라 한다.

철쭉꽃이 질 때가 되면 아까시나무 꽃이 활짝 핀다. 아까시나무 꽃은 남쪽 지방에서 5월 초순에 피기 시작하여 점점 북쪽으로 올라온다. 서울에서는 5월 중순쯤에 핀다. 아까시나무 꽃이 피면 산어귀가 하얗게 덮인다. 이 무렵에 아까시나무 가까이 가면 달콤하고 향기로운 꽃향기가 물씬 풍긴다. 벌도 아주 많이 모여든다.

대추나무는 이제서야 잎이 피기 시작한다. 다른 나무가 잎이 한창 푸르게 자라도록 죽은 듯이 있다가 뒤늦게 새싹이 나오는 것이다. 새싹이 나오기 시작하면 아주 빠르게 자란다. 대추도 밤이나 감보다 빨리 여문다.

대밭에서는 죽순이 올라온다. 죽순은 굵직하고 검붉은 소뿔처럼 생겼다. 왕대나 솜대나 맹종죽에서 올라온 죽순을 먹는다. 맹종죽 죽순이 4월 말에 가장 먼저 올라오고, 솜대 죽순이 5월, 왕대 죽순이 6월에 올라온다.

아까시나무 꽃이 핀 지 한 달쯤 지나 6월 중순이 되면 밤꽃이 핀다. 밤나무는 꽃이 나무를 덮어서 온 나무가 하얗게 보인다. 그래서 밤나무가 많은 산은 온 산이 흰색으로 덮인다. 밤꽃에는 꿀이 많아서 벌도 많이 모여든다.

6월에는 소나무에서 새순이 올라온다. 묵은 가지의 바늘잎은 우중충한데 새순은 산뜻한 연두색이다. 새순을 비틀어 뽑으면 소나무 껍질이 벗겨진다. 소나무 껍질에서 바늘잎을 떼어 내고 겉껍질을 벗겨 내면 푸른 속껍질이 남는다. 이것을 '송기'라고 한다. 송기 속에는 당분이 들어 있어 달짝지근한 맛이 난다. 옛날에 흉년이 들어 양식이 없을 때 많이 먹었다.

잎이 우거진 느티나무

7월에는 싸리 꽃이 핀다. 싸리는 키가 작아서 꽃이 피어도 다른 나무에 가려서 잘 보이지 않는다. 하지만 양지바른 곳에 외따로 서 있는 싸리는 꽃이 무척 화려해 보인다. 싸리 꽃에도 꿀이 많다. 아까시나무 꽃, 밤꽃, 싸리 꽃에는 꿀이 많아서 벌을 치는 사람들이 좋아한다. 꽃 피는 때를 맞추어 남쪽에서부터 북쪽으로 옮겨 다니면서 벌통을 놓는다. 나무의 종류에 따라 꿀도 다르다. 아까시나무 꿀이나 싸리 꿀은 맑고 향이 은은하다. 밤 꿀은 색이 탁하고 쓴맛이 나며 향이 짙다.

여름에는 뜰에서 무궁화꽃이 핀다. 무궁화는 꽃봉오리가 가지의 밑에서부터 위까지 촘촘히 달려 있다. 초여름에 밑에서 꽃이 피기 시작하여 점점 위로 올라간다. 하루에 한 송이씩 여름 내내 잇달아 피고 진다.

감꽃도 핀다. 감꽃은 오목한 단지 모양이다. 꽃잎은 매끄럽고 도톰하다. 색은 젖빛인데 떨어진 뒤에는 점점 누래진다. 감꽃을 아삭아삭 씹으면 처음에는 떫어도 자꾸 씹다 보면 단맛이 우러난다. 실에 꿰어 목에 걸고 다니기도 한다.

여름에는 열매가 익는 나무도 많다. 초여름이 되면 뽕나무에 오디가 검게 익고 벚나무 열매인 버찌가 익는다. 앵두, 살구, 자두, 매실도 초여름에 난다. 이어서 복숭아가 익기 시작한다. 복숭아는 초여름에 나는 올복숭아부터 초가을에 나는 늦복숭아에 이르기까지 종류가 아주 많다. 맛은 늦복숭아가 더 좋다. 산에서는 산딸기를 비롯하여 멍석딸기, 나무딸기, 복분자딸기가 한여름에 익는다.

여름에 피는 꽃, 여름에 익는 과일

싸리 꽃
무궁화꽃
밤꽃
아까시나무 꽃
찔레꽃
버찌
포도
오디
매실
살구
자두

나무의 가을살이

어느덧 서늘한 가을이 되었다. 가을에는 나무 열매가 풍성하게 여문다. 먼저 개암나무 열매가 여문다. 개암나무는 산기슭 양지바른 곳에서 자라는 떨기나무다. 개암은 작은 밤처럼 생겼고 색이 연한 황갈색이다. 깨물면 '딱' 하는 소리가 크게 난다. 개암은 얇은 잎처럼 생긴 오글오글한 싸개 속에 반쯤 묻혀 있다. 종지에 반쯤 묻혀 있는 도토리 같다. 가을이 깊어지면 개암이 익어서 저절로 떨어진다. 밤에는 보늬가 있어 떫지만 개암은 고소하다. 개암나무가 있는 곳을 한번 알아 놓으면 해마다 그곳에 가서 개암을 주울 수 있다.

가을이 무르익어 9월 하순이 되면 머루가 익는다. 머루는 포도와 비슷한데 포도보다 알이 작고 송이가 성기게 붙는다. 잘 익은 머루는 물이 많고 달다. 깊은 산속에서 나는 다래는 서리가 내려야만 익는다. 서리 내릴 때를 기다렸다가 다래나무 밑에 가 보면 다래가 떨어져 있다. 다래는 달걀 모양이고 황록색을 띤다. 먹으면 단맛이 물씬 난다. 다래가 익을 무렵에는 으름과 산딸나무 열매도 익는다. 으름은 작은 바나나같이 생겼다. 다갈색 열매가 갈라지면 하얀 속살이 드러난다. 속살 속에는 검정색 씨앗이 많이 들어 있다. 바나나보다 더 달지만 씨앗이 많다. 산딸나무 열매는 동그랗고 딸기처럼 모여 달린다. 이름도 딸기와 비슷하다고 산딸나무다. 거북이 등껍질 같은 무늬가 있다. 빨갛게 익는데 부드럽고 달다.

가을에는 산에 가서 밤이나 감을 딸 수 있다. 밤은 여물면 저절로 떨어진다. 가시투성이 밤송이가 벌어지고 그 속에 있던 알밤이 떨어진다. 감은 붉게 익어도 떨어지지 않고 가지에 붙어 있다. 높은 나무에 매달린 감을 따려면 긴 장대에 올가미를 달아매서 딴다. 감은 햇가지에서 열리기 때문에 가지를 꺾어서 딴다. 감을 딸 때는 모조리 따지 않고 몇 알을 남겨 놓는다. 이것을 까치밥이라고 한다.

단풍이 든 느티나무

가을이 깊어지면 푸른 잎은 붉은색이나 노란색으로 바뀐다. 단풍나무나 붉나무, 감나무, 담쟁이덩굴 잎은 붉은색으로 바뀐다. 은행나무를 비롯하여 미루나무, 팽나무, 낙엽송 잎은 노란색으로 바뀐다. 나뭇잎이 곱게 물든 우리나라 가을 숲은 참 아름답다.

푸른 잎이 가을이 되면 어떻게 붉은색이나 노란색으로 바뀔까. 본디 푸른 잎 속에는 엽록소라는 푸른 색소와 크산토필이라는 노란 색소가 들어 있다. 여름 동안 엽록소가 크산토필의 위를 덮고 있다. 그래서 노란색이 풀색에 가려서 보이지 않는다. 그러다가 가을에 잎이 노랗게 되는 것은 크산토필 위를 덮고 있던 엽록소가 녹아 없어져서 노란색이 드러나기 때문이다. 또 잎이 붉어지는 것은 엽록소가 안토시안이라는 붉은 색소로 바뀌기 때문이다. 가을이 되어 날씨가 추워지고 낮의 길이가 짧아지기 때문에 이런 일이 생긴다.

이제 날씨가 제법 쌀쌀해졌다. 된서리가 오고 나면 울긋불긋 물들었던 잎들은 바람이 불지 않아도 힘없이 떨어진다. 잎이 지는 나무들은 가지만 앙상하게 남는다. 잎이 떨어진 자리에는 자국이 남는다. 나무는 이 자리에 물과 병균이 들어가지 못하고, 추위에도 얼지 않도록 말끔히 마무리한다. 잎이 떨어진 가지에는 이듬해에 싹 틀 눈이 남아 있다. 떨어진 잎은 땅 위에 수북이 쌓인다. 밟으면 신발이 파묻히고 와삭와삭 소리가 난다. 가랑잎은 썩어서 그 나무의 거름이 된다. 우리 겨레는 가을에 가랑잎을 긁어모아 구들방을 따뜻하게 데웠다. 또 두엄을 만들어 논밭을 기름지게 가꾸어 왔다

가을에 여무는 열매

감

호두

다래

대추
으름
머루
산딸나무
밤
모과
사과
배

나무의 겨우살이

어느덧 겨울이 왔다. 나무들은 가을에 잎을 훌훌 떼어 내고 몸을 줄여서 겨우살이에 들어간다. 여름에는 우거진 잎 때문에 가지가 잘 보이지 않지만 겨울에는 나무마다 가지 생김새가 잘 드러난다. 날렵한 어린 가지는 위로 힘 있게 뻗치고 굵고 늙은 가지는 구불구불 옆으로 뻗는다.

멀리서 바라본 겨울 참나무 숲은 짙은 잿빛을 띠어 단조롭게 보인다. 하지만 눈여겨보면 줄기와 가지, 어린 가지와 늙은 가지, 가지와 눈의 색이 저마다 다르다. 참나무 가운데에서 상수리나무와 떡갈나무는 시들어서 누렇게 된 잎을 매단 채 겨울을 난다. 봄이 되어 새잎이 돋아나야만 묵은잎이 떨어지는 것이다. 바람이 불면 떡갈나무나 상수리나무에 달린 묵은잎이 흔들리면서 버석버석 소리를 낸다.

추운 곳에 사는 나무들은 가지에 겨울눈을 가지고 있다. 겨울눈은 생긴 그해에는 자라지 않고 겨울을 지나 이듬해에야 싹이나 꽃으로 자란다. 겨울눈은 수많은 딱딱한 비늘잎으로 싸여 있다. 비늘잎은 기왓장처럼 겹겹이 겹쳐져서 속에 있는 어린싹을 감싸고 있다. 나무들은 매서운 추위에서 살아남으려고 겨울눈에 여러 가지 보호 장치를 곁들인다. 치자나무 겨울눈은 비늘잎의 겉에 밀랍을 덮어쓰고, 철쭉의 겨울눈은 끈적끈적한 물질을 덮어쓰고 있다. 리기다소나무의 겨울눈은 송진을 바르고 목련의 겨울눈은 보송보송한 잔털을 뒤집어쓰고 있다.

어떻게 하여 겨울눈은 추운 겨울에도 끄떡없이 살아남을까? 완전히 자란 겨울눈은 곧 싹 트지 않고 얼마 동안 깊은 겨울잠에 빠진다. 이것을 휴면이라고 한다. 잠자는 기간은 나무마다 다르다. 또 휴면하는 겨울눈은 어떻게 매서운 추위에 얼지 않고 봄에 새싹이 돋아날까. 그것은 날씨가 추워지면 겨울눈의 세포 속에 있는 물이 밖으로 빠져나오기 때문이다.

잎이 진 느티나무

만약 온도가 0℃ 이하일 때 세포 속에 물이 들어 있으면 그것이 세포 속에서 얼게 된다. 그러면 물보다 얼음의 부피가 크기 때문에 세포가 눌려 죽게 된다. 이렇게 물이 빠져나오는 현상은 겨울눈뿐만 아니라 줄기나 가지에서도 일어난다. 가을에서 겨울로 접어들면 나무의 세포들은 물을 밖으로 내보내고 물에 녹는 당분도 많이 만들어 놓는다. 그러면 세포 속에서 물이 얼지 않는다. 봄이 되어 날씨가 따뜻해지면 물이 세포 속으로 다시 들어가서 새싹이 돋아난다.

상수리나무와 굴참나무는 가지에 설익은 작은 열매를 단 채로 겨울을 난다. 이 어린 도토리는 이듬해 가을에 익는다. 봄에 가루받이를 끝낸 소나무도 겨울 동안 작은 열매를 달고 있다가 이듬해 가을에 솔방울을 만든다. 개암나무와 자작나무는 가지에 긴 수꽃을 늘어뜨리고 봄을 맞는다.

겨울에도 꽃이 피는 나무들이 있다. 매실나무는 겨울에 꽃이 핀다. 눈이 채 녹지 않았을 때부터 꽃이 핀다. 동백나무도 겨울에 꽃을 피운다. 동백나무는 남해안 섬과 제주도에서 자라는 늘푸른나무다. 동백나무가 자라는 남쪽 지방에서는 차나무와 보리장나무도 겨울에 꽃이 핀다.

겨울 숲에 눈이 너무 내리면 눈 때문에 화를 입을 수도 있다. 소나무 숲에 눈이 많이 쌓이면 낭패를 당한다. 눈 무게에 눌린 가지가 견디다 못해 꺾이기 때문이다. 억센 줄기마저도 부러진다. 눈이 많은 동해안에서는 겨울 동안 소나무 가지가 부러지는 일이 많다. 하지만 잎이 진 참나무는 눈이 어지간히 쌓여도 부러지는 일이 좀처럼 없다.

여러 가지 겨울눈

물오리나무 눈

살구나무 눈

앵두나무 눈

개나리 눈

백목련 눈

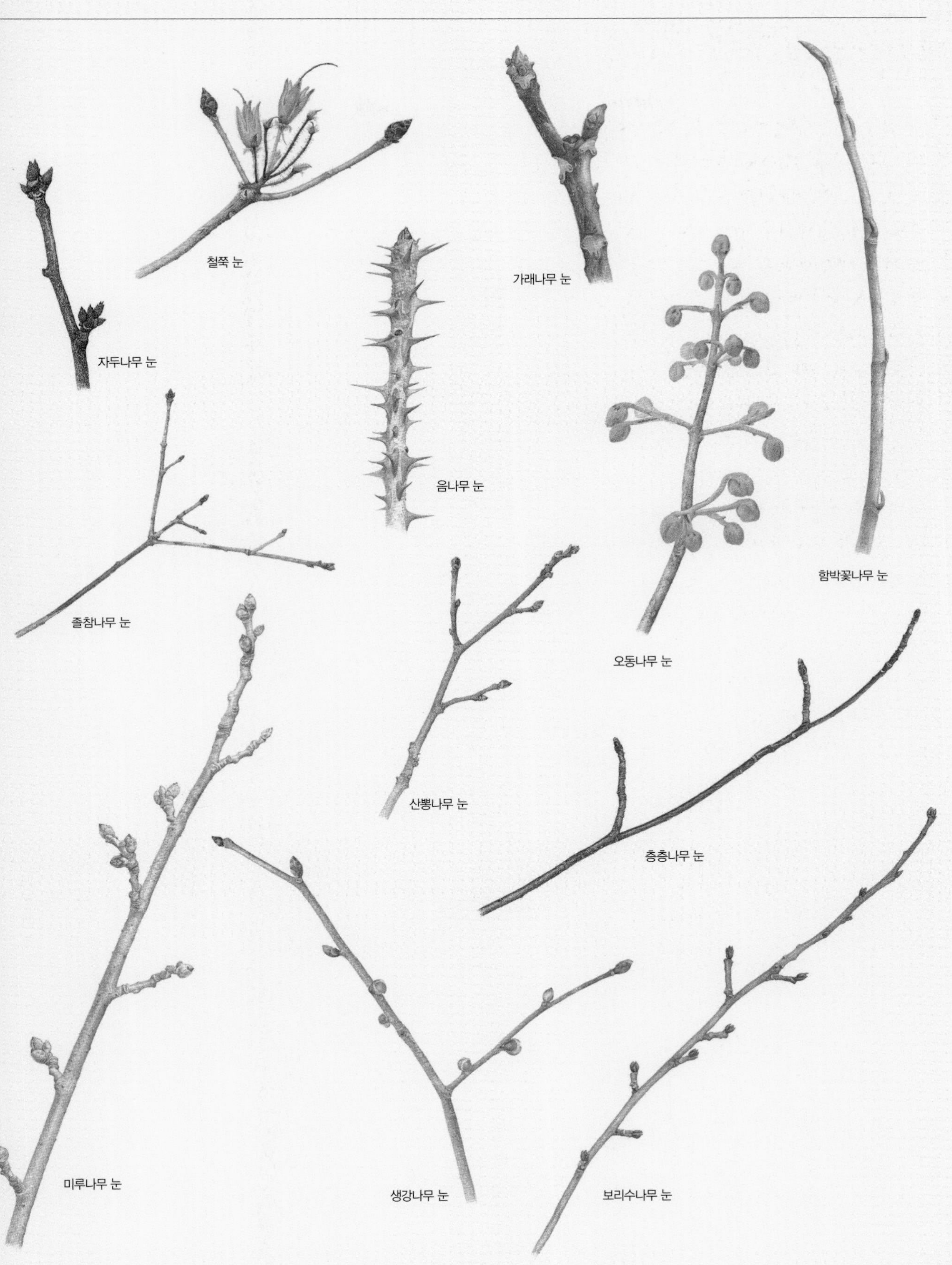
철쭉 눈
자두나무 눈
가래나무 눈
음나무 눈
함박꽃나무 눈
졸참나무 눈
오동나무 눈
산뽕나무 눈
층층나무 눈
미루나무 눈
생강나무 눈
보리수나무 눈

쓸모가 많은 우리 나무

우리 겨레는 나무와 함께 살아왔다. 아주 오래 전부터 나무 열매를 따 먹고 나무로 집을 지었다. 나무로 연장을 만들고 농사를 지었다. 통나무를 파서 그 속에 곡식을 갈무리하고, 그릇을 깎아서 음식을 담았다. 몸이 아프면 풀이나 나무로 약을 해 먹었다. 또 나무를 때서 구들을 덥히고 열매로 기름을 짜서 어둠을 밝혔다. 뽕나무를 길러서 누에를 치고, 나무에서 물감을 뽑아 물을 들였다. 나무로 종이를 만들고 나무에 글자를 파서 책을 찍었다.

맛있는 나무 열매와 산나물

맛있는 나무 열매, 과일

우리나라에는 먹을 수 있는 나무 열매가 많다. 바로 과일이다. 초여름이면 뽕나무에 오디가 검게 익고, 벚나무에는 버찌가 검붉게 익는다. 이어서 앵두, 살구, 자두, 복숭아가 여름 과일로 나온다. 한여름이 지나면 포도가 익고 가을이 되면 사과나 배가 나온다. 또 대추, 밤, 호두같이 여문 과일을 따고 늦가을이 되면 감이나 고욤을 딴다. 이렇게 과일은 저마다 나는 때가 다르다.

과일을 따려면 때를 맞추어서 따야 한다. 때를 놓쳐서 너무 익은 것을 따면 물러져서 금방 썩는다. 덜 익은 과일은 맛이 안 좋고 금방 시들어서 쭈그러든다. 한 나무에서도 과일이 익는 때가 다르다. 과일을 딸 때는 한 나무에서 한 번에 다 따려 들지 말고 익는 대로 몇 차례 나누어 따는 것이 좋다.

과일을 딸 때는 조심해야 할 것이 많다. 우선 나무가 상하지 않도록 하고, 낮은 가지에 달린 것부터 따서 위로 올라가는 것이 좋다. 과일은 꼭지가 뽑히거나 부러지지 않게 따야 한다. 과일이 다 익으면 꼭지가 나무에서 쉽게 떨어진다. 또 흙이나 검불이 묻지 않도록 한다. 물이 묻어도 안 좋다.

밤은 다 여물었을 때 따야 한다. 덜 여물었을 때 푸른 밤송이를 장대로 쳐서 억지로 따면 안 된다. 덜 익은 밤은 맛이 없을 뿐만 아니라 잘 썩기 때문에 두고 먹을 수 없다. 또 밤송이를 억지로 털다 보면 가지를 세게 치게 된다. 그러면 이듬해에 밤이 열릴 눈이 많이 떨어진다. 그래서 밤은 밤송이가 누렇게 되어 벌어지기 시작하는 때에 따야 한다. 이때는 장대로 가볍게 쳐도 밤송이가 쉽게 떨어지고 밤도 맛있다. 껍질이 반질반질하고 살은 단단하고 맛이 좋다.

자두는 너무 익으면 안 좋다. 살이 물러져서 잘 터지고 오래 두고 먹기도 어렵기 때문이다. 껍질이 불그스름해지면 따는 것이 좋다. 복숭아도 껍질이 분홍색으로 바뀌면 딴다. 돌배는 초가을에 색이 누렇게 바뀌면 따서 독에 넣어 둔다. 그러면 맛이 들어서 더 달다. 은행은 가을에 열매가 다 여물면 장대로 쳐서 한데 모아 놓고 거적이나 가마니를 덮어 둔다. 며칠이 지나면 열매껍질이 썩는데 이때 물에 씻으면 은행알을 얻을 수 있다.

딴 과일은 바람이 잘 통하고 습기가 없는 곳에 두고 먹는다. 신맛이 나는 과일은 쇠로 만든 그릇에 담지 말고 나무 그릇이나 바구니에 담아 두는 것이 좋다. 옛날에는 밤을 헛간 바닥을 파서 그 속에 묻어 두고 겨우내 먹기도 했다. 사과나 배는 상자에 왕겨를 담고 파묻어 두었다. 대추나 살구처럼 그냥 말리기도 하고 밤이나 곶감처럼 껍질을 벗겨서 말려 두기도 했다. 고욤은 단지에 넣고 검게 삭혀서 먹었다.

술이나 식초나 통조림이나 잼을 만들어서 먹기도 한다. 무엇보다 과일술은 몸에 좋아서 집집이 조금씩 담가 두고 노인이나 몸이 약한 사람이 마시도록 했다. 감이나 사과는 식초를 만들어서 음식에도 넣고 약으로도 마신다. 유자나 모과나 매실도 약으로 쓴다.

맛있는 나무 열매

신갈나무 도토리
떡갈나무 도토리
상수리
졸참나무 도토리
갈참나무 도토리
굴참나무 도토리
밤
오미자
은행
구기자
뜰보리수 열매
버찌
복분자
보리수나무 열매
머루
산수유
석류

나물로 먹는 나무순

옛날에는 봄에 나는 나무순은 다 먹었다고 할 정도로 온갖 나뭇잎을 뜯어 먹고 살았다. 요즘은 산나물이라고 하면 반찬으로만 먹지만 옛날에는 나물로 끼니를 때웠다. 산골에 사는 사람들은 봄이면 나물을 많이 뜯어다가 삶아서 말려 둔다. 그리고 겨우내 이 묵나물을 곡식에 섞어 밥을 해 먹거나 죽을 끓여 먹었다. 지금도 강원도에서는 이렇게 먹는 나물을 밥나물이라고 한다.

나무순 가운데서도 두릅나무나 음나무 순은 맛이 아주 좋다. 두릅나무 순은 두릅이라고 하고 음나무 순은 개두릅이라고 한다. 둘 다 살짝 데쳐서 초고추장에 찍어 먹는데 향긋하면서도 쌉싸름한 맛이 난다. 두릅이나 개두릅은 순을 따도 또 돋아난다. 그렇지만 두 번째 돋아나는 순은 안 뜯는 것이 좋다. 나오는 순마다 다 뜯으면 나무가 자랄 수 없기 때문이다. 또 나물을 한다고 가지나 줄기를 해쳐서도 안 된다.

화살나무 어린잎은 홑잎나물이라고 한다. 홑잎나물은 삶아서 우려낸 뒤에 무쳐 먹는다. 쪽동백나무나 생강나무의 어린잎은 쌀가루를 묻혀서 기름에 튀겨 먹는다. 참죽나무 어린순은 날로 고추장에 찍어 먹기도 하고, 말렸다가 쌀가루를 묻혀서 기름에 튀겨 먹기도 한다. 다래 순은 삶아 무치면 부드럽고 맛이 구수하다.

산나물로 먹는 나무

나무 이름	먹는 곳	나는 때	나는 곳	먹는 법
고로쇠나무	어린잎	5월	양지바른 산골짜기	데쳐서 무쳐 먹는다.
구기자나무	어린잎	봄	밭둑, 산비탈에 절로 나거나 집 가까이에 심어 기른다.	잘게 썰어서 나물밥을 해 먹거나 데쳐서 무쳐 먹는다. 삶아 말려 두었다가 먹기도 한다.
느릅나무	어린잎, 뿌리 속껍질	4월	산기슭이나 마을	어린잎은 나물로 무쳐 먹고 뿌리 속껍질은 가루를 내어 국수를 해 먹는다.
느티나무	어린잎	봄	산기슭이나 마을	콩가루를 묻혀서 쪄 먹는다.
다래	어린싹	4월	깊은 산	데쳐서 나물로 무쳐 먹는다.
닥나무	어린싹, 어린잎	4월	산골짜기	데쳐서 먹는다.
단풍나무	어린잎	봄	산골짜기 우거진 숲	데쳐서 무쳐 먹는다.
두릅나무	어린싹, 어린잎	4월	산기슭이나 마을	데쳐서 초고추장에 찍어 먹거나 양념을 발라 구워 먹는다.
맹종죽	죽순	4월 말	남쪽 지방에서 심어 기른다.	꼭 익혀서 먹어야 한다.
붉나무	어린잎	봄	산	데쳐서 우려내고 무쳐 먹는다.
생강나무	어린싹, 어린잎	4월	산	나물로 무치거나 찹쌀가루에 묻혀 튀겨 먹는다. 잎을 말렸다가 차로 마시기도 한다.
솜대	죽순	5월	남쪽 지방에서 심어 기른다.	데쳐서 나물로 먹는다. 꼭 익혀 먹어야 한다.
오갈피나무	어린싹, 어린잎	4월	산골짜기	데쳐서 먹는다.
오미자	어린잎	4월	산기슭	데쳐서 우려내고 무쳐 먹는다.
옻나무	어린잎	봄	산이나 밭	데쳐서 무쳐 먹는다. 옻을 타는 사람은 절대로 먹으면 안 된다.
왕대	죽순	6월	남쪽 지방에서 심어 기른다.	굽거나 삶아서 먹는다. 소금에 절여서도 먹는다. 꼭 익혀 먹어야 한다.
으름덩굴	어린싹	4월	산기슭	데쳐서 먹는다.
음나무	어린싹	4월	산기슭이나 산골짜기	살짝 데쳐서 양념을 해 먹는다.
조팝나무	어린싹, 어린잎	4월	산기슭	데쳐서 먹는다.
참나무	어린잎	봄	산	데쳐서 무쳐 먹는다.
참죽나무	어린잎	4월	집이나 마을	날로 무쳐 먹는다. 데쳐서 말려 두고 먹는다.
칡	어린잎	봄	산기슭	데쳐서 무쳐 먹는다.
팽나무	어린잎	4월	마을이나 들	삶아서 여러 번 물에 우려내야 탈 없이 먹을 수 있다.
화살나무	어린싹, 어린잎	4월	산기슭이나 들	데쳐서 나물로 무쳐 먹거나 국을 끓여 먹는다.

열매를 따 먹는 나무

나무 이름	열매 이름	나는 때	나는 곳	먹는 법
가래나무	가래	가을	산골짜기에 저절로 자란다.	껍질을 깨고 먹거나 기름을 짠다.
감나무	감	가을	마당이나 산기슭에 심어 기른다.	홍시가 되도록 두었다가 먹거나 껍질을 벗겨 말려서 곶감을 만들어 먹는다.
개암나무	개암	가을	산기슭에 저절로 자란다.	열매를 그대로 깨물어 먹는다.
고욤나무	고욤	가을	산기슭이나 마을에 저절로 자란다.	단지에 담아 두고 검게 될 때까지 푹 삭혀서 먹는다.
귤나무	귤	겨울	제주도와 남해안에서 심어 기른다.	껍질을 까고 먹는다.
능금나무	능금	여름	마당이나 밭둑에 심어 기른다.	그냥 먹거나 술을 담가 먹는다.
다래	다래	가을	깊은 산에서 난다.	그냥 먹거나 말려서 먹는다.
대추나무	대추	가을	마당이나 밭둑에 심어 기른다.	그냥 먹거나 말려서 약으로 쓴다.
돌배나무	돌배	초가을	산	독에 넣어 두고 맛이 들면 먹는다. 얼려서 먹기도 한다.
뜰보리수	보리똥	초여름	집 가까이 심어 기른다.	그냥 먹거나 술을 담가 먹는다.
마가목	마가목	가을	높은 산	얼려 먹으면 더 달다.
매실나무	매실	초여름	산이나 밭에 심어 기른다.	그냥은 못 먹는다. 즙을 내거나 술을 담가 먹는다.
머루	머루	가을	산기슭이나 산골짜기에 저절로 자란다.	그대로 먹거나 잼이나 즙을 만들어 먹는다. 술도 담근다.
모과나무	모과	가을	집 가까이에 심어 기른다.	그냥은 못 먹는다. 차나 술을 담가 먹는다.
무화과나무	무화과	가을	집 가까이에 심어 기른다.	그냥 먹는다. 말려 두었다가 먹기도 한다.
밤나무	밤	가을	산과 들에 심어 기른다.	껍질을 까서 그냥 먹거나 삶거나 구워서 먹는다.
배나무	배	가을	밭에 심어 기른다.	껍질을 벗기고 먹거나 음식에 넣는다.
벚나무	버찌	초여름	산이나 들에서 난다. 길가에도 심는다.	그냥 먹는다. 잼이나 즙을 만들어 먹기도 한다.
보리수나무	보리똥	가을	산과 들	그냥 따 먹는다. 말려서 약으로도 쓴다.
복분자딸기	복분자, 산딸기	여름	산기슭	그냥 먹는다. 잼이나 술을 만들어 먹기도 한다.
복숭아나무	복숭아	여름	밭에 심어 기른다.	그대로 먹는다.
비자나무	비자	가을	남쪽 지방에서 자란다.	그냥 먹기도 하고 기름도 짠다.
뽕나무	오디	초여름	밭에 심어 기른다.	그냥 먹는다. 잼이나 술을 만들어 먹는다.
사과나무	사과	가을	밭에 심어 기른다.	그냥 먹는다. 잼이나 즙을 만들어 먹기도 한다.
산딸기	산딸기	여름	산기슭이나 들에서 저절로 난다.	따서 바로 먹거나 술이나 잼을 만든다.
산수유	산수유	가을	산기슭이나 산골짜기에서 저절로 난다.	말려서 약으로 쓰거나 차를 만들어 먹는다. 씨는 반드시 발라내고 먹는다.
살구나무	살구	초여름	집 가까이 심어 기른다.	그냥 먹는다. 말려 먹기도 하고 잼을 만들기도 한다.
석류나무	석류	가을	뜰이나 공원에 심어 기른다.	그냥 먹는다. 즙을 짜 마시기도 한다.
앵두나무	앵두	초여름	집 가까이 심어 기른다.	그냥 먹는다. 술을 담그기도 한다. 많이 먹어도 해롭지 않다.
유자나무	유자	가을	남쪽 지방에서 자란다.	그냥은 못 먹고 꿀에 재워서 차를 만들어 먹는다.
으름덩굴	으름	가을	산기슭이나 숲	그냥 따 먹는다.
은행나무	은행	가을	마을이나 길가에 심어 기른다.	구워 먹거나 음식에 넣어 익혀 먹는다. 열매껍질에는 독이 있다.
자두나무	자두	초여름	집이나 밭에 심어 기른다.	그냥 먹는다. 잼을 만든다.
잣나무	잣	가을	높은 산이나 산골짜기	껍질을 까 먹는다. 음식에 넣거나 죽을 쑤어서도 먹는다.
조릿대	죽미	가을	산에서 저절로 자란다. 열매는 몇 년에 한 번 맺는다.	밥을 지어 먹는다. 떡이나 국수를 만들기도 한다.
주목	주목	가을	높은 산	씨를 빼고 먹는다. 씨에는 독이 있어서 먹으면 안 된다.
참나무	도토리	가을	산기슭에서 저절로 자란다.	도토리 가루로 묵이나 국수를 만들어 먹는다.
팽나무	팽	가을	산기슭이나 마을에 자란다.	그냥 먹는다.
포도	포도	여름	밭에 심어 기른다.	그냥 먹거나 잼이나 즙을 만들어서 먹는다. 술도 담근다.
해당화	해당화 열매	초가을	바닷가에 많다. 울타리 삼아 심어 기르기도 한다.	씨를 후벼 내고 먹는다.

기름을 짜는 나무 열매

우리 겨레는 아주 오래 전부터 씨앗에서 기름을 짜서 썼다. 기름을 음식에도 넣고 약으로도 썼다. 등잔불을 켜기도 하고 머리에 바르기도 했다.

동백나무 씨에는 맑은 기름이 들어 있다. 동백나무 씨를 모아서 절구에 넣고 빻아 가루로 만든다. 이것을 채반에 담아서 찐 다음 기름 주머니에 넣고 기름틀에 걸어서 세게 눌러 짠 것이 동백기름이다. 동백기름은 먹기도 한다. 머릿기름이나 등잔 기름으로도 썼다. 도장밥을 만들 때나 연고같이 바르는 약을 만들 때도 쓴다. 쇠붙이로 된 기계나 시계 톱니바퀴에 치기도 한다. 비누를 만들 때도 쓸 수 있다. 차나무 씨에도 맑은 기름이 들어 있다. 차나무 기름의 쓰임새는 동백기름과 같다.

산초나무 열매 속에는 반질반질한 검정색 씨가 들어 있다. 이 씨를 모아서 기름을 짠다. 씨 속에는 맑은 기름이 2~4% 들어 있다. 산초 기름은 약으로 쓰는데 워낙 기름이 적게 나서 귀하게 여긴다. 아이들이 기침을 심하게 할 때 산초 기름에 곶감을 지져서 먹이기도 했다. 아기 어머니들이 젖이 아플 때 바르기도 한다.

호두로도 기름을 짠다. 우리가 먹는 호두는 호두나무 열매 속에 들어 있는 씨의 속살이다. 호두는 그냥 깨 먹어도 아주 고소한데 호두 속에는 기름이 50~60%나 들어 있다. 호두 기름은 날이 어지간히 추워도 굳지 않는다. 냄새도 참 좋다. 너무 귀한 기름이어서 아껴서 먹었다. 아꼈다가 가구에 바르기도 했다. 노간주

기름을 짜는 나무

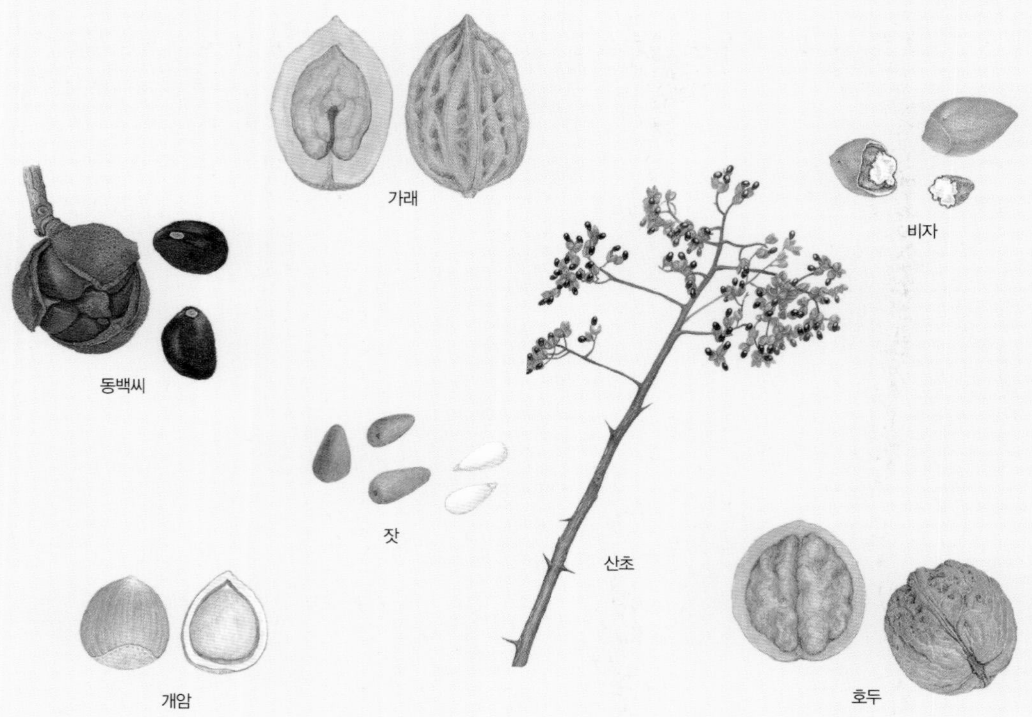

나무 씨로 짠 기름은 등잔불을 밝혔다. 노간주 기름은 향이 좋아서 술이나 음료수에도 넣는다.

싸리는 나무를 태워서 기름을 받는다. 싸리 기름은 헛바늘이 돋거나 입병이 났을 때 약으로 쓴다. 한 해 묵은 싸리를 베어다가 한 뼘쯤 되도록 잘라서 한 줌씩 한데 묶어 단을 만든다. 그리고 한쪽 끝에 불을 붙이면 타면서 기름이 나오는데 이 기름을 접시에 받는다.

생강나무 씨에서도 맑은 기름이 나온다. 씨를 모아서 가루로 빻아 찐 다음 기름틀로 눌러서 기름을 짠다. 기름이 많지는 않지만 전깃불도 없고 석유도 귀할 때 생강나무 기름으로 등잔불을 켰다. 잣에는 맑은 기름이 많이 들어 있다. 잣은 그냥 먹어도 맛이 고소하고 향도 좋다. 비자나무 씨에도 맑은 기름이 들어 있다. 49~52%나 들어 있으니 기름이 많은 편이다. 비자 기름은 튀김하는 데 많이 쓴다. 아주 맛이 좋은 기름이다. 옛날에는 비자 기름으로 등잔불을 켜고 머릿기름으로도 썼다.

옻나무 열매는 익으면 납으로 덮인다. 납은 맑은 기름과 달리 버터나 양초처럼 굳어 있는 기름이다. 납을 뽑으려면 열매를 모아서 찐 다음 기름틀에 눌러서 짠다. 알코올에 담가 녹인 뒤에 알코올을 날려 보내기도 한다. 옻나무에서 뽑은 납은 쓸모가 많다. 양초도 만들고 전기가 흐르지 말라고 전깃줄에 씌우기도 한다.

기름을 짜는 나무

나무 이름	기름이 나는 곳	거두는 때	나는 곳	기름을 쓰는 곳	특징
가래나무	씨앗	9월	산골짜기	음식	
개암나무	씨앗	9월	산기슭	음식	
노간주나무	씨앗	10월	집 둘레	술, 등잔 기름	
동백나무	씨앗	10월	산기슭	머릿기름, 음식	머리에 바르면 절은 냄새가 나지 않고 잘 마르지 않는다.
마가목	씨앗	10월	높은 산	약	
머루	씨앗	9~10월	산	음식, 공업 기름	
비자나무	씨앗	가을	남쪽 지방에서 자란다.	머릿기름, 등잔 기름	
산초나무	씨앗	10월	산기슭	음식, 약	향이 진하다.
살구나무	씨앗	초여름	집 가까이 심어 기른다.	약	
생강나무	씨앗	9월	산	머릿기름, 등잔 기름	생강나무 기름을 머리에 바르면 흰 머리가 안 생긴다고 한다.
싸리	줄기	아무 때나	산	약	피부병이나 옴이 생긴 곳에 바른다.
오미자	씨앗	가을	낮은 산기슭	천식약, 향료	
옻나무	열매	가을	심어 기른다.	양초	
왕대	줄기	아무 때나	남쪽 지방에서 심어 기른다.	약	줄기를 태워서 기름을 받는다.
으름덩굴	씨앗	10월	산기슭	공업 기름	
잣나무	씨앗	10월	높은 산, 산골짜기	음식	
쪽동백나무	씨앗	9월	산과 들	머릿기름, 등잔 기름, 양초	
차나무	씨앗	10~11월	산기슭	머릿기름, 음식	차나무는 해거리를 한다.
팽나무	씨앗	10월	마을 둘레, 길가	음식	
함박꽃나무	씨앗	8~9월	산기슭, 산골짜기	공업 기름	
호두나무	씨앗	9월	뜰이나 밭둑에 심어 기른다.	음식, 약	
히말라야시다	씨앗	가을	남쪽 지방에서 심어 기른다.	공업 기름	

약으로 쓰는 나무

나무는 약으로도 쓴다. 한약방에는 서랍이 많이 달린 약장이 있다. 서랍에는 약 이름이 한자로 적혀 있는데 그 속에는 약으로 쓰는 나무도 많이 있다. 한약방뿐만이 아니다. 옛날에는 집집마다 몇 가지씩 약초를 마련해 두었다. 농사일 하는 틈틈이 산이나 들에서 약에 쓰는 풀이나 나무를 장만해 두었다가 식구가 병이 나면 약을 만들어 주었다. 구기자나 모과처럼 많이 쓰는 것은 마당에 심어 길렀다. 아주 큰 병이 아니면 병원이나 약방을 찾지 않고 집에서 치료를 했다.

약재를 장만할 때 조심할 점

나무에서 약재를 얻으려면 나무가 뿌리를 내린 지 여러 해가 지나야 한다. 오미자만 해도 10년이 넘게 자라야 쓸 만한 오미자를 딸 수 있다. 그러므로 약재를 장만할 때 가장 중요한 것은 약초 자원을 아껴야 한다는 점이다. 더구나 나무껍질이나 뿌리를 쓰는 것은 캐는 때를 잘 지켜서 나무가 말라 죽지 않도록 해야 한다. 또 한 번 껍질을 벗기거나 뿌리를 캔 것은 다시 건드리지 않아야 한다.

약재를 장만하는 때

나무에서 약으로 쓰는 곳은 나무마다 다르다. 꽃이나 열매를 쓰는 것도 있고, 줄기나 잎이나 뿌리를 쓰는 것도 있다. 소나무나 옻나무처럼 나뭇진을 받아서 쓰는 것도 있고, 고로쇠나무처럼 물을 받아서 쓰는 것도 있다. 약으로 쓰는 곳에 따라서 약재를 장만하는 때가 다 다르다.

잎이나 줄기를 약으로 쓰는 것은 보통 여름에 따다가 말려 둔다. 꽃을 약으로 쓰는 것은 꽃이 피었을 때 바로 따는 것이 좋다. 꽃잎이 떨어질 정도로 시든 꽃은 약효가 떨어진다. 열매를 약으로 쓰는 것은 아직 채 익지 않고 푸른색이 없어지기 전에 따야 하는 것이 많다. 모과나 명자나 다래가 그렇다. 호두처럼 씨를 쓰는 것은 충분히 여물었을 때 따 모은다. 뿌리를 쓰는 것은 가을부터 겨울에 걸쳐서 캐야 한다. 봄, 여름에는 나무가 크느라고 뿌리 속이 비어 있기 쉽다. 가을이 되어야 잎과 가지가 말라서 약 기운이 아래로 내려온다. 뿌리껍질을 약으로 쓰는 것은 이른 봄에 장만한다. 또 나무껍질과 가지를 쓰는 것은 5~6월에 장만한다. 이때는 나무가 물을 빨아올리느라고 껍질이 잘 벗겨진다. 약효도 더 좋다. 10월부터는 껍질이 나무에 바싹 붙기 때문에 벗기기가 힘들다.

약재 말리기

약재를 장만하면 썰어서 바람이 잘 드는 그늘에 종이를 펴고 말린다. 열매나 씨는 햇볕에 말리고 꽃은 그늘에서 말린다. 또 음력 9월 전에 장만한 것은 햇볕에 말리는 것이 좋고, 가을 겨울에 캔 것은 그늘에 말리는 것이 좋다. 약재를 보관할 때는 곰팡이가 안 생기게 하는 것이 가장 중요하다. 종이나 헝겊 주머니에 넣어 습기가 없고 바람이 잘 드는 곳에 두어야 한다. 곰팡이나 좀이 스는 것을 조심해서 잘 두면 몇 년 동안 두고 쓸 수 있다. 탱자나 귤 껍질은 오래 두었다가 쓰는 것이 오히려 약효가 좋다.

약으로 쓰는 나무

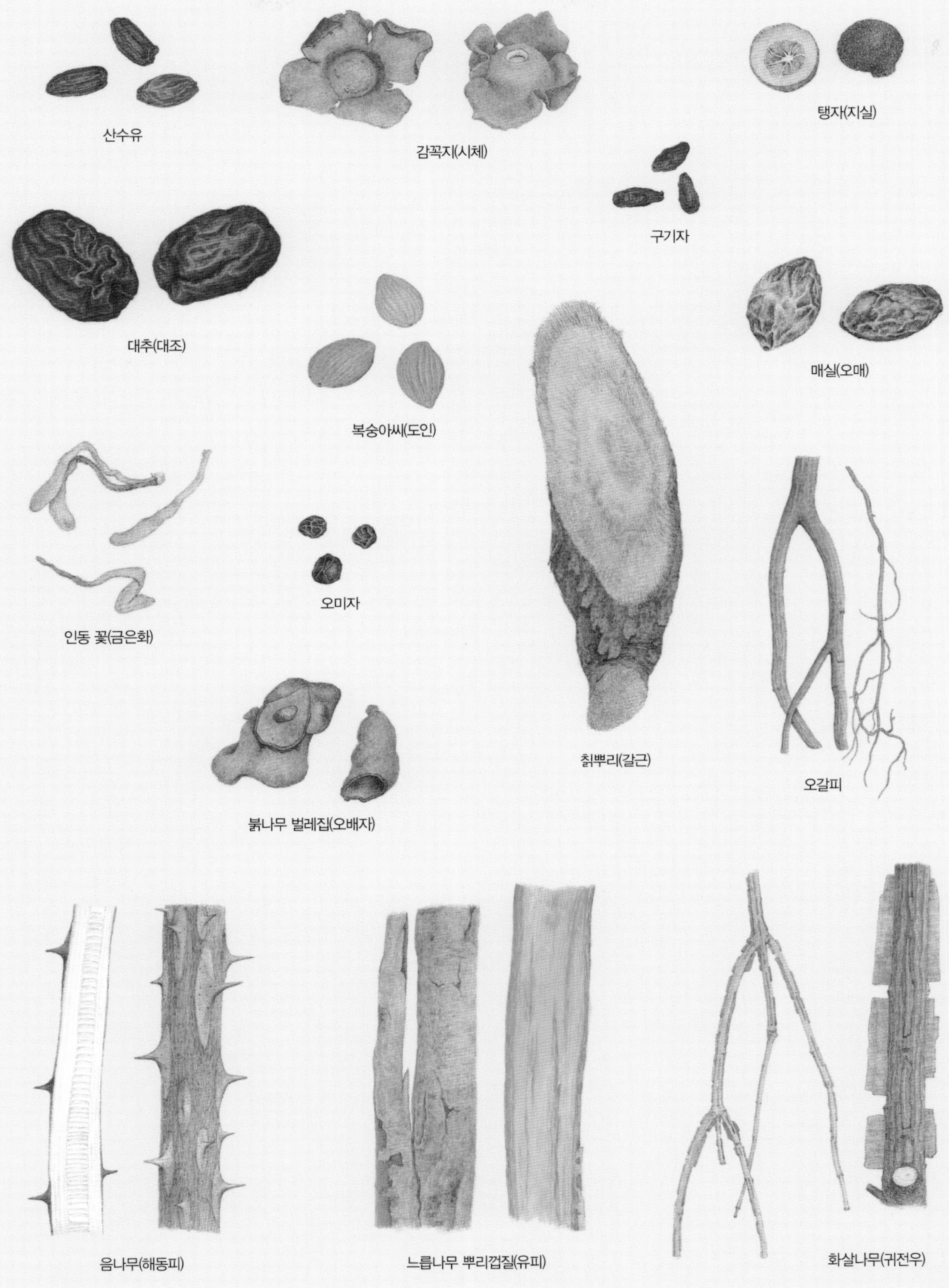
산수유
감꼭지(시체)
탱자(지실)
구기자
대추(대조)
매실(오매)
복숭아씨(도인)
인동 꽃(금은화)
오미자
칡뿌리(갈근)
오갈피
붉나무 벌레집(오배자)
음나무(해동피)
느릅나무 뿌리껍질(유피)
화살나무(귀전우)

약으로 쓰는 나무

나무 이름	약으로 쓰는 곳	약재 이름	거두는 때	약재 만드는 법	쓰는 데
가래나무	껍질	추목피	봄, 가을	봄, 가을에 껍질을 벗겨 햇볕에 말린다.	염증을 없애고 눈을 밝게 한다.
감나무	감꼭지	시체	가을	감이 익었을 때 따서 햇볕에 말린다.	딸국질을 멈추고 설사를 멎게 한다.
개나리	여문 열매	연교	가을	햇볕에 말린다.	피부병이나 살이 곪은 데, 열이 심할 때 쓴다.
개암나무	열매	진자	가을	햇볕에 말렸다가 달이거나 가루를 낸다.	앓고 난 뒤 입맛 없을 때 먹는다.
겨우살이	잎이 달린 줄기	기생목	아무 때나	그늘에 말린다.	혈압을 낮춘다.
고로쇠나무	줄기 즙	골리수	2~3월	나무에 흠집을 내고 물을 받는다.	뼈를 튼튼하게 한다. 몸이 약하거나 늙은 사람에게 좋다.
구기자나무	열매	구기자	가을	햇볕에 말려서 가루를 내어 먹는다.	눈을 밝게 하고 정신을 맑게 해 준다.
귀룽나무	열매, 가지	앵액, 구룡목	아무 때나	햇볕에 말려서 달이거나 술에 담가 먹는다.	뼈마디가 쑤시고 아픈 것을 가라앉히고 설사를 멎게 한다.
귤나무	열매껍질	진피	겨울	햇볕에 말려 두고 삶아서 쓴다.	기침에 좋다.
노간주나무	익은 열매	두송실, 두송자	가을	그늘에 말린다.	오줌을 잘 누게 한다. 관절염에는 열매를 짓찧어 바른다.
느릅나무	뿌리껍질	유피	2월	속껍질만 벗겨서 햇볕에 말려서 쓴다.	부기를 가라앉히고 오줌이 잘 나오게 한다.
능소화	꽃	자위	여름	여름에 핀 꽃을 그늘에 말린다.	피를 맑게 하고 오줌을 잘 누게 한다.
다래	열매와 뿌리	미후도, 미후근	가을	햇볕에 말린다.	갈증을 멎게 하고 부기를 내린다.
닥나무	열매	저실	가을	익은 열매를 햇볕에 말린다.	간에 좋다. 눈을 밝게 해 준다.
담쟁이덩굴	뿌리와 줄기	장춘등	봄	햇볕에 말린다.	가래를 삭이고 오줌을 잘 누게 하고 열을 내린다.
대추나무	열매	대조	가을	햇볕에 말려 그대로 쓴다.	간을 보호하고 마음을 편안하게 한다.
두릅나무	껍질	총목피	봄	햇볕에 말린다.	관절염과 신경통에 좋다.
두충	껍질, 잎	두충	봄, 여름	햇볕에 말린다.	간과 콩팥, 힘줄과 뼈를 튼튼하게 한다. 혈압과 콜레스테롤을 낮춘다.
떡갈나무	줄기 껍질	역수피	봄, 여름	속껍질을 벗겨서 햇볕에 말린다.	설사와 피 나는 것을 멈추고 부스럼을 낫게 한다.
마가목	열매	정공등	가을	햇볕에 말린다.	가래를 삭이고 혈압을 낮춘다.
매실나무	열매	오매	5월	다 익기 전에 따서 숯불에 검게 그을린다.	설사를 멎게 한다.
머루	열매	영옥	가을	말려서 가루를 낸다.	염증을 없앤다. 입맛이 돌고 밤눈이 밝아진다.
모과나무	열매	목과	가을	반을 갈라서 햇볕에 말린다.	기침에 좋다. 허리가 아프고 뼈마디가 쑤실 때 좋다.
목련	꽃봉오리	신이	이른 봄	꽃잎이 피기 전에 따서 그늘에 말린다.	머리가 아플 때, 이가 아프거나 코가 막혔을 때 쓴다.
무궁화	껍질과 꽃	목근피, 목근화	봄, 여름	햇볕에 말린다.	장에 피가 날 때 쓴다.
무화과나무	익은 열매	무화과	가을	날로 쓰거나 말려서 쓴다.	소화를 돕는다. 말린 것은 설사에 좋다.
무환자나무	익은 열매	무환자	가을	열매살을 발라 햇볕에 말린다.	열을 내리고 아픔을 멎게 한다.
물푸레나무	줄기와 가지 껍질	진피	봄, 이른 여름	햇볕에 말린다.	눈병에 아주 좋다. 눈에 핏발이 서고 부을 때 껍질 달인 물로 씻는다.
박태기나무	껍질	소방목, 자형피	봄부터 이른 여름	햇볕에 말린다.	달거리를 고르게 한다. 부스럼이나 버짐에 가루를 바른다.
밤나무	열매	건율	가을	속껍질까지 벗겨서 햇볕에 말린다.	몸이 허약하거나 설사할 때 쓴다.
배나무	열매, 잎, 나무껍질	이자, 이엽, 이수피	가을	배는 그냥 쓰고, 잎과 껍질은 말린다.	열을 내린다. 잎은 토하고 설사할 때, 나무껍질은 부스럼과 옴에 쓴다.
버드나무	껍질	유피	봄	햇볕에 말린다.	부기를 내리고 아픔을 멈추게 한다.
벚나무	껍질	앵수피	봄	햇볕에 말린다.	기침할 때 달여 먹는다.
보리수나무	열매, 잎, 껍질	호퇴자(열매)	가을	열매는 따서 말린다. 잎은 그늘에서 말리고 껍질은 햇볕에 말린다.	열매는 설사를 멈추게 하고, 잎과 껍질은 피를 멎게 한다. 기침이나 천식에도 좋다.
복분자딸기	열매	복분자	초여름	햇볕에 말린다.	오줌을 자주 누거나 기운이 떨어져서 눈이 침침할 때 먹는다.
복숭아나무	씨	도인	여름	속씨만 햇볕에 말린다.	가래, 기침에 좋다.
붉나무	벌레집	오배자	가을	말려서 가루를 낸다.	피 흘리는 것을 멎게 하고 헌데를 아물게 한다.
비자나무	열매	옥비, 적과	가을	껍질을 벗기고 햇볕에 말린다.	똥이 잘 나오게 한다.
뽕나무	뿌리껍질	상백피	봄, 가을	햇볕에 말린다.	기침을 멈추게 하고 숨찬 증세를 낫게 한다.
산사나무	열매	산사자	가을	열매살을 발라 햇볕에 말린다.	체했거나 소화가 안 될 때, 고혈압이나 동맥경화에 쓴다.
산수유	열매	산수유	늦가을	햇볕에 말린다.	오줌이 잦은 것을 낫게 한다. 귀를 밝게 한다.
산초나무	열매껍질	산초	이른 가을	그늘에 말린 다음 씨를 발라낸다.	배앓이에 좋고 허리와 무릎이 시릴 때도 좋다.
상수리나무	도토리, 도토리깍정이	상실	가을	도토리는 삶아서 껍질을 벗기고 말린다. 도토리깍정이는 햇볕에 말린다.	설사에 좋다. 도토리깍정이는 이질에 쓴다.

나무 이름	약으로 쓰는 곳	약재 이름	거두는 때	약재 만드는 법	쓰는 데
생강나무	가지	황매목	가을	햇볕에 말린다.	배가 아플 때, 가래가 끓을 때, 아기 낳고 나서 엄마 몸에 바람이 들 때 쓴다.
석류나무	열매껍질, 뿌리껍질	석류과피	석류는 여름, 뿌리껍질은 봄과 가을	햇볕에 말린다.	설사를 멈추게 하고 기생충을 없앤다.
소나무	잎, 복령	송엽, 복령	겨울		입맛을 돋우고 구역질을 없앤다.
솜대	잎	죽엽	봄	잎을 달인다.	갓난아이가 밤에 까닭 없이 보챌 때 자주 먹이면 좋다.
오갈피나무	뿌리껍질	오가피	가을	햇볕에 말린다.	간을 좋게 하고 아픔을 멎게 한다.
오미자	열매	오미자	4~5월	말린다.	열이 나거나 기침이 날 때 달여 먹는다.
옻나무	나뭇진	건칠	봄	옻을 받아서 말린다.	회충이 있을 때, 배가 아프고 똥이 굳을 때 쓴다.
왕대	줄기	죽염	아무 때나	왕소금을 넣고 여러 번 굽는다.	위병을 고친다. 이 닦을 때 쓴다.
으름덩굴	줄기	목통	봄, 가을	잎과 가지를 떼고 햇볕에 말린다.	열을 내리고 오줌이 잘 나오게 하고 젖이 잘 돌게 한다.
은행나무	열매와 잎	은행	열매는 가을, 잎은 여름	은행은 껍질을 벗기고 말린다. 잎은 그늘에 말린다.	기침에 좋다. 잎은 피를 맑게 해 준다.
음나무	줄기 껍질	해동피	봄	햇볕에 말린다.	아픔을 멎게 하고 중풍에 좋다.
이스라지	씨	욱리인	여름	햇볕에 말린다.	대장과 소장에 탈이 났을 때 쓴다.
인동덩굴	꽃봉오리	금은화	6~7월	그늘에 말린다.	열을 내리고 독을 풀며 피를 맑게 한다.
자귀나무	줄기 껍질	합환피	봄, 여름	햇볕에 말린다.	아픔을 멎게 하고 염증을 없앤다.
자작나무	껍질	황목피	봄, 여름	햇볕에 말린다.	위병이나 황달, 홍역에 쓴다.
잣나무	씨	해송자	가을	껍질을 까서 말린다.	똥이 굳거나 기운이 없을 때 먹는다.
전나무	가지와 송진		아무 때나	그대로 쓴다.	감기나 관절염에 가지 삶은 물로 목욕한다.
조릿대	잎	죽엽	아무 때나	그늘에 말린다.	가래나 기침에 좋다. 혈압이 높은 사람에게도 좋다.
조팝나무	뿌리	목상산	가을	햇볕에 말린다.	목감기에 달여 먹는다.
졸참나무	새순	곡약	봄	말려서 쓴다.	치질에 쓴다. 독이 없다.
주목	줄기 껍질	주목피	아무 때나	속껍질만 햇볕에 말린다.	암에 쓴다.
진달래	가지와 잎과 꽃		봄	그늘에 말린다.	혈압을 낮추고 가래를 삭인다.
찔레나무	열매	영실	가을	햇볕에 말린다.	배 아플 때, 오줌이 잘 안 나올 때 쓴다.
차나무	잎	다엽	이른 봄	덖어서 말린다.	소화를 돕고 오줌을 잘 누게 한다.
참죽나무	뿌리껍질	춘근피	봄, 가을	햇볕에 말린다.	아이 얼굴이 누렇게 뜨고 설사를 할 때 달여 먹인다.
철쭉	잎과 꽃	양척촉(꽃)	이른 여름	그늘에 말린다.	혈압에 좋다.
측백나무	씨앗	백자인	가을	그늘에 말린다.	가래 기침에 좋다. 잠을 못 자고 꿈을 많이 꿀 때 쓴다.
치자나무	치자	산치자	늦가을	그늘에 말린다.	열이 나고 가슴이 답답할 때 달여 먹는다.
칡	뿌리와 꽃	갈근, 갈화	뿌리는 겨울, 꽃은 여름	말려서 쓴다.	입맛을 돌게 하고 소화가 잘 되게 한다.
탱자나무	어린 열매껍질	지실	6월	반으로 쪼개서 햇볕에 말려 쓴다.	소화를 돕고 가래를 삭인다.
포도	잎, 뿌리, 열매	포도	여름	말린다.	뿌리는 구역질이 나고 몸이 부을 때 먹는다. 잎은 아기 엄마가 먹으면 아기가 아기집에 자리를 잘 잡는다.
피나무	꽃		여름	말린다.	감기나 폐결핵으로 열이 날 때 쓴다.
함박꽃나무	꽃과 잎		5~6월	바람이 잘 통하는 그늘에 말린다.	머리가 아프거나 어지러울 때 달여 먹는다. 혈압이 높을 때도 먹는다.
해당화	열매와 꽃잎		열매는 초가을, 꽃잎은 여름	말린다.	밤에 오줌을 자주 누거나 설사가 많이 날 때 먹는다. 피가 잘 통하게 한다. 달거리가 고르지 않을 때 좋다.
향나무	가지와 잎		아무 때나	말린다.	온갖 피부병에 좋다.
호두나무	호두 속살	호도인	가을	속살만 말려서 쓴다.	기침을 낫게 하고 몸을 튼튼하게 한다.
화살나무	가지에 달린 날개	위모, 귀전우	3, 9월	햇볕에 말린다.	아이 낳은 뒤 피를 멎게 하는 데 쓴다. 피부병에도 좋다.
회양목	잎이 달린 어린 가지		봄	그늘에 말린다.	관절염에 달여 먹는다.
회화나무	꽃, 열매, 가지	괴실, 괴각	여름	햇볕에 말린다.	혈압을 내리거나 피를 멈춘다. 임산부에게는 쓰지 않는다.

집을 짓는 나무

옛날부터 우리 겨레는 나무로 집을 짓고 살았다. 나무가 많은 산골 마을에서는 통나무로 귀틀집을 짓고 살았다. 귀틀집은 통나무를 뿌리와 가지를 치고 추려 쌓아서 벽채를 만들어 올라간다. 네모꼴 땅에 통나무를 네 귀가 어긋 맺도록 쌓고 창과 문을 낸 뒤에 지붕을 씌웠다. 통나무 사이에 난 틈은 흙을 발라 벽을 마감했다.

귀틀집뿐 아니라 초가집이나 기와집도 뼈대는 다 나무로 지었다. 큰 궁궐이나 절도 마찬가지였다. 나무 가운데에는 소나무 같은 바늘잎나무와 참나무 같은 넓은잎나무가 있다. 집을 지을 때는 바늘잎나무를 많이 쓴다. 바늘잎나무 재목은 질기고 단단하며 썩지 않고 오랫동안 견딘다. 그리고 바늘잎나무는 나무를 베어서 재목을 만들어 놓아도 잘 휘지 않으며 뒤틀리지 않고 틈이 벌어지지 않는다. 밤나무, 상수리나무, 오동나무도 쓰기는 하는데 기둥이나 보와 같은 기본 재목으로는 잘 안 썼다.

바늘잎나무 중에서도 소나무를 많이 쓴다. 소나무 중에서도 적송과 해송을 가장 많이 쓴다. 남쪽 바닷가 지방에서는 해송으로 집을 많이 짓고, 중북부 지방에서는 적송으로 짓는다. 들판에서 자라는 소나무는 구부러진 것이 많고 옹이도 많다. 그런데 깊은 산속에서 자라는 소나무는 마디가 거의 없어서 쓸모가 아주 많다. 이런 소나무 가운데서도 재목감으로 가장 좋은 것은 춘양목이다. 경상북도 춘양에서 난다고 춘양목이라고 하는데 금강송이라고도 하고 강송이나 유주라고 하기도 한다.

집을 지으려면 미리 나무를 베어 놓아야 한다. 적어도 2~3년 전에는 나무를 베어 둔다. 나무는 늦가을에서 늦겨울 사이에 벤다. 이 무렵에 베어야 재목에 벌레가 타지 않는다. 목수는 나무를 베기 전에 미리 쓸 곳을 짐작한다. 쓸 곳에 따라 길이가 다르기 때문이다. 꼭 필요한 자리에 딱 알맞은 재목을 마련한다. '적재적소'라는 말이 여기에서 나왔다.

벤 나무는 껍질을 벗겨서 그늘에 말린다. 나무껍질을 벗기지 않으면 집을 지은 다음 나무좀이 먹어 집을 상하게 할 수 있기 때문이다. 다음으로 지으려는 집의 크기와 높이를 가늠하여 미리 나무를 토막 낸다. 크고 높은 집은 길게, 작고 낮은 집은 짧게 끊는다. 이렇게 손질한 나무를 이삼 년 동안 빗물에 젖지 않도록 하여 쌓아 둔다. 재목은 오래 쌓아 두어 잘 말린 것을 좋은 것으로 친다. 재목이 잘 말라야 집을 짓고 나서도 오랫동안 재목이 뒤틀리거나 터지지 않기 때문이다. 큰 절이나 궁궐을 지을 때는 나무를 물에 담가 놓기도 한다.

목수는 집을 짓기 전에 쓸 곳에 따라 알맞은 재목을 골라낸다. 곧 기둥감, 도릿감, 들봇감, 서까랫감 따위로 나눈다. 곧은 재목은 기둥감으로 쓴다. 기둥은 반드시 나무가 살아 있을 때처럼 아래위를 가려서 세운다. 기둥과 기둥 사이에는 도리를 걸친다. 기둥 위에 파 놓은 도리 구멍에 도리를 꼭 끼운다. 도리는 반듯한 재목으로 만든다. 그러고 나서 들보를 얹는다.

들보는 기둥과 기둥을 연결하는 재목이다. 들보로 쓰는 재목은 반드시 곧지 않아도 된다. 보통 활처럼 굽은 나무를 쓴다. 들보 위에는 마룻대를 얹는다. 마룻대에는 반듯하고 튼튼한 재목을 쓴다. 한 집의 중심이 되는 중요한 재목이다.

집을 짓는 데 쓰는 나무

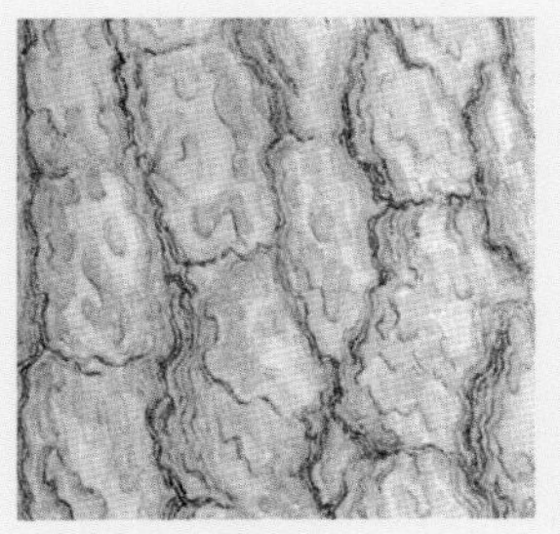
소나무 줄기

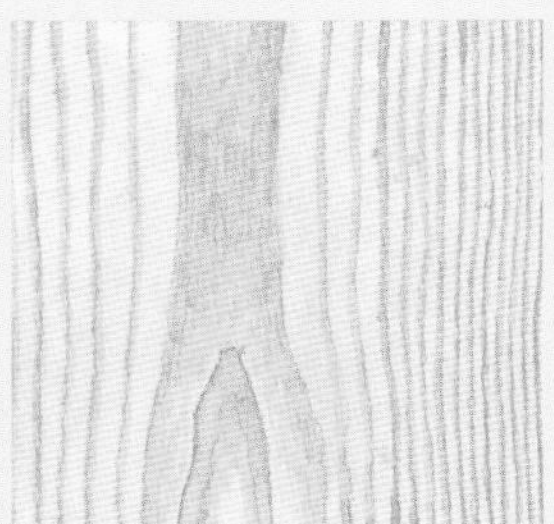
소나무 목재

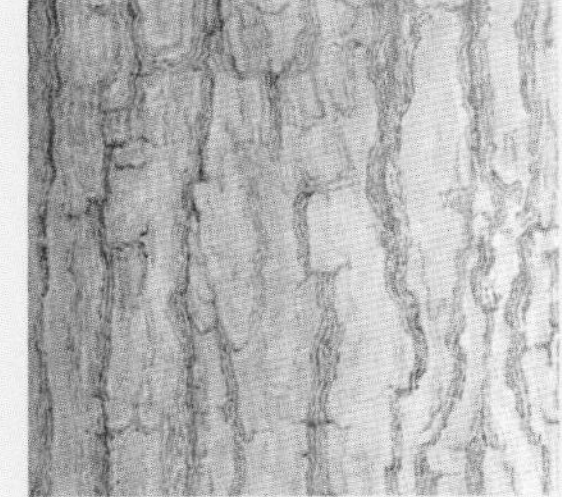
은행나무 줄기

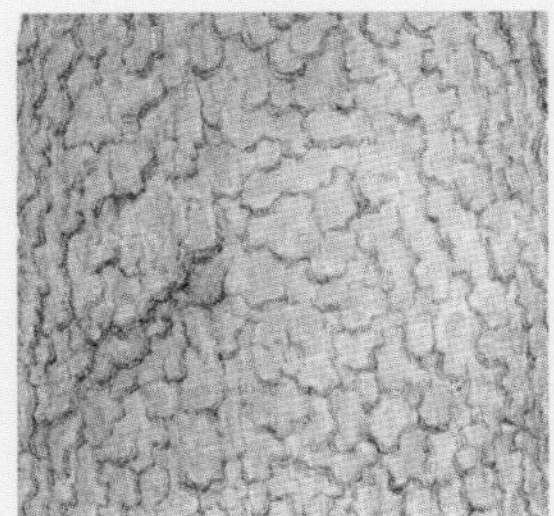
전나무 줄기

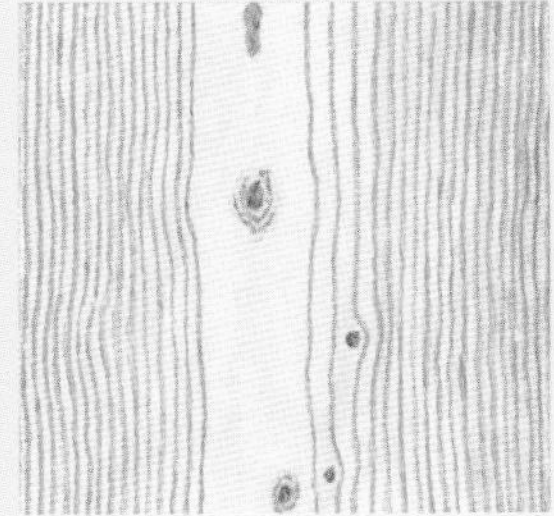
전나무 목재

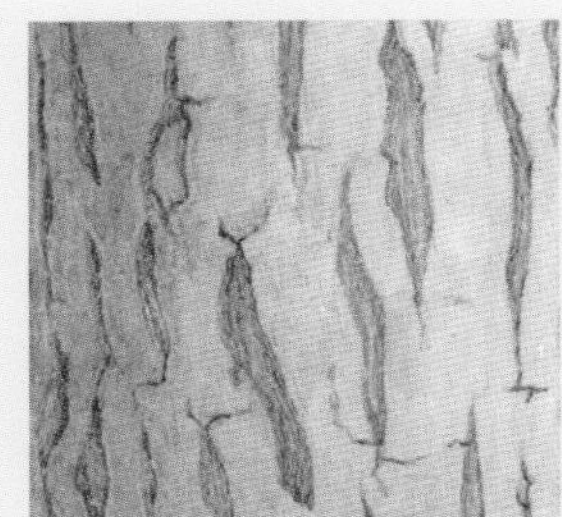
호두나무 줄기

잣나무 줄기

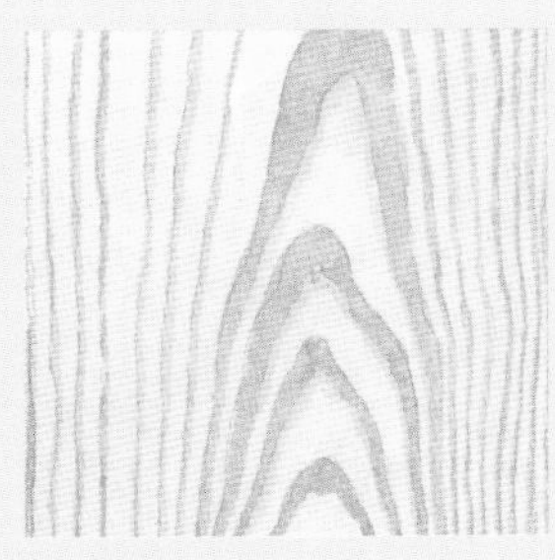
잣나무 목재

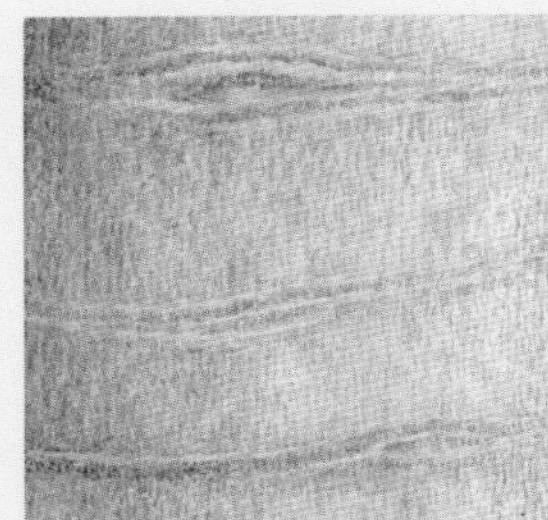
팽나무 줄기

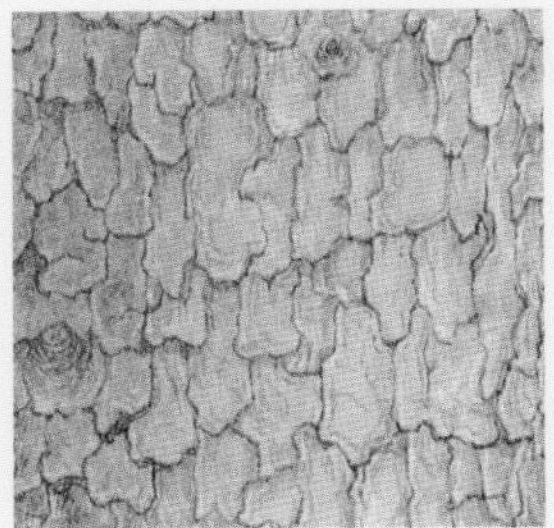
가문비나무 줄기

가문비나무 목재

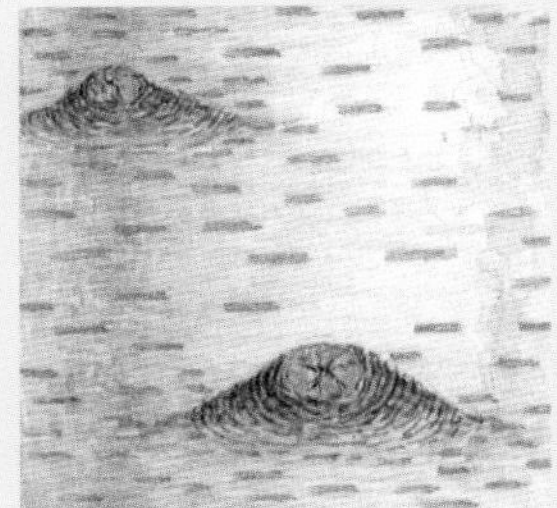
자작나무 줄기

집이 크면 마룻대를 두 겹으로 얹기도 한다. 여기에서 마룻대가 되는 보를 마룻보라 하고 마룻대를 얹는 일을 상량이라 한다. 여기까지 하면 집의 뼈대는 이루어졌다.

서까래를 얹고 지붕을 만든다. 서까래는 동그랗게 다듬은 길다란 재목이다. 촘촘히 얹은 서까래 위에는 나무 자투리나 수수깡으로 엮은 산자를 얹고, 그 위에 흙을 덮는다. 나무가 흔한 산골 마을에서는 소나무나 참나무를 잘게 짜개어 산자를 엮기도 한다. 또 왕대가 흔한 남해안에서는 왕대를 산잣감으로 썼다. 그리고 초가집에는 이엉을 얹고 기와집에는 기와를 덮는다. 함석이 나오기 전에는 처마 밑에 대는 햇빛 가리개로 오동나무를 많이 썼다. 오동나무는 얇게 켜서 판을 만들어 놓아도 좀처럼 트는 일이 없기 때문이다.

나무로 지붕을 덮기도 한다. 잣나무나 가문비나무처럼 결이 곧은 나무를 켜서 널판을 만들어 덮는다. 이런 집을 너와집이나 너새집이라고 한다. 굴참나무 껍질을 벗겨서도 지붕을 인다. 이런 집은 굴피집이라고 한다. 지금도 강원도 산골에 가면 어쩌다 너와집이나 굴피집을 볼 수 있다. 북쪽 지방에서는 자작나무 껍질을 지붕으로 썼다. 자작나무 껍질로 인 지붕은 썩지 않고 오래 간다.

문짝은 전나무나 잣나무로 많이 짰다. 잣나무는 속이 붉다고 홍송이라고도 한다. 이 나무들은 가볍고 연한데다가 나뭇결이 곱고 뒤틀리지 않는다. 또 곧게 자라서 마디가 거의 드러나지 않기 때문에 문짝으로 알맞다. 문짝을 달 자리에는 문지방을 미리 파 놓는다. 문설주를 세울 구멍도 끌로 파 놓는다. 문지방이나 문설주에는 옹이가 없고 단단한 재목을 쓰고 있다. 문짝을 자주 여닫아 쉽게 닳기 때문이다. 이제 흙으로 벽을 치고 구들을 깔고 문짝을 달면 집을 다 지었다.

집을 짓는 데 쓰는 나무

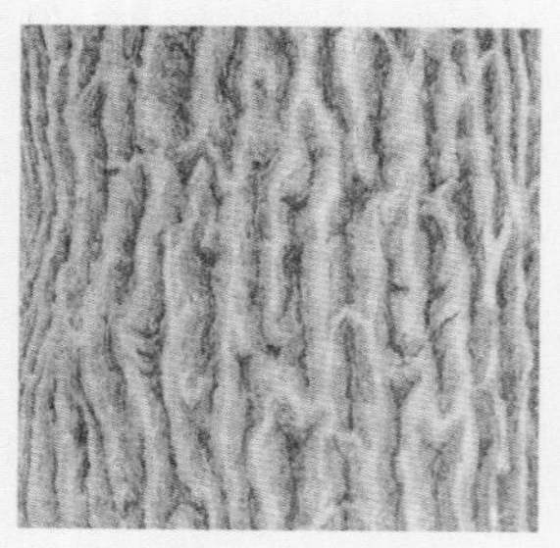
상수리나무 줄기

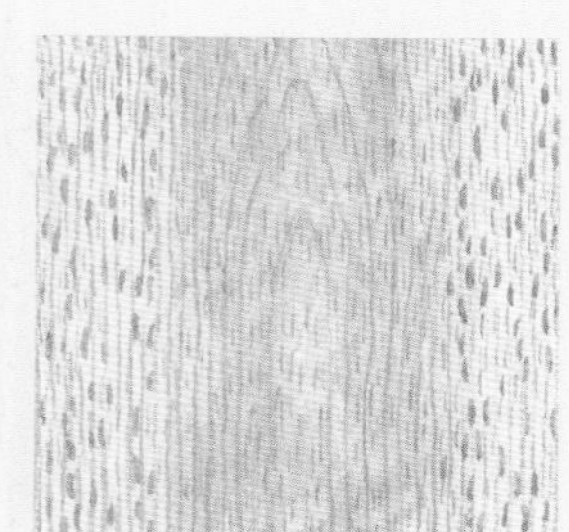
상수리나무 목재

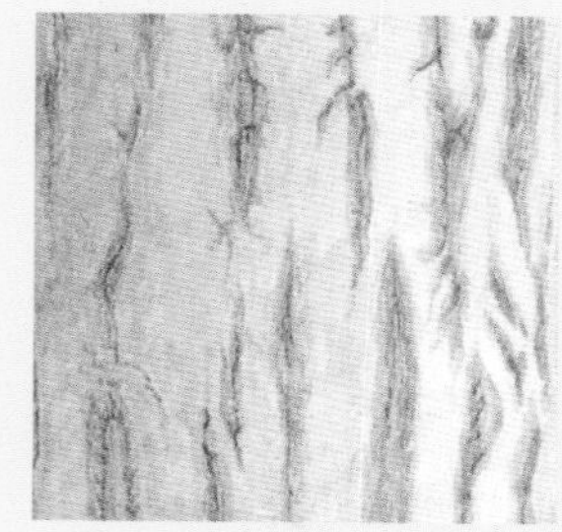
밤나무 줄기

오동나무 줄기

오동나무 목재

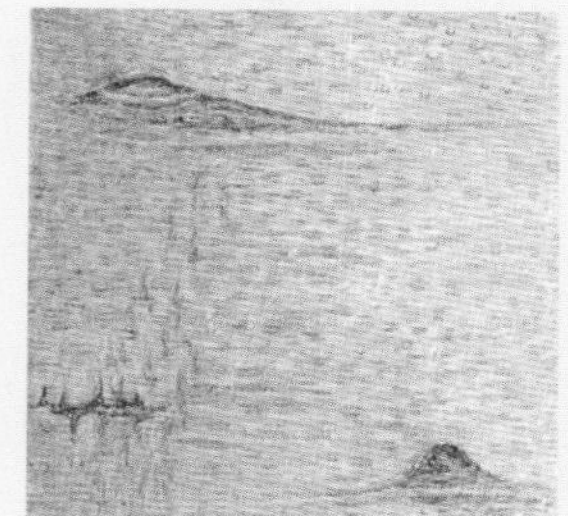
물오리나무 줄기

집을 짓는 데 쓰는 나무

나무 이름	나는 곳	쓰임	특징
가래나무	깊은 산	건축재	나뭇결이 바르고 윤기가 난다. 다루기 쉽고 단단하며 뒤틀리지 않는다.
가문비나무	북쪽 지방 높은 산	서까래, 기둥, 문살, 천장, 지붕, 통나무집	나뭇결이 곧고 잘 켜진다.
갈참나무	산	마루판	나뭇결이 곧고 무거우면서 단단하다. 목재에 아름다운 무늬가 있다.
고로쇠나무	산	건축재	색이 곱고 윤기가 나고 단단하다. 무늬가 고와서 널판을 뜨면 쓸모가 많다.
구상나무	남쪽 지방 높은 산	건축재	분비나무보다 치밀하다.
굴참나무	낮은 산	지붕감	굴참나무 껍질로 지붕을 인 집을 굴피집이라고 한다. 굴피는 잘 썩지 않고 가볍다.
낙엽송	산	건축재	잘 썩지 않고 단단하고 결이 좋다. 속은 붉고 겉은 흰색이다.
대나무	남쪽 지방에서 심어 기른다.	벽채	남쪽 지방에서 많이 썼다.
독일가문비나무	길에 심어 기른다.	통나무집	재질이 아름답고 나뭇결이 좋다.
떡갈나무	낮은 산	건축재	나무가 굳고 윤이 나고 향기가 난다. 무늬도 곱다.
리기다소나무	산	건축재	목재 결이 곧바르고 가볍다. 나무 속에 송진이 많아서 잘 썩지 않는다. 부러지거나 휘기 쉽다.
물오리나무	산기슭	건축재	단단하다.
미루나무	길가	힘을 받지 않는 건축재	가볍고 나무가 힘이 없다.
밤나무	산기슭	건축재	단단하며 썩지 않고 오래간다.
벚나무	산과 들	마루판	나무 색이 붉다. 단단하면서도 결이 곱고 잘 썩지 않는다.
상수리나무	낮은 산	기둥	나무가 단단하고 잘 썩지 않는다.
소나무	양지바른 산	기둥, 대들보, 도리	나뭇결이 곱고 단단하며 다듬기가 좋다. 빛깔이 붉고 아름답다.
스트로브잣나무	양지바른 산	문살, 창살, 지붕	나무 무늬가 곱고 쉽게 변하지 않으며 다듬기가 좋다.
싸리	산	벽채, 울타리, 사립문	흔하고 다루기가 만만한 나무다.
아까시나무	낮은 산	마루판	무겁고 단단하며 잘 안 썩는다. 흔하다.
오동나무	집 가까이 심어 기른다.	햇빛 가리개, 물받이	함석이 없을 때 썼다.
은행나무	집 가까이 심어 기른다.	마루판	마른 뒤에도 잘 뒤틀리지 않는다.
자작나무	깊은 산	지붕감	껍질로 지붕을 이면 잘 썩지 않는다.
잣나무	산골짜기	지붕, 대들보, 문, 문틀	잘 썩지 않고 다듬기가 수월하며 단단하다. 빛깔이 붉고 향기가 있다.
전나무	높은 산	기둥, 대들보, 문살, 창틀	결이 곱고 가벼우며 뒤틀리지 않는다. 다루기가 쉽고 향기가 있다.
졸참나무	낮은 산	건축재	나무가 단단하다.
참죽나무	집 가까이 심어 기른다.	기둥	곧고 크게 자라며 결이 아름답고 단단하다. 목재가 분홍빛으로 윤기가 있다.
측백나무	마을	건축재	단단하고 윤기가 나며 대패질이 잘된다.
층층나무	산 중턱이나 골짜기	건축재	나무가 치밀하고 결이 고르다. 연해서 다루기가 쉽다.
팽나무	마을, 길가	건축재	단단하고 잘 갈라지지 않는다.
해송	바닷가	건축재	나뭇결이 곱고 휘거나 뒤틀리거나 틈새가 생기지 않는다.
호두나무	집 가까이 심어 기른다.	마루판	나무 색이 짙고 윤기가 나서 매끄럽다. 가볍고 탄력이 있다. 물기가 있어도 갈라지거나 뒤틀리지 않는다.
히말라야시다	남쪽 지방에 심는다.	배, 철길, 침목, 건축재	질기고 잘 썩지 않는다.

살림살이를 만드는 나무

우리 겨레는 가까운 데서 나무를 해다가 살림살이를 만들어 썼다. 아주 옛날부터 부엌살림이며 농사 연장이며 이런저런 그릇들을 만들어 썼다.

먼저 부엌에 들어가 보자. 나무로 만든 물건이 참 많다. 쌀을 이는 조리는 대나무로 만들었다. 조릿대를 잘게 오려서 결은 것이다. 국수 조리는 버들가지를 성기게 엮어서 만들기도 했다. 주걱이나 숟가락도 나무를 깎아서 만들었다.

도마는 칼자국이 잘 안 나고 물기를 빨아들이지 않으면서도 좀 묵직해야 한다. 이런 나무로는 피나무를 꼽는다. 피나무 도마는 김치를 썰고 물에 씻어서 기울여 놓으면 잠깐만에 물기가 깨끗이 빠진다. 도마에 김치 물도 잘 안 든다. 소나무도 도마로 많이 쓴다. 피나무로는 떡구유나 안반을 만들어도 좋다. 피나무 안반은 옹이가 없어서 떡메로 쳐도 쉽게 터지지 않는다. 그래서 나무 부스러기가 생기지 않아 떡이 깨끗하다. 피나무는 살이 무르면서도 가벼워서 나무속을 파기도 쉽고 다루기도 쉬워서 벌통이나 통나무배를 많이 만든다. 강원도 바닷가에서는 피나무 껍질을 물에 우려 진을 뺀 다음 잘게 찢어서 노끈이나 밧줄을 만든 뒤 그물을 만들었다.

소반은 공기가 메마르거나 눅눅한 곳에서도 뒤틀리지 않아야 한다. 그래서 물을 빨아들이지 않으면서 가벼운 나무로 만든다. 소반에 딱 맞는 나무는 은행나무다. 은행나무로 만든 소반을 행자반이라고 한다.

마당에 나가 보면 농사짓는 연장이 많다. 아주 먼 옛날에 철이 나기 전에는 농사 연장이 모두 돌 아니면 나무였다. 나무로 땅도 파고 흙도 쪼았다. 나무 괭이, 나무 호미, 나무 후치 같은 연장은 참나무같이 굳은 나무로 만들어 썼다. 쇠로 만든 연장이라도 자루는 거의 나무로 만들었다. 곡괭이나 도끼처럼 무거운 연장은 자루도 무거운 참나무로 만든다. 밤나무, 벚나무도 자주 쓴다. 그렇지만 낫이나 호미처럼 가벼운 연장의 자루는 미루나무나 오동나무를 쓴다. 참죽나무도 농사 연장으로 많이 쓴다. 이 나무는 무겁고 단단하고 뜨거운 햇볕 아래서도 트지 않는다.

곡식의 낟알을 두드려서 떠는 도리깨도 나무로 만든다. 도리깨는 도리깨채와 꼭지, 회초리로 되어 있다. 도리깨채는 보통 단단한 노간주나무나 아까시나무로 만들었다. 대나무가 많은 곳에서는 대나무로 만들기도 한다. 도리깨 회초리는 밋밋하고 질긴 물푸레나무나 닥나무 가지 서너 대를 칡넝쿨로 엮어서 만들었다.

가랑잎이나 검불을 긁어모으는 갈퀴는 대나무를 쪼개서 불에 구운 다음 휘어서 만든다. 달구지 바퀴나 써레나 보습은 굳고 단단한 참나무나 느티나무, 아까시나무를 썼다. 디딜방아처럼 내려 찧는 힘이 세야 하는 것은 무겁고 단단한 밤나무로 만들었다.

싸리나무도 쓸모가 많다. 어깨에 메고 다니는 다래끼나 지게 위에 얹어서 허드레 것을 나르는 바소쿠리는 싸리로 엮어서 만들었다. 싸리로 엮은 발은 성글어서 시래기나 무말랭이처럼 채소를 널어 말리기에 좋다. 싸리발을 둥그렇게 세워서 치면 고구마나 감자같이 알이 굵은 작물을 갈무리해 두기에 좋다.

버드나무는 나뭇결이 곱고 빛깔도 희고 깨끗한데다가 가볍다. 버들가지를 삼노끈으로 엮어서 키도 만들고 고리도 짠다. 키는 곡식을 까불러서 겉껍질이나 잡티를 걸러 내는 연장이다. 고리는 방 안에 두고 자잘한 물건을 담아 두는 뚜껑 있는 그릇이다.

나무로 만든 살림살이

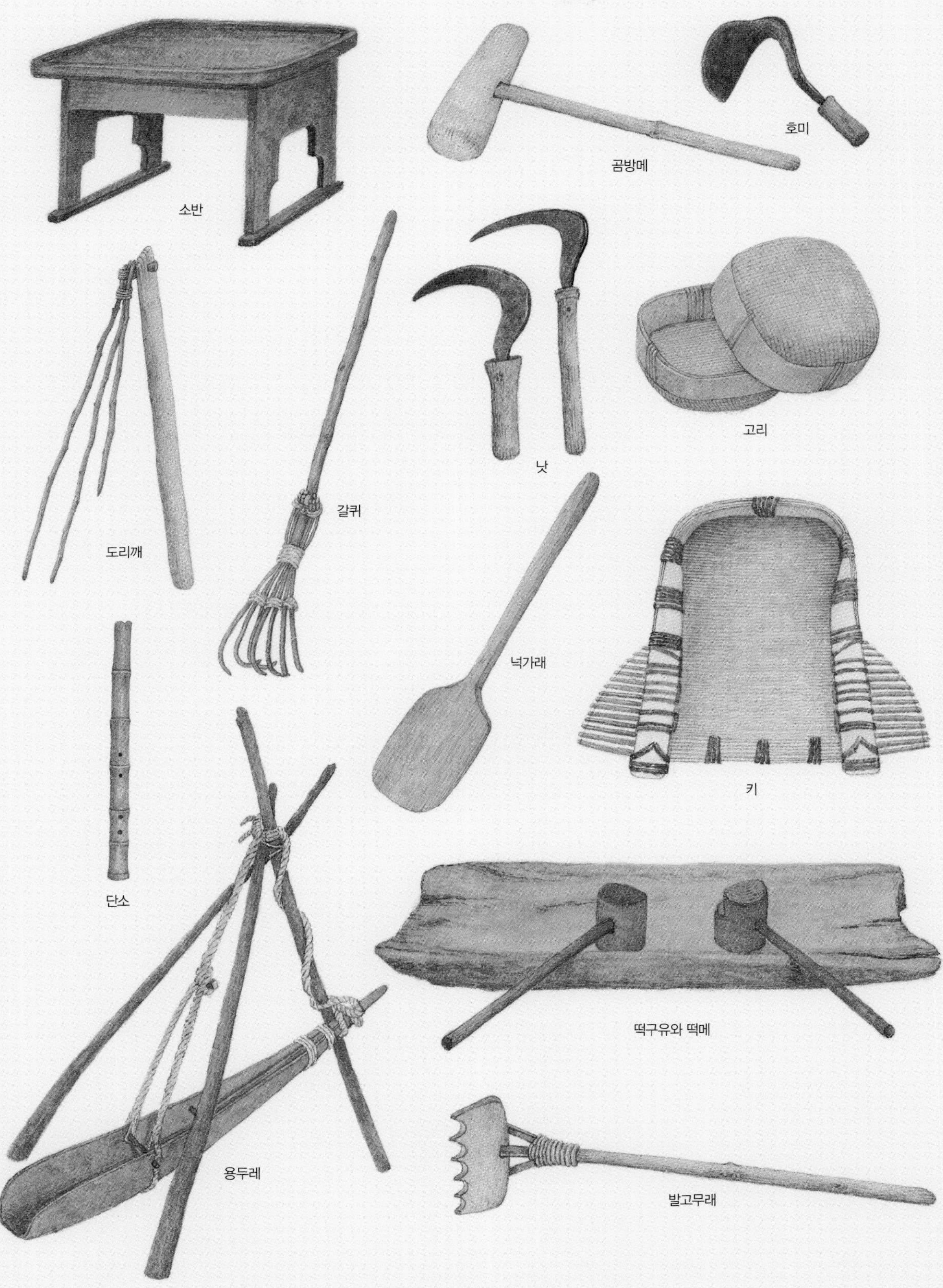

가구를 자세히 보면 쓴 나무에 따라 무늬와 빛깔이 다르다. 큰 가구는 무늬와 빛깔이 아름답고 무거운 나무로 만든다. 그래서 장롱, 반닫이, 뒤주는 느티나무를 으뜸으로 친다. 느티나무 장롱은 나뭇결이 살아 있고 빛깔이 어둡고 무게가 있다. 오동나무는 가볍고, 물기를 잘 안 먹는다. 나뭇결도 아름답다. 그래서 장롱이나 반닫이의 안쪽 재목으로 쓴다.

우리나라에서 가장 단단하고 무거운 나무는 박달나무다. 그래서 홍두깨나 방망이는 박달나무로 만든다. 대추나무도 방망이를 만든다. 나무에 끌질을 할 때 쓰는 끌방망이는 대추나무로 만들어 썼다. 끌방망이는 장도리메라고도 한다. 도장을 팔 때는 회양목, 벚나무, 동백나무, 배나무를 쓴다. 이렇게 단단한 나무로는 얼레빗도 만든다.

악기도 나무로 만든다. 가야금은 오동나무로 만들고 퉁소나 단소는 대나무로 만든다. 바이올린 몸통은 가문비나무, 단풍나무, 모과나무로 만든다.

살림살이를 만드는 나무

나무 이름	나는 곳	쓰임	특징
가래나무	산기슭이나 골짜기	장롱, 옷장, 책상. 껍질로는 밧줄을 꼰다.	나뭇결이 바르고 윤기가 난다. 또 다루기가 쉽고 단단하다.
가문비나무	북쪽 지방 높은 산	악기, 상자	색이 불그레하고 단단하고 윤기가 난다.
갈참나무	산골짜기	가구나 나무못	나뭇결이 곧고 무거우면서도 단단하다.
감나무	집 가까이 심어 기른다.	가구	나뭇결이 연하고 치밀하다.
고로쇠나무	산	가구, 배, 악기	색이 곱고 윤기가 나고 단단하다. 오래돼도 잘 갈라지지 않는다.
고욤나무	낮은 산	그릇이나 도마	단단하고 무늬가 곱고 잘 썩지 않는다.
구상나무	남쪽 지방 높은 산	상자, 가구, 똥장군	연한 누런색이고 결이 치밀하다.
국수나무	산어귀	광주리, 바구니	
굴참나무	낮은 산	병마개	코르크층이 두껍다.
낙엽송	산에 심어 기른다.	종이, 말뚝	
노간주나무	남향 산비탈	쇠코뚜레, 닭둥우리, 삼태기	물기에 강하고 잘 썩지 않는다. 불에 쬐면 잘 구부러진다.
느릅나무	산기슭이나 산골짜기	제기, 반상기, 바리때, 쟁반	무거우면서도 탄력이 있고 틈이 벌어지지 않는다.
느티나무	산기슭이나 마을	반닫이, 뒤주, 안반	무늬가 곱고 매우 질기며 윤기가 있다.
다래	깊은 산	지팡이, 낫자루, 노끈이나 밧줄	줄기를 삶거나 불에 쬐면 잘 휜다. 마르면 단단하다.
닥나무	산기슭이나 밭둑	한지, 밧줄, 노끈	겨울에 베어서 껍질을 벗겨 쓴다.
단풍나무	산골짜기	그릇, 농기구, 목판	나뭇결이 곱고 단단하다.
대나무	마을에 심어 기른다.	조리, 소쿠리, 채반, 바구니	줄기가 높이 곧게 자란다. 쓰임새가 아주 많다.
대추나무	집 가까이 심어 기른다.	홍두깨, 떡메, 수레바퀴 축, 떡살, 다식판	단단하고 잘 갈라지지 않는다.
독일가문비나무	길이나 공원에 심는다.	가구, 종이	목재가 알맞게 부드럽고 끌과 대패를 잘 받는다.
돌배나무	산골짜기	악기, 가구, 목판	무겁고 단단하다. 매끄럽고 갈색이 난다.
떡갈나무	낮은 산	농기구, 수레	결이 질기고 단단하고 잘 트지 않는다.
리기다소나무	산에 심어 기른다.	널판	잘 썩지는 않아도 휘거나 부러지기 쉽다.
마가목	높은 산 꼭대기	가구, 조각재, 지팡이	단단하고 색이 좋고 광택이 난다.
머루	산기슭이나 골짜기	지팡이, 공예품, 가구	굵은 머루 줄기가 쓸모가 있다.
모과나무	집 가까이 심어 기른다.	가구, 칼집	목재 무늬가 아름답고 윤기가 난다. 치밀하고 다루기도 쉽다.
물오리나무	산기슭	농기구, 장승	단단하고 깎으면 붉어진다.
물푸레나무	산골짜기나 개울가	가구, 연장 자루, 벼루, 야구방망이, 스키	아주 단단하고 무겁다. 윤기가 나고 나이테가 뚜렷해서 무늬가 곱다.
미루나무	길가에 심어 기른다.	상자	가볍다.

나무 이름	나는 곳	쓰임	특징
박달나무	중부 이북의 산	떡살, 다식판, 수레바퀴 살	결이 아름답고 치밀하며 단단하다.
밤나무	산이나 밭에 심어 기른다.	써레, 달구지, 절굿공이, 철길 침목	단단하면서도 부러지거나 썩지 않고 오래간다.
배나무	밭에 심어 기른다.	장이나 문갑의 뼈대	단단하다.
버드나무	개울가	가구, 상자, 성냥개비	튼튼하다. 잘 줄어들고 잘 휜다.
벚나무	산과 들, 도시에도 심어 기른다.	목판, 조각재	단단하면서도 결이 곱다. 잘 썩지 않는다.
비자나무	남쪽 지방	가구, 장기판, 장기알, 조각재	나무가 곧고 바르며 향기가 있다. 나뭇결이 매우 아름답고 탄력이 있다.
뽕나무	밭에 심어 기른다.	종이, 짚신, 채반	
살구나무	집 가까이 심어 기른다.	가구, 조각재	단단하고 무늬가 좋다.
상수리나무	낮은 산	배, 관, 벌통	단단하고 무늬가 좋다.
솜대	남쪽 지방에서 심어 기른다.	발, 자리, 광주리, 바구니, 도시락	왕대보다 살이 가늘게 쪼개지며 질기다. 3년이 안 된 것을 쓴다.
스트로브잣나무	공원이나 길가에 심는다.	가구, 종이, 조각재, 돛대	목재가 하얀빛을 띤다. 재목이 아름답고 재질이 좋다. 칼을 잘 받는다.
신갈나무	낮은 산	가구, 버섯 원목	나무가 치밀하고 굳고 윤기가 난다. 무늬도 좋다.
싸리	산기슭	광주리, 채반	잘 구부러지고 질기다.
아까시나무	낮은 산	고추 버팀대, 말뚝	흔하다. 무겁고 단단하며 잘 안 썩는다. 땅속에 박아 놓아도 오래간다.
오동나무	마당이나 집	옷장, 책상, 상자	가벼우면서 뒤틀어지지 않는다.
오리나무	산기슭이나 눅눅한 골짜기	조각재, 제기, 그릇, 악기, 상자, 농사 연장	천천히 말리면 갈라지지 않는다. 쉽게 구할 수 있다.
옻나무	산기슭이나 밭둑	가구나 그릇에 칠한다.	옻칠을 한 가구는 색이 진해지고 윤기가 나고 아름답다.
으름덩굴	산기슭, 나무가 우거진 곳	밧줄, 바구니	덩굴이 굵고 질기다. 덩굴은 서리를 맞으면 물러져서 못 쓴다.
은행나무	집 가까이 심어 기른다.	밥상, 그릇, 바둑판	가볍고 다듬기가 좋다. 결이 아름답고 탄력이 있다.
음나무	양지바른 산기슭	가구, 나막신, 그릇, 악기	결은 좀 거칠지만 윤기가 난다. 가는 줄무늬가 있다. 물을 잘 안 먹는다.
인동덩굴	양지바른 밭둑, 골짜기	바구니	껍질을 벗겨서 쓴다. 색이 곱고 질기다.
자작나무	춥고 깊은 산	목판, 현판, 조각재, 가구	단단하고 결이 곱다. 벌레가 잘 안 먹고 오래간다.
잣나무	높은 산이나 산골짜기	반닫이, 궤	빛깔이 붉고 아름다우며 가볍고 향기가 있다.
전나무	춥고 높은 산	반닫이, 이남박, 상자, 가구	나무질이 연하고 부드럽고 흰빛을 띤다. 향기가 좋다.
조릿대	산	조리	구하기가 쉽다.
졸참나무	그늘진 산골짜기	연장, 버섯 원목	나무가 단단하다.
주목	높은 산	관, 조각재, 불상, 나무 벼루	결이 곱고 매끄럽고 향기가 좋다.
쥐똥나무	집 가까이 많다.	쇠코뚜레, 새총	아주 단단하다. 불에 슬쩍 구우면 더 단단해진다.
쪽동백나무	산	가구, 조각재, 장기알, 바가지, 성냥개비	치밀하다.
차나무	남쪽 지방에서 심어 기른다. 지리산에서는 절로 난다.	단추	단단하다.
참죽나무	집 가까이 심어 기른다.	책상, 장	결이 아름답고 단단하다. 윤기가 있다. 오래 써도 뒤틀리지 않는다.
철쭉	산기슭, 개울가	조각재	나무가 단단하고 결이 아름답다.
측백나무	공원에 많이 심는다.	가구, 공예품, 관	단단하고 윤기가 나고 대패질이 잘된다.
층층나무	산 중턱이나 골짜기	연장 자루, 참빗, 지팡이, 젓가락, 나막신	치밀하고 결이 고르고 연해서 다루기가 쉽다.
칡	양지바른 산	밧줄, 신, 고삐, 벽지, 옷감	줄기가 질기다.
팽나무	마을	용두레, 도마	단단하고 잘 갈라지지 않는다. 물이나 찌꺼기가 묻으면 곰팡이가 잘 슨다.
플라타너스	길가에 심어 기른다.	통, 그릇, 가구, 옷감, 종이, 도마	단단하고 무겁다.
피나무	중부 이북의 산	함지, 떡판, 여물통, 쌀통, 소반, 안반	결이 곱고 연하며 잘 마른다. 나무에서 냄새가 안 나서 그릇을 만들면 좋다.
해송	바닷가	종이	나뭇결이 곱고 휘거나 뒤틀리거나 틈새가 생기지 않는다.
향나무	집 가까이 심어 기른다.	향, 그릇, 수저, 불상, 상자	냄새가 좋다. 결이 곧고 윤기가 있다.
호두나무	집 가까이 심어 기른다.	비행기, 배, 악기, 공예품	단단하다. 가볍고 탄력이 있고 윤기가 난다. 갈라지거나 비틀어지지 않는다.
화살나무	낮은 산기슭	나무못, 지팡이, 세공제	치밀하면서도 당기는 힘이 강하다.
회양목	뜰이나 공원	도장, 얼레빗, 인쇄판, 악기 줄받이	매우 단단하고 매끄럽고 윤기가 난다. 뒤틀리지 않는다.
회화나무	마을에 심는다.	서랍장, 악기	단단하면서도 아름답고 윤기가 난다.
히말라야시다	남쪽 지방에 심어 기른다.	가구	윤기가 나고 향기롭다. 질기고 잘 썩지 않는다.

여러 가지 다른 쓰임새

종이를 만드는 나무

한지 또는 조선종이라고 하는 닥종이는 닥나무의 껍질을 벗겨서 만든다. 우리나라는 아주 오랜 옛날부터 닥종이를 만들어 왔다. 닥나무 가지를 베어서 다발로 묶는다. 그리고 통이나 나무 궤에 넣어서 푹 찐 다음 식기 전에 껍질을 벗긴다.

벗긴 껍질은 한 줌씩 묶어서 햇볕에 말린다. 이것을 흑피라 한다. 흑피는 오랫동안 보관할 수 있다. 흑피를 물에 담근다. 껍질을 물에서 꺼내 칼로 겉껍질을 벗겨 내고 얼마 동안 흐르는 물에 담가 둔다. 이것을 꺼내어 햇볕에 쪼여서 하얗게 바래게 한 것을 백피라고 한다.

백피를 나무 잿물이나 양잿물에 넣고 서너 시간 끓인다. 으깬 섬유를 건져서 절구에 넣고 짓찧어서 섬유를 곱게 으깬다. 이것을 물에 푼 다음 고운 대발로 떠낸다. 대발에 붙은 섬유를 한 장씩 겹치면서 홍두깨로 밀어 준다. 닥종이에 비치는 무늬는 대발 자국이 난 것이다. 이렇게 만든 종이는 매우 질기고 쓸모가 많다.

닥나무와 비슷하게 생긴 꾸지나무의 껍질로도 종이를 만든다. 그런데 꾸지나무로 만든 종이는 닥나무로 만든 것보다 못하다. 섬유 길이가 닥나무보다 꾸지나무가 짧기 때문이다. 섬유가 짧으면 종이가 질기지 않다. 칡 껍질로도 종이를 만든다. 칡으로 만든 종이를 갈포지라고 하는데 벽지로 많이 쓴다.

가문비나무와 전나무의 재목은 종이 원료인 펄프를 만든다. 나무를 기계로 갈아서 죽처럼 만들고 여기에 여러 가지 약품을 넣어 잡물을 없앤 뒤 섬유소만 걸러 모은다. 이렇게 만든 펄프는 질기고 하얀 종이가 된다. 소나무나 해송으로 만든 종이는 신문 용지로 쓴다. 오래되면 빛깔이 누렇게 변한다. 재목을 갈아서 죽처럼 만들 때 잡물이 섞인 채로 만들기 때문이다.

물감을 뽑는 나무

우리나라에는 물감을 뽑는 나무가 많다. 치자나무에 달리는 노란색 열매는 물감으로 쓴다. 가을에 잘 익은 열매를 따서 말려 놓는다. 열매를 물에 풀고 천을 넣으면 노랗게 물이 든다.

감이나 고욤으로도 옷감에 물을 들인다. 땡감을 짓찧어서 솥에 넣고 그 물에 천을 담근 뒤에 데우면 갈색으로 물든다. 땡감을 주워서 옷감에 문지른 뒤에 햇볕에 말려도 물이 든다. 여러 번 문지를수록 색이 더 짙어지고 옷감이 빳빳해진다. 감물을 들인 옷은 때도 잘 안 타고 땀도 안 배서 여름에 일할 때 입으면 좋다. 제주도 사람들은 감물 들인 옷을 많이 입는다. 고기잡이 그물을 감으로 물들이면 빛깔이 바래지 않는다.

나무줄기나 껍질에서도 물감을 낸다. 밤나무나 뽕나무나 참나무나 느티나무나 매실나무는 잘 말린 목재에서 물감을 뽑는다. 참나무나 오리나무는 나무껍질을 벗겨서 쓴다. 밤송이나 도토리나 오리나무 열매에서도 물감을 얻을 수 있다. 씨를 뺀 석류나 쥐똥나무 열매, 호두나 가래 열매의 녹색 열매 살에서도 물감을 뽑는다. 고욤이나 고욤나무 잎, 으름덩굴의 잎과 줄기에서도 물감이 난다.

나무로 물을 들일 때는 나무를 다치지 않게 하는 것이 가장 중요하다. 감이나 호두같이 먹는 열매는 떨어져서 못 먹게 된 것을 줍는다. 목재로 물을 들여야 하는 것은 목재소에서 쓰다 남은 나무 토막이나 톱밥을 가져다가 쓰면 좋다. 나무줄기나 껍질을 쓸 때는 쓰러진 나무를 찾아서 재료를 장만하는 것이 좋다. 사과나무나 복숭아나무나 매실나무는 이른 봄에 가지치기를 할 때 잘라서 버리는 가지를 모아 두었다가 써도 좋다.

나무에서 뽑은 빛깔

감으로 무명에 물을 들였다.

회화나무 꽃으로 명주에 샛노란 물을 들였다.

도토리로 명주에 물을 들였다.

물푸레나무 껍질로 명주에 물을 들였다.
철로 색을 냈다.

물푸레나무 껍질로 명주에 물을 들였다.
백반과 철로 색을 냈다.

밤나무 껍질로 광목에 물을 들였다.

밤나무 가지로 광목에 물을 들였다.

붉나무 벌레집으로 명주에 물을 들였다.
백반과 철로 색을 냈다.

붉나무 벌레집으로 명주에 물을 들였다.
백반으로 색을 냈다.

신갈나무 껍질로 광목에 물을 들였다.

떡갈나무 껍질로 광목에 물을 들였다.

치자로 명주에 노란 물을 들였다.

옻을 뽑는 옻나무

옻나무에서는 옻을 뽑는다. 옻은 약으로 쓸 뿐 아니라 나무 그릇이나 가구에 칠하여 윤을 내기도 한다. 옻은 옻나무의 줄기 지름이 20~30cm 크기로 자랐을 때 가장 많이 나온다. 줄기 껍질에 낫으로 상처를 낸다. 나무껍질에 며칠 만에 한 번씩 나란히 금을 그어 준다. 상처에서는 우유같이 하얀 진이 나오는데 암갈색으로 변하면서 끈적하게 굳는다. 굳은 진을 모은 것을 생칠이라고 한다. 작은 옻나무는 베어서 껍질의 곳곳에 상처를 낸 뒤, 불에 쪼여서 진이 스며 나오도록 하여 모으기도 한다. 이것을 숙칠이라고 한다. 나무를 건강하게 기르면서 진을 모으는 것이 중요하다. 생칠을 가구나 나무 그릇에 바르면 반짝반짝 빛나는 검정색 막이 생긴다. 이 막은 물이나 공기를 통과시키지 않는다.

남쪽 지방 섬에서 자라는 황칠나무에서도 가구에 바르는 진이 나온다. 황칠나무 껍질에 상처를 내어 진을 모은 것을 황칠이라고 한다. 황칠은 옻칠과 달라서 노란빛을 띤다.

누에를 치는 뽕나무

누에는 뽕나무 잎을 가장 좋아한다. 우리 겨레는 옛날부터 누에치기를 중요하게 여겼다. 누에는 뽕잎을 먹고 자라서 고치를 짓는다. 누에고치에서는 명주실을 뽑는다. 명주실로는 명주를 짠다. 명주는 삼베나 무명보다 따뜻해서 겨울옷을 짓기에 좋았다. 그래서 마을마다 뽕나무 밭을 만들어 누에를 기르곤 했다.

뽕나무는 밭에서 기르기도 하고, 밭둑이나 얕은 산에 심어 기르기도 한다. 뽕나무 잎이 모자랄 때는 산에서 자라는 꾸지뽕나무 잎을 따서 먹이기도 했다. 하지만 누에가 빠르게 자라지 않는다. 또 뽕잎을 먹이던 누에에게 꾸지뽕나무 잎을 주면 잘 먹지 않는다.

물을 들이는 나무

나무 이름	빛깔	물감이 나는 곳	특징
가래나무	검정색	덜 익어서 푸른 열매껍질(여름)	
가죽나무	적황색, 가지색	잎(초가을)	
갈참나무		말린 목재나 톱밥	
고로쇠나무	주황색, 적갈색	잎(가을)	
고욤나무		열매, 잎	즙을 짜서 옷감에 물을 들인다.
개나리	가지색	잎(여름)	
개암나무	자주색	잎(가을)	
국수나무	자주색	줄기와 잎(여름)	
굴참나무		나무껍질	
느티나무	붉은색, 회색, 적갈색	나무껍질(이른 봄), 말린 목재, 잎(가을)	살아 있는 나무 원줄기에서 껍질을 벗기면 나무가 죽는다.
단풍나무	적갈색	말린 목재나 톱밥, 잎(여름)	
대추나무	노란색, 쑥색	나무껍질(겨울), 잎(초가을)	
돌배나무	갈색, 누런색	껍질, 잎	껍질로는 갈색 물을 들이고, 잎으로는 누런 물을 들인다.
동백나무	적갈색	꽃(봄), 잎(봄, 가을)	

나무 이름	빛깔	물감이 나는 곳	특징
떡갈나무	붉은 황토색, 어두운 가지색	나무껍질(이른 봄), 말린 목재나 톱밥	그물에 물을 들이면 그물이 물에 젖어도 안 썩는다. 죽은 나무에서 껍질을 벗긴다.
매실나무	황토색, 쑥색	잔가지(겨울 끝 무렵), 말린 목재나 톱밥	말리지 않고 그대로 물을 들인다. 가지치기할 때 나온 못 쓰는 가지를 쓰면 좋다.
모과나무	붉은 황토색	잎(초가을)	
물오리나무	적갈색, 가지색	잎, 나무껍질, 열매	
물푸레나무	청회색	나무껍질	나무를 태운 잿물로 물을 들이면 푸른 잿빛 물이 든다.
박태기나무	적갈색, 갈색	잎	
밤나무	황갈색, 검정색	수꽃(초여름), 잎(여름), 밤송이(가을), 말린 목재나 톱밥	밤나무 수꽃은 초여름에 하얗게 아래로 드리워져서 핀다. 보통 밤꽃이라고 한다.
배나무		잎(봄)	
벚나무	적갈색	잎(가을), 잔가지, 말린 목재나 톱밥	말리지 않고 그대로 물을 들인다. 가지치기할 때 나온 못 쓰는 가지를 쓰면 좋다.
보리수나무	가지색	잎과 열매(가을)	
복숭아나무	주황색, 갈색, 녹두색	잔가지(겨울 끝 무렵)	말리지 않고 그대로 물을 들인다.
붉나무	노란색, 붉은 회색	붉나무 벌레집(가을)	
뽕나무	노란색, 황토색	뿌리(이른 봄), 말린 목재	눈이 트기 바로 전이 좋다.
사과나무		잔가지(겨울 끝 무렵)	말리지 않고 그대로 물을 들인다. 가지치기할 때 나온 못 쓰는 가지를 쓰면 좋다.
산딸기		익은 열매(여름)	산딸기를 살짝 데치면 즙을 더 쉽게 짤 수 있다.
산수유	녹두색, 검은 청색	잎이 달린 가지(초가을)	
살구나무	황토색, 고동색	잔가지, 말린 목재나 톱밥	
상수리나무	황갈색	잎(여름), 도토리(가을), 말린 목재나 톱밥	도토리를 처음 삶아 낸 물로 물을 들인다.
석류나무	노란색, 검은색, 황갈색	열매껍질(여름)	씨를 빼고 말려 두었다가 겨울에 쓴다. 비단에 검은 물을 들인다.
신갈나무		도토리, 나무껍질	도토리를 우릴 때 나오는 검은 물로 물들인다.
싸리	적갈색, 검은 청색	잎	
앵두나무	붉은색	잔가지	
오리나무	회색, 노란색, 갈색, 검정색	나무껍질(이른 봄), 말린 목재나 톱밥, 열매와 잎(가을)	죽어 쓰러진 나무를 찾아서 껍질을 벗긴다. 매염제에 따라서 다양한 빛깔이 나온다.
옻나무	검정색, 녹두색	잎	
으름덩굴	노란색, 녹두색	잎(늦여름부터 가을까지)	
인동덩굴	누런색, 녹두색	꽃	매염제에 따라서 빛깔이 다르다.
자작나무	연분홍색부터 갈색까지	나무껍질	
졸참나무	흑자색	도토리, 나무껍질	
주목	적갈색, 먹갈색	목재나 톱밥, 푸른 잎	
쥐똥나무		열매	하루쯤 물에 담갔다가 절구에 찧어 쓴다.
진달래	푸르스름한 재색	재	줄기를 태워서 재를 만든 뒤에 잿물을 내어 쓴다.
찔레나무	가지색	잎(여름, 가을)	
차나무	갈색, 쥐색	잎, 차(녹차, 홍차, 우롱차)	
층층나무	쑥색, 검정색	나무껍질	여름에 걷어 쓴다.
치자나무	노란색	열매	음식에 노란 물을 들일 때도 쓴다.
칡	녹색	잎 달린 덩굴, 뿌리	
해당화	적갈색, 가지색	뿌리줄기(겨울)	
호두나무	검정색, 적갈색	덜 익어서 푸른 열매껍질(여름), 말린 목재나 톱밥, 나무껍질	
회화나무	샛노란색, 쑥색	꽃봉오리(여름)	아직 피지 않았을 때 따 모은다.

산과 들에서 자라는 나무

가래나무

Juglans mandshurica

가래는 호두같이 생겼다. 호두보다 조금 길고 양 끝이 뾰족하면서 갸름하다. 호두나무는 본디 우리나라에는 없고 중국에서 들여온 나무지만 가래나무는 옛날부터 우리 산에 저절로 나서 자라는 나무다. 추운 곳을 좋아해서 경상북도나 강원도, 그보다 더 북쪽에 흔하다.

가을이 되면 가래가 익어서 떨어진다. 가래 속에는 고소한 속살이 있어서 산짐승들이 좋아한다. 다람쥐 같은 작은 짐승이나 큰 곰 모두 다 잘 먹는다. 예전에는 사람들도 가래를 주워 먹곤 했다. 겉껍질이 딱딱해서 그냥 깨 먹기는 힘들다. 불 속에 세워 두고 저절로 껍질이 벌어지기를 기다렸다가 까먹는다. 가래 속살은 양은 많지 않지만 고소하다. 그냥 먹기도 하지만 꿀에 재워 두었다 먹기도 한다. 호두나 잣처럼 기름이 들어 있다.

가래나무 굵은 것은 베어다가 장롱을 짠다. 단단한데다가 오래되어도 뒤틀리지 않기 때문이다. 가래나무 껍질은 질겨서 밧줄을 꼬거나 미투리 뒤축에 감았다. 음력 7월쯤에 어른 팔뚝만큼 굵은 가지에서 껍질을 벗겨 다듬어 두었다가 쓴다.

다른 이름 가래추나무, 산추나무, 산추자나무

열매 열매는 그냥 먹기도 하고 기름을 짜기도 한다. 가래나무 기름은 양이 많지 않아서 귀한 음식을 만들 때 쓴다. 또 그릇이나 제기를 만들 때 가래나무 껍질을 우린 물로 물을 들이고, 가래 기름을 발라 윤을 내기도 했다. 덜 익어서 아직 푸른 열매껍질로는 옷감에 물을 들인다. 물들이면 잿빛이 난다.

목재 가래나무 목재는 가장자리는 잿빛이 도는 노란색이고 가운데는 불그스름한 밤색이다. 나뭇결이 바르고 윤이 난다. 다루기가 쉽고 단단해서 가구로도 만들고 집을 지을 때도 쓴다.

약재 봄과 가을에 나무껍질을 벗겨서 햇볕에 말린다. 냄새는 없지만 맛이 아리고 쓰다. 가래나무 껍질은 염증을 없애고 열을 내리고 눈이 밝아지게 한다. 피부병이 났을 때 즙을 내서 바른다.

2000년 7월, 경기도 국립수목원

1998년 1월, 강원도 원주

겨울에 잎이 지는 큰키나무다. 줄기는 높이 20~25m쯤 자라고 나무껍질은 잿빛이며 윤기가 있고 얕게 갈라진다.

1999년 8월, 강원도 원주

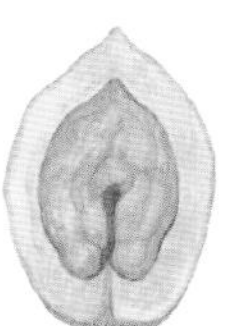
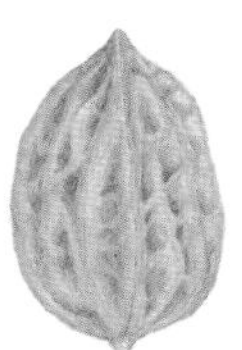

가래

겨울눈

잎은 7~17개로 이루어진 깃꼴겹잎이다. 이른 봄에 꽃이 피고, 가을에 열매가 익는다. 열매의 겉껍질은 풀색인데 그 속에 있는 씨앗은 딱딱하고 진한 밤색이다. 호두처럼 씨앗 속에 속살이 있다.

가문비나무

Picea jezoensis

가문비나무는 북부 지방 높은 산에서 자란다. 잣나무, 이깔나무, 분비나무, 종비나무 같은 다른 바늘잎나무와 함께 울창한 숲을 이루며 자란다. 북한에서는 흔한 나무지만 남한에서는 보기 어렵다.

가문비나무는 무척 더디게 자란다. 20년이면 2m쯤 자라고, 100년이 지나도 키가 20m를 넘기 어렵다. 나무는 더디게 자라지만 목재는 좋다. 나뭇결이 곧고 잘 짜개져서 집을 짓고 배를 만들고 살림살이를 만드는 데 여러모로 쓸모가 많다. 나무에 섬유질이 많이 들어 있어서 종이와 옷감을 만들 때도 쓴다. 잎과 송진은 약으로 쓴다. 잎과 어린 가지는 날것 그대로 쓰고, 송진은 줄기에 상처를 내서 받는다. 잎은 괴혈병과 기침에 약으로 쓴다. 송진은 고약을 만들고, 상처를 치료한다.

가문비나무나 전나무는 북부 지방에서 울창한 숲을 이룬다. 가문비나무 열매는 아래로 처지고, 익으면 통째로 떨어진다. 전나무 열매는 하늘을 보고, 여물면 산산이 부서지면서 떨어진다.

다른 이름 감비나무, 삼송
여러 가지 가문비나무 가문비나무에는 가문비나무, 풍산가문비나무, 종비나무가 있고 유럽에서 들어온 독일가문비나무가 있다. 모두 줄기가 곧고 좋은 목재가 된다.
목재 가문비나무 목재는 연한 붉은색이다. 단단하고 윤이 난다. 나뭇결이 곧고 잘 켜지므로 집을 지을 때 서까래, 기둥, 문살, 천장감으로 쓴다. 악기나 상자를 만들고 배를 만드는 데도 쓴다. 북쪽 지방 산골 사람들은 가문비나무 껍질로 지붕을 덮고, 통나무집을 만들었다.
기르기 씨앗을 심어서 기른다. 열매가 누런 풀색을 띨 때 따서 씨앗을 받는다. 모판에서 4~5년을 기른 뒤 산에 옮겨 심는다. 추위를 잘 견디는 나무지만 뿌리를 얕게 뻗어서 바람이 많이 불면 쓰러지기 쉽다. 물이 고이는 곳이나 진흙땅에서는 잘 못 자란다. 대기 오염에 견디는 힘이 무척 약하다.

2000년 2월, 강원도 원주

겨울에도 잎이 지지 않는 늘푸른 바늘잎나무다. 오래된 것은 키가 40m가 넘고 줄기 지름이 1m에 이른다. 가지는 배게 나고 보통 희끄무레하다. 나무껍질은 비늘처럼 벗겨지고 점점 검어진다.

2000년 2월, 강원도 원주

바늘잎은 납작하고 살짝 구부러지고 끝이 뾰족하다. 앞면은 진한 풀색이고 윤기가 난다. 뒷면은 연한 풀색인데 흰 선이 두 줄 있다. 5~6월에 암꽃과 수꽃이 한 나무에 핀다. 열매는 처음에는 위로 나지만 커 가면서 아래로 드리운다. 씨는 9월에 여문다.

갈참나무

Quercus aliena

갈참나무는 참나무의 한 가지다. 가을이면 도토리가 익어서 떨어진다. 갈참나무 도토리는 도토리 가루가 많이 나온다. 보통은 도토리묵을 해 먹는다. 예전에 산골 마을에서는 양식이 부족할 때 도토리로 끼니를 때웠다. 도토리는 떫어서 그냥 먹지는 못한다. 몇 번이고 떫은맛을 우려낸 뒤에 콩, 팥, 감자 따위를 섞어서 죽을 쑤어 먹는다. 다른 참나무처럼 갈참나무도 나무가 단단해서 좋은 재목이 된다. 구워서 숯도 만들고 줄기를 잘라서 표고도 기른다.

갈참나무는 산골짜기 기름진 땅에서도 자라지만 평지에서도 잘 자란다. 서울 종묘와 전라북도 고창 선운사에는 오래된 갈참나무가 있다. 전라남도 장성 백양사에도 길 어귀에 갈참나무가 무리를 지어 자라고 있다. 300~500년쯤 된 큰 나무들인데 줄기가 곧고 가지가 구불구불 뻗었다. 경북 영풍군 단산면에도 오래된 갈참나무가 있는데, 정월 대보름이면 마을 사람들이 나무 아래 모여 제사를 지낸다.

갈참나무 잎은 가을에 누런빛으로 단풍이 들고, 늦게까지 달려 있다. 잎은 길쭉하고 반질반질 빛난다. 종지처럼 생긴 도토리깍정이는 무늬가 세모꼴인데다 촘촘히 모여 붙어 있어 다른 참나무와 다르다.

다른 이름 재갈나무
목재 갈참나무 목재는 누런색이다. 나뭇결이 곧고 무거우면서 단단하다. 마루판을 만들고, 가구를 만들고 집을 짓는 데 쓴다. 목재에는 아름다운 무늬가 있다. 예전에 나무배를 만들 때는 참나무로 못을 깎아서 박았다. 갈참나무는 옷감이나 종이를 만드는 데도 알맞은 나무다.
기르기 나무 모양이 좋고 도토리도 많이 나서 일부러 심기도 한다. 참나무는 열매가 떨어지면 이듬해에 싹이 튼다. 심어 기를 때는 씨앗을 모래와 섞어 두었다가 이듬해 봄에 심으면 잘 난다. 어려서는 그늘에서도 잘 살지만 커서는 햇빛을 많이 받아야 잘 자란다. 나무가 크게 자라고 여름에 잎이 푸르고 풍성하며 가을에 누런 단풍이 들어 보기가 좋다.

2000년 7월, 경기도 국립수목원

1997년 12월, 강원도 원주

겨울에 잎이 지는 큰키나무다. 높이는 30m이다. 나무껍질은 딱딱하고 갈라진다. 묵은 가지는 잿빛 밤색이다.

1996년 9월, 충북 수안보

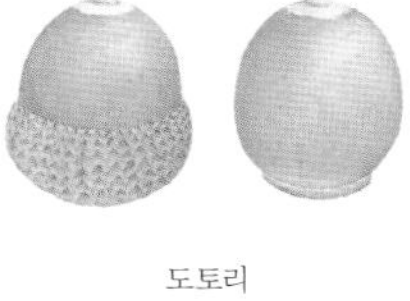

도토리

수꽃 암꽃

잎은 타원꼴이고 끝이 뾰족하며 짧은 잎자루가 있다. 잎 가장자리에는 물결처럼 생긴 톱니가 있다. 잎 앞면은 진한 풀색이고 매끈하다. 뒷면에는 잔털이 나 있다.
4월쯤에 암꽃과 수꽃이 한 나무에 핀다.
꽃 핀 그해 가을에 도토리가 여문다.
도토리깍정이는 종지 모양이다.

감나무

Diospyros kaki

감나무는 감을 따 먹으려고 기르는 과일나무다. 집집마다 마당에 몇 그루씩 심어 기른다. 밭두렁이나 집 가까운 산기슭에 심기도 한다. 병도 잘 안 들고 벌레도 잘 안 꼬여서 집 안에서 기르기 좋은 나무다.

늦은 봄에 노랗게 감꽃이 핀다. 감꽃이 감나무 둘레에 떨어지면 아이들은 감꽃을 주워 먹는다. 감꽃은 달큰하면서도 떫은맛이 있다. 감꽃을 실에 꿰어 목걸이를 만들어 목에 걸고 다니기도 한다.

감나무에 잎이 다 떨어지고 감만 빨갛게 드러나면 감을 딴다. 서리가 오기 전에 따야 한다. 잘 익은 감은 물렁물렁하고 달다. 덜 익은 감도 항아리에 넣어 두면 떫은맛이 없어지고 홍시가 된다. 덜 익은 감을 껍질을 벗겨 햇볕에 말리면 하얀 분이 나면서 쫀득쫀득한 곶감이 된다.

여러 가지 감 같은 감이라도 생김새나 맛에 따라 붙이는 이름이 다르다. 물이 많다고 물감, 찰기가 있다고 찰감, 넓적하다고 넓적감, 뾰족하다고 뾰족감, 양쪽 볼이 까맣다고 먹감, 종지같이 생겼다고 종지감이라고 한다. 무르지 않아도 단맛이 나는 단감도 있다.

약재 감꼭지는 열매가 익었을 때 떼서 햇볕에 말려 두었다가 약으로 쓰면 좋다. 감꼭지 달인 물을 마시면 딸꾹질이 멈추고 설사가 그친다. 감잎은 차를 만들어 마신다. 여름에 감잎을 따서 쪄서 말린 뒤 썰어 두었다가 끓는 물에 우려내어 마신다. 혈압이 낮아진다.

목재 감나무는 결이 연하고 치밀하여 귀한 가구를 만들 때 쓴다. 그중에서도 먹감나무라고, 여러 해 묵어서 나무속이 검어지거나 검은 무늬가 보기 좋게 번진 나무를 귀하게 여긴다. 먹감나무는 무척 귀한데다 통째로 쓰면 뒤틀리기도 하기 때문에 아주 얇게 판을 떠서 쓴다.

기르기 고욤나무에 접을 붙여서 기른다. 심은 지 4~6년 뒤부터 감이 열리고, 그때부터 100년이 넘게 감을 딸 수 있다. 해거리를 해서 한 해 많이 열리면 이듬해에는 덜 열린다.

2000년 6월, 충북 수안보

1997년 1월, 경북 영양

겨울에 잎이 지는 큰키나무다. 줄기는 곧게 자라고 가지를 많이 치는데, 다 자라면 15m에 이른다. 묵은 가지는 잿빛 밤색이다.

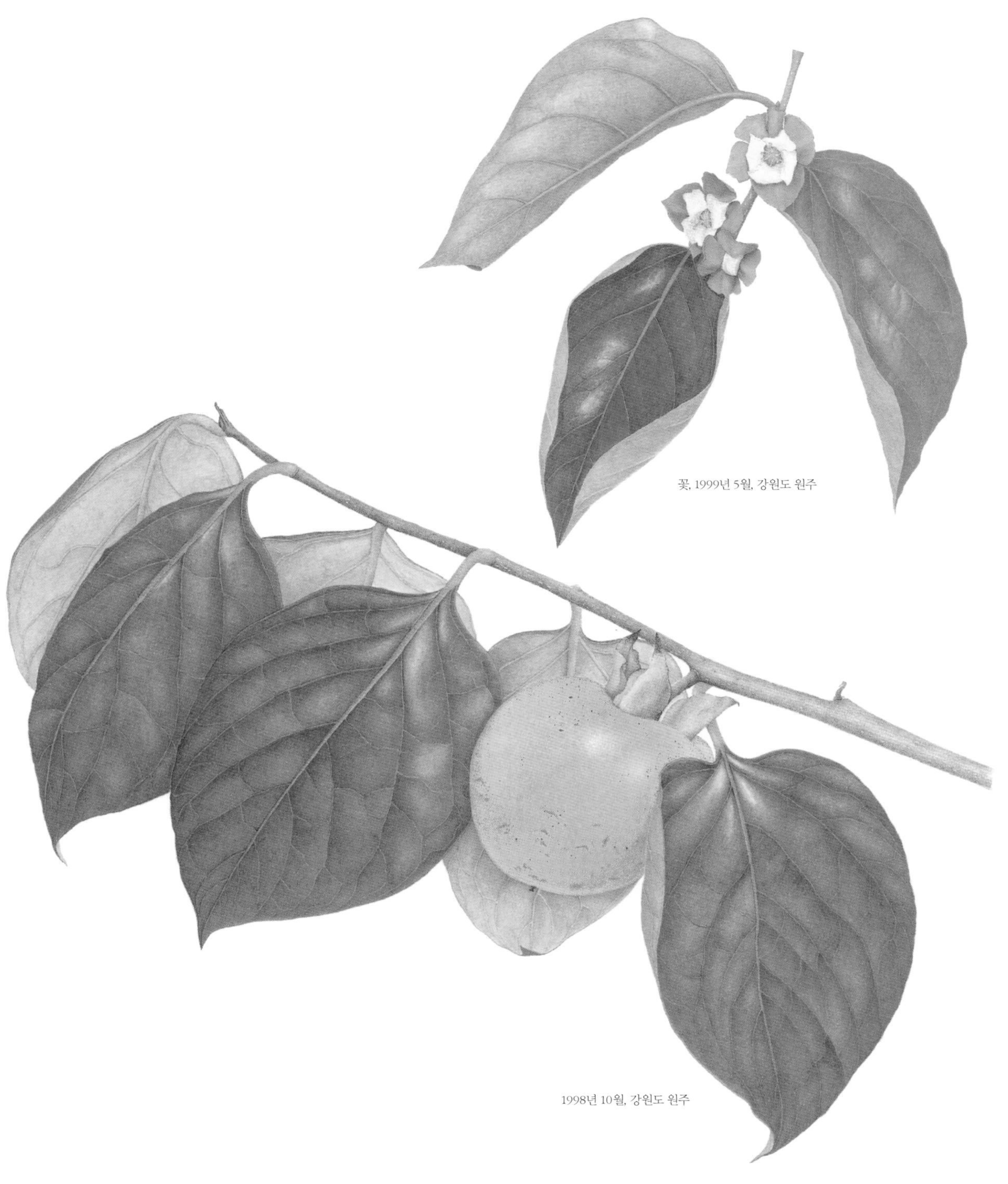

꽃, 1999년 5월, 강원도 원주

1998년 10월, 강원도 원주

잎은 어긋나게 붙고 타원꼴이다. 잎 앞면은 윤기가 나고, 뒷면에는 밤색 털이 있다. 6월쯤 잎겨드랑이에서 노란 꽃이 피는데 암꽃이 수꽃보다 훨씬 크다. 열매는 처음에는 푸른색이다가 9~10월에 붉게 여문다.

개나리

Forsythia koreana

집 가까이에서 흔히 볼 수 있는 나무다. 울타리나 길옆에 무더기로 심기도 하고, 한두 그루씩 심기도 한다. 이른 봄에 잎보다 먼저 노란 꽃이 핀다. 산에는 산수유가, 울안에는 개나리가 피어 봄을 알린다는 말이 있다. 개나리는 다른 꽃보다 일찍 핀다. 우리나라 어디서나 자라는 나무로, 강원도 춘천시는 개나리를 시의 꽃으로 정했다.

개나리는 가지를 잘라서 묻어 두면 금세 뿌리를 내린다. 물이 잘 빠지고 햇볕이 잘 드는 곳에 심으면 매우 빨리 자라나 옆으로 포기를 늘리면서 퍼진다. 메마른 곳이나 그늘진 곳에서도 잘 살고, 공기 오염이 심한 곳에서도 잘 산다. 길을 내면서 흙이 무너질 염려가 있는 곳에 일부러 심기도 한다.

가을에 여문 열매를 거둬서 약으로 쓴다. 개나리 열매는 열이 나면서 춥고 떨릴 때, 갈증이 있을 때나 편도선염에 쓴다. 경상북도 의성에서는 의성개나리를 기른다. 약으로 쓰기 위해 심는 개나리여서 약개나리라고도 한다. 의성개나리는 개나리보다 꽃이 작다. 열매는 개나리보다 많이 달린다.

다른 이름 개나리꽃나무[북], 어리자나무, 어라리나무, 신리화

여러 가지 개나리 산개나리, 만리화, 장수만리화가 있다. 산에 피는 산개나리는 경기도에서 자란다. 개나리 사촌이라고 할 수 있는 만리화는 강원도와 황해도에서 자란다. 잎과 꽃이 같이 핀다. 장수만리화는 만리화와 비슷하다. 황해도 장수산에서 발견된 나무인데 서울대 수목원과 홍릉 수목원에 가면 볼 수 있다.

약재 여문 열매를 약으로 쓴다. 한약방에서는 개나리 열매를 '연교'라 한다. 열을 내리고, 독을 풀고, 염증을 가라앉히고, 오줌을 누게 한다. 피부병이나 곪은 상처에도 쓴다. 감기로 열이 심할 때도 열매를 달여 먹는다.

기르기 가지를 잘라서 흙 속에 꽂아 뿌리를 내리게 한다. 이른 봄에 얼음이 녹은 다음 1~2년 된 가지를 20cm쯤 되게 잘라서 비스듬하게 묻는다. 습기가 조금 있는 땅에 묻어 두면 뿌리를 쉽게 내린다. 심은 지 두세 해 지나면 옮겨 심을 수 있다. 옮겨 심어도 잘 산다. 이른 봄에 가지를 휘어서 땅속에 묻어 두고 물을 잘 주면 바로 뿌리가 내려 그해 가을에 옮겨 심을 수 있다.

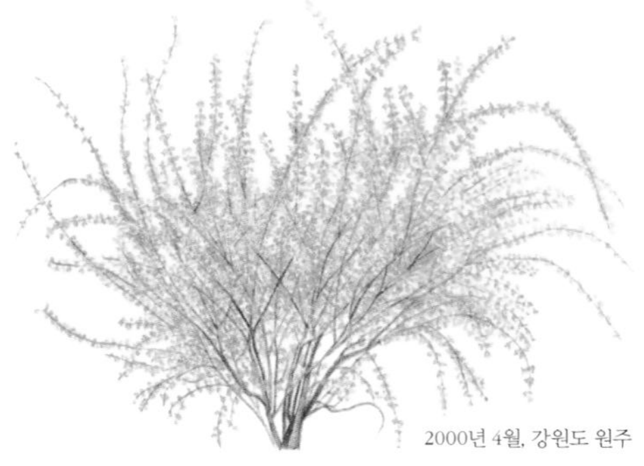

2000년 4월, 강원도 원주

겨울에 잎이 지는 떨기나무다. 뿌리에서 많은 줄기가 나와서 포기를 늘린다. 줄기는 윗부분이 길게 늘어지고 가지를 많이 친다. 보통 높은 곳에서는 줄기가 아래로 자라고, 낮은 곳에서는 위로 자란다. 어린 가지는 풀빛이고 묵은 가지는 잿빛 갈색이다.

겨울눈

잎, 2000년 8월, 강원도 원주

1999년 4월, 강원도 원주

잎은 마주나며 잎자루가 있다. 버들잎 모양으로 길고 뾰족하다. 윤기가 나고 털이 없다. 꽃은 4월에 잎보다 먼저 핀다. 노란 꽃이 한 송이씩 피거나 두세 송이씩 모여 핀다. 열매는 가을에 여문다. 씨앗은 갈색이고 날개가 있다.

개암나무

Corylus heterophylla var. *thunbergii*

개암나무는 산기슭 양지바른 곳에서 진달래, 싸리 같은 떨기나무들과 함께 자란다. 잔솔이 다복다복 난 곳에서도 볼 수 있다. 가뭄과 추위에 잘 견뎌서, 산에 나무가 없고 헐벗었을 때 개암나무가 먼저 들어와서 숲을 이룬다. 개암나무 잎은 땅에 떨어지면 잘 썩어서 메마른 땅을 기름지게 한다.

개암나무 열매는 먹을 수 있다. 개암은 쉽게 따 먹을 수 있다. 나무가 작아서 나무에 올라가지 않고 땅에 서서 바로 딸 수 있다. 잘 익은 개암은 빛깔이 짙고 고소한 냄새가 나면서 속이 꽉 차 있다. 딱딱한 겉껍질을 벗겨 내고 속살을 깨물어 먹는다. 개암은 영양이 풍부하고 맛이 독특하다. 몸을 튼튼하게 하고 소화가 잘 되도록 돕는다. 개암으로는 기름도 짠다. 노란빛이 도는 맑은 기름은 향기가 있고 맛이 좋다. 개암나무 가지는 땔나무로 쓰고, 잎은 집짐승 먹이나 거름으로 쓴다.

다른 이름 깨금

여러 가지 개암나무 개암나무, 난티잎개암나무, 병개암나무, 물개암나무 들이 있다. 모두 생김새가 개암나무와 비슷하고 쓰임새나 기르는 법도 개암나무와 같다. 모두 열매를 먹을 수 있고 열매로 기름도 짠다. 개암나무는 잎 가장자리에 잔 톱니가 있고, 잎에 자줏빛 무늬가 있는 것이 많다. 난티잎개암나무는 잎 끝이 여러 갈래로 갈라졌다.

약재 개암은 약으로도 쓴다. 가을에 익은 열매를 따서 햇볕에 말려 두었다가 달여 먹거나 가루를 내어 먹는다. 한약방에서는 말린 개암을 '진자'라고 한다. 개암은 배를 든든하게 하고 입맛을 돋운다. 또 눈을 밝게 하고 힘이 나게 한다. 아프고 난 뒤나 입맛이 없을 때 먹는다.

기르기 열매를 심어서 나무모가 자라면 옮겨 심는다. 가을에 열매를 따서 이른 봄에 심는다. 심을 때는 물이 잘 빠지는 모래가 섞인 땅이 좋다. 솔숲이나 햇볕이 잘 드는 낮은 산은 물론 메마른 땅에 심어도 잘 자란다. 심은 지 5~6년이 지나면 열매를 딸 수 있다.

2000년 7월, 강원도 원주

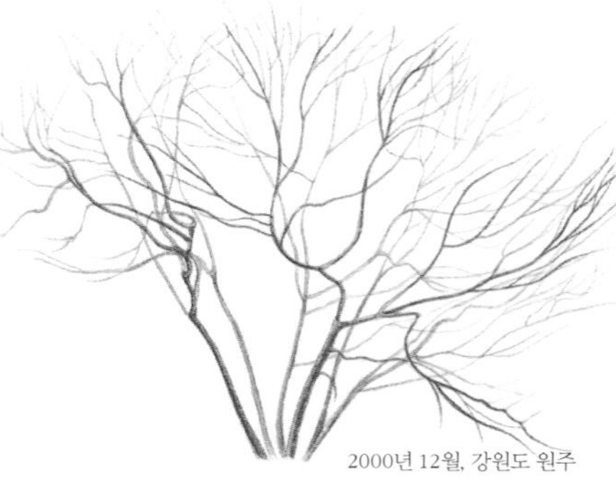

2000년 12월, 강원도 원주

겨울에 잎이 지는 떨기나무다. 키는 보통 2~3m이다. 나무껍질은 어두운 잿빛이다. 나뭇가지에는 밤색 털이 빽빽이 있다가 없어진다.

1998년 7월, 강원도 원주

개암나무 꽃, 1998년 1월, 강원도 원주

개암

난티잎개암나무 *Corylus heterophylla*

난티잎개암나무는 잎이 어긋나게 붙는다. 끝이 크게 여러 갈래로 갈라지고 가장자리가 톱니 모양이다. 이른 봄에 잎보다 먼저 암꽃과 수꽃이 한 그루에 같이 핀다. 가을에 단단하고 둥근 열매가 여문다.

겨우살이

Viscum album var. *coloratum*

겨우살이는 살아 있는 나무에 붙어산다. 팽나무, 배나무, 밤나무, 느릅나무 같은 나무에 붙어 사는데 다른 나무보다 참나무에 많이 산다. 겨우살이는 뿌리가 다른 나무에 단단히 박혀 있다. 멀리서 보면 나무에 까치 둥지가 있는 것처럼 보인다. 겨울에도 잎이 푸르러서, 다른 나무에서 잎이 떨어지는 겨울이면 눈에 더 잘 띈다.

겨우살이는 씨로 퍼진다. 잘 익은 노란 열매에는 풀같이 끈끈한 속살이 가득 차 있다. 그 속에는 씨가 한 알씩 들어 있다. 이 열매를 새가 먹고 똥을 싸면 씨앗을 싸고 있던 끈끈한 속살이 소화가 덜 되어 똥 속에 섞여 나온다. 끈끈한 속살 때문에 씨앗은 나뭇가지에 착 달라붙어 있다가 봄에 싹이 튼다.

겨우살이는 옛날부터 약으로 썼다. 그중에서도 뽕나무에서 나는 겨우살이를 더 좋게 쳤다. 겨우살이는 간과 콩팥에 좋다. 말려서 물에 달여 먹거나 빻아서 가루를 내어 먹는다. 말리지 않고 그대로 소주를 부어 두었다가 약으로 먹기도 한다.

다른 이름 겨우사리[북], 기생목, 동청

여러 가지 겨우살이 겨우살이 무리에는 겨우살이, 붉은겨우살이, 동백나무겨우살이, 꼬리겨우살이 들이 있다. 붉은겨우살이는 열매가 붉은 것이 다른 겨우살이와 다른데 약효는 겨우살이와 같다. 동백나무겨우살이는 동백나무, 사철나무, 광나무 같은 나무에 붙어서 산다. 생김새가 겨우살이와 많이 다르다. 동백나무겨우살이나 꼬리겨우살이는 넘어져서 멍든 데 짓찧어서 바른다.

기생 식물 겨우살이처럼 살아 있는 식물에 더부살이하는 식물을 기생 식물이라고 한다. 기생 식물은 다른 식물에 뿌리를 내리고 물과 양분을 받아먹고 산다.

약재 아무 때나 겨우살이를 잘라서 그늘에 말린다. 줄기와 잎을 약재로 쓴다. 한약방에서는 '기생목'이라고 한다. 겨우살이는 힘줄과 뼈를 튼튼하게 해 준다. 혈압을 낮추고, 아기가 배 속에 편안하게 있게 하고, 엄마 젖이 잘 나오게 한다. 허리가 아프고 이가 쑤실 때도 쓴다.

상수리나무에 붙어사는 겨우살이, 1997년 12월, 강원도 원주

살아 있는 나무에 더부살이하는 떨기나무다. 겨울에도 잎이 지지 않는다. 다른 나무 위에 줄기가 무더기로 모여 나서 얼핏 보면 까치 둥지처럼 보인다. 가지는 두세 갈래로 갈라지고 통통하고 풀색이다. 털이 없고 마디가 있다. 높이는 30~60cm이다.

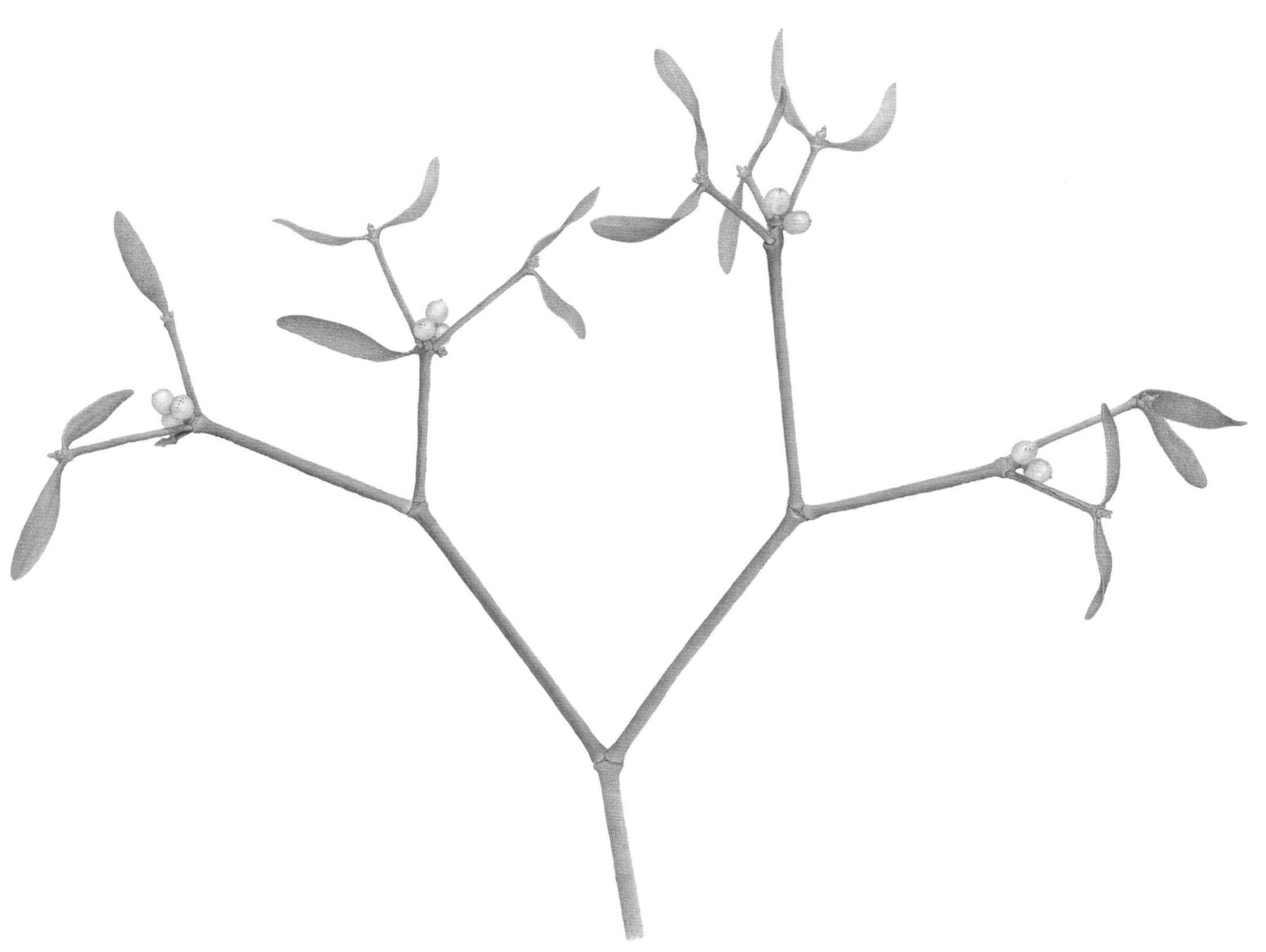

1997년 1월, 강원도 원주

잎은 마주나고 길쭉하고 두툼하다.
잎 끝은 둥그스름하고 가장자리는 매끈하다.
진한 풀색이고 윤기가 나지 않는다.
이른 봄에 자잘하고 누런 꽃이 가지 끝에
모여서 핀다. 가을에 둥근 열매가 누렇게
익는데 반투명하다.

고로쇠나무

Acer mono

고로쇠나무는 우리나라에서 나는 단풍나무 가운데 가장 키가 크고 줄기도 굵게 자란다. 큰 것은 키가 20m에 줄기 지름이 60cm인 것도 있다. 땅이 걸고 눅눅한 곳을 좋아한다. 나무가 우거진 산속 골짜기나 골짜기 가까운 산허리 양지바른 곳에서 잘 자란다. 단풍을 보려고 공원이나 마당에 심어 기르기도 한다.

고로쇠나무는 다른 단풍나무들보다 빨리 크게 자라기 때문에 목재로 널리 쓰인다. 목재는 연한 밤색인데 단단하고 결이 치밀하다. 윤이 나고 아름다워서 가구를 만든다. 또 다식판을 만들거나 조각 재료로도 쓴다. 체육관 바닥에도 많이 깐다.

고로쇠나무 줄기에서 받은 물을 고로쇠 약수라고 한다. 고로쇠 약수는 이른 봄에 살아 있는 나무줄기에 흠집을 내어 받는다. 노인이나 속이 안 좋은 사람에게 좋다고 한다. 고로쇠나무는 해마다 물을 받아 내도 죽지 않는다. 고로쇠나무 어린잎은 나물로 먹거나 차를 만들어 먹는다.

고로쇠 약수 해마다 이른 봄에 나무에 흠집을 내고 물을 받는다. 2월에서 3월 사이에 많이 한다. 날씨에 따라서 나오는 날도 있고 안 나오는 날도 있다. 물은 희뿌옇고 단맛이 조금 난다. 뼈를 튼튼하게 해 준다고 '골리수'라고도 한다. 몸이 약한 사람이나 수술한 사람이나 신경통이나 위장병이 있는 사람에게 좋다고 한다.

목재 목재는 연한 밤색이다. 빛깔이 곱고 윤이 나는데다가 단단하다. 오래가고 잘 갈라지지 않는다. 집을 짓고 가구를 만드는 데 쓴다. 피아노나 바이올린 같은 악기도 만든다. 고운 무늬가 있어 널판으로도 좋다.

기르기 씨앗을 심어서 기른다. 가을에 여문 씨앗을 모아서 땅에 묻어 두었다가 봄에 뿌린다. 기름지고 눅눅한 땅을 좋아한다. 나무 생김새가 아름답고 공기 오염에 강해서 공원에 심는다. 빨리 자라고 옮겨 심어도 잘 산다.

2000년 10월, 강원도 치악산

2000년 12월, 강원도 치악산

겨울에 잎이 지는 큰키나무다. 높이 20m쯤 자란다. 나무껍질은 어두운 잿빛으로 미끈한데 오래된 나무는 세로로 갈라지기도 한다. 어린 가지는 짧고 가늘고 풀색이다. 묵은 가지는 잿빛이다. 가을에 노랗게 단풍이 든다.

2000년 5월, 강원도 치악산

잎은 보통 다섯에서 일곱 갈래로 갈라지고 손바닥 모양이다. 가장자리가 밋밋하다. 꽃은 암꽃과 수꽃이 한 나무에 피며 옅은 노란색이다. 4~5월에 잎보다 먼저 꽃이 핀다. 열매에는 날개 두 개가 마주 붙어 있다. 9~10월에 익는다.

고리버들(키버들)

Salix koriyanagi

고리버들은 개울가나 축축한 땅에서 무성하게 자란다. 줄기 껍질을 벗겨서 고리나 키를 만든다. 그래서 이름도 고리버들이다. 키버들이라고도 한다. 키는 곡식을 까불러서 껍데기나 지푸라기나 검불을 없앨 때 쓴다. 고리는 아래짝, 위짝이 있는 동글납작한 바구니다. 옷이나 음식을 넣어 둔다. 시집갈 때 꼭 해 가던 혼수품이다. 대나무가 많이 나는 곳에서는 대나무로 엮기도 했지만 다른 곳에서는 버들가지로 많이 했다.

버들가지는 질기고 희고 매끈하다. 물이 한창 올랐을 때 베어서 껍질을 벗긴다. 겨울에 거둔 것은 푹 삶은 뒤에 벗긴다. 껍질을 벗겨 낸 뒤에 햇볕에 말린다. 가지가 휘거나 꼬이지 않게 한 묶음씩 묶어서 말렸다가 쓴다. 말린 싸리나 버들가지로 물건을 만들 때는 물에 축여 녹신녹신해진 다음에 쓴다.

버들가지로 만든 것 고리버들 가지는 싸릿가지처럼 빛깔이 희고 질기고 잘 구부러진다. 고리, 광주리, 채반, 조리, 키, 바구니, 다래끼, 채독 같은 것을 만든다. 하얀 버들가지로 채반을 만들면 깨끗해서 음식을 담아 두기가 좋다. 버들은 껍질이 잘 벗겨지는 6~7월에 벤다.

여러 가지 버드나무 우리나라에는 30종이 넘는 버드나무가 있다. 버드나무, 수양버들, 능수버들, 고리버들, 떡버들, 왕버들 무척 많다. 버드나무 하면 가지가 아래로 축축 늘어진 수양버들이나 능수버들을 떠올린다. 이 나무들은 고리나 키를 만들지 못한다. 버드나무는 아니지만 양버들로도 고리를 만들 수 있다. 양버들 가지를 쳐 주면 이듬해 봄에 새순이 길게 올라온다. 이것을 잘라서 키나 고리를 엮는다.

기르기 씨앗을 심거나 가지를 끊어서 심는다. 늦봄이나 초여름에 씨앗을 따서 축축한 땅에 뿌리면 쉽게 싹이 튼다. 가지를 심어도 된다. 봄에 굵은 가지를 한 뼘 길이로 끊어서 축축한 땅에 심는다. 고리버들은 강기슭이나 냇가에 심으면 잘 자란다. 공원에서는 큰키나무 아래에 심으면 보기 좋다.

2006년 6월, 충북 충주

겨울에 잎이 지는 떨기나무다. 높이는 1~2m쯤 된다. 가지 색깔은 누런색, 붉은색, 밤색 여러 가지가 있다.

2000년 5월, 강원도 원주

잎은 가지에 마주 붙거나 3개씩 돌려붙는다. 끝이 뾰족하고 가장자리에 톱니가 있거나 매끈하다. 잎 앞면은 진한 풀색이고 뒷면은 희다. 꽃은 3~4월에 잎보다 먼저 피거나 같이 핀다. 암꽃과 수꽃에 털이 있다. 열매는 5월에 여문다.

고욤나무

Diospyros lotus

고욤나무는 감나무와 가까운 나무다. 나무 생김새도 비슷하고 열매나 꼭지를 약으로 쓰는 것도 같다. 감나무보다 키는 좀 작지만 추운 곳에서는 더 잘 자란다. 그래서 어린 고욤나무에 감나무 가지를 접붙이면 추위에 잘 견디는 튼튼한 감나무를 얻을 수 있다. 산기슭이나 낮은 산에서 저절로 자라는데 마을 가까이에 심기도 한다. 흙이 깊고 물이 잘 빠지는 땅에 심으면 잘 자란다.

고욤나무 열매를 고욤이라 한다. 고욤은 둥글고 작은데 처음에는 노랗다가 점점 검게 익는다. 열매가 작다고 '콩감'이라고도 한다. 맛이 떫어서 그냥은 못 먹고 항아리에 넣어 푹 삭혀서 먹는다. 서리가 내린 뒤에 따서 삭힌 고욤은 몸에 좋다. 오래 두면 초가 생겨서 맛이 시고 끈적끈적해진다. 항아리에서 물러진 다음에는 으깨서 숟가락으로 떠먹는다. 추운 겨울에 별미다. 감보다 씨가 많다. 여름에 풋고욤이나 풋감으로 즙을 짜서 옷감에 물을 들일 수도 있다. 이를 감물을 들인다고 하고 감물 들인 옷을 '갈옷'이라고 한다.

다른 이름 고욤나무
약재 햇볕에 말린 고욤은 갈증을 풀거나 열을 내리는 약으로 쓴다. 동상에 걸렸을 때 고욤을 날것 그대로 찧어서 발라도 좋다. 고욤 꼭지와 잎은 가을에 따서 햇볕에 잘 말려 두었다가 약으로 쓴다. 딸꾹질이 날 때 고욤 꼭지 여덟 개와 생강 다섯 조각을 함께 달여 마시면 좋다. 잎은 피를 멈추거나 기침을 그치게 하는 데 쓴다. 또 감잎처럼 차를 만들어서 마신다.
목재 고욤나무 목재는 단단하고 무늬가 곱고 잘 썩지 않는다. 하지만 나무가 다 자라도 그다지 굵지 않아서 큰 가구나 집을 짓는 목재로는 못 쓴다. 주로 그릇이나 도마 같은 작은 것을 만든다.
접붙이기 어린 고욤나무는 감나무를 접붙일 때 쓴다. 감나무는 씨를 심어 기르면 나무가 자라도 감을 못 쓴다. 또 다른 나무와 달리 뿌리를 다치면 죽기 쉽다. 늦은 봄에 2~3년 된 고욤나무에 튼튼한 감나무 가지를 잘라 접을 붙인다. 접이 잘 붙으면 추위에 잘 견디고 열매도 빨리 맺는다.

2000년 9월, 강원도 원주

2006년 2월, 충북 충주

겨울에 잎이 지는 큰키나무다. 키는 15m쯤 자란다. 줄기는 곧게 자라고 가지를 친다. 가지는 잿빛이며 어릴 때는 털이 있다가 자라면서 없어진다.

1999년 9월, 강원도 원주

1998년 11월, 강원도 원주

잎은 어긋나게 붙고 타원꼴이다. 잎 앞면은 풀색에 윤이 나고 뒷면은 희고 털이 있다. 늦은 봄에 햇가지에서 누런 꽃이 핀다. 가을에 작고 둥근 열매가 누르스름하게 여문다. 그러다 서리를 맞으면 검게 변하며 겉에 흰 가루가 덮인다.

구기자나무

Lycium chinense

구기자나무는 밭둑이나 냇가, 산비탈에서 저절로 자란다. 집 둘레와 우물가에 심어 기르기도 한다. 서늘한 날씨에서 잘 자라고 추위에도 잘 견뎌서 우리나라 어느 곳에서나 기를 수 있다. 구기자나무는 햇가지에서 꽃이 피고 열매를 맺는다. 그래서 구기자가 많이 열리도록 하려면 가지치기를 해 주는 것이 좋다. 구기자는 꽃이 피는 차례대로 가을 내내 여물기 때문에 익는 족족 따 준다.

잘 익은 구기자는 물이 많고 맛이 달다. 그냥 먹기도 하지만 보통은 말려 두었다가 먹는다. 보리차처럼 끓여 먹기도 하고 엿이나 술을 만들어 먹기도 한다. 구기자는 잔병을 막아 주고, 허리와 다리에 힘이 붙게 하고 피로를 풀어 준다. 오래 먹으면 눈도 밝아진다. 뿌리와 줄기와 잎도 약으로 써서 하나도 버릴 게 없다. 어린잎은 봄에 나물로 먹고 다 자란 잎은 여름과 가을에 따서 말려 두었다가 차를 끓여 마신다.

다른 이름 물고추나무, 괴좆나무, 선장

약재 가을에 구기자를 익는 대로 따서 햇볕에 말린다. 몸이 허약할 때, 어지럽고 눈이 잘 보이지 않을 때, 허리가 아플 때, 무릎에 맥이 없을 때, 기침이 날 때 약으로 쓴다. 달여 먹거나 가루를 내어서 먹는다. 구기자 가루는 꿀과 함께 졸여서 엿도 만든다. 구기자나무는 뿌리껍질과 잎도 약으로 쓴다. 뿌리껍질은 열을 내려 준다. 잎은 열을 내리고 눈을 밝게 하고 갈증을 멎게 한다.

나물 봄에 어린잎을 뜯어서 살짝 데쳐서 나물로 무쳐 먹는다. 잘게 썰어서 나물밥도 지어 먹는다. 삶아서 말려 두었다가 묵나물로 먹기도 하고, 차를 끓여 마시기도 한다.

기르기 씨앗을 심어서 기를 수 있지만 보통은 가지를 잘라서 심는다. 이른 봄 싹이 트기 전에 그 전해에 자란 가지를 15~20cm로 잘라서 심는다. 볕이 잘 들고 물이 잘 빠지는 땅에서 잘 자란다.

2000년 9월, 충북 충주

겨울에 잎이 지는 떨기나무다. 뿌리에서 많은 줄기가 뭉쳐난다. 줄기는 가늘고 길게 늘어진다. 가지는 연한 흰색을 띠는데 가시가 있는 것도 있다. 잎은 타원꼴인데 끝이 뾰족하고 가장자리가 매끈하다. 5~9월에 연한 보라색 꽃이 핀다. 8월 지나서 핀 꽃들이 열매를 잘 맺는다. 열매는 둥글고, 7월부터 첫서리가 내릴 때까지 차례대로 붉게 여문다.

구상나무

Abies koreana

구상나무는 한라산, 덕유산, 지리산 같은 높은 산에 산다. 제주도 한라산 꼭대기에서는 구상나무가 넓게 퍼져서 살고 있다. 세찬 눈보라를 못 견디고 죽은 채로 서 있는 나무도 있고, 푸른 잎을 달고 늠름하게 자라는 나무도 있다. 구상나무는 우리나라에서만 난다.

요즘은 나무모를 길러서 팔기도 한다. 나무 생김새가 아름다워서 공원이나 뜰에 심는 사람이 늘고 있다. 하지만 산꼭대기에서 자라던 나무여서 기르기가 쉽지는 않다.

구상나무와 분비나무는 무척 닮았다. 생김새는 닮았는데 사는 곳이 다르다. 구상나무는 남쪽 지방 높은 산에서 살지만, 분비나무는 남쪽 지방에도 있고 북쪽 지방에도 있다. 두 나무가 어우러져 자라는 곳도 있다. 두 나무는 열매와 잎을 보고 알아본다. 둘 다 생김새가 좋고, 자라서는 훌륭한 재목이 된다.

다른 이름 제주백회

구상나무와 가까운 나무 구상나무와 가까운 나무에는 전나무와 분비나무가 있다. 전나무는 북쪽 지방 높은 산과 고원 지대에 많고 어린 가지에 털이 없다. 구상나무와 분비나무는 어린 가지에 털이 있고 잎 끝이 조금 갈라졌다. 두 나무는 열매와 잎을 보고 가려낸다. 구상나무 잎은 뒷면이 눈에 띄게 흰빛을 띠고 잎이 좀 짧다. 열매도 조금 다르게 생겼다. 분비나무 열매가 구상나무 열매보다 크다.

목재 목재는 연한 누런색이다. 집을 짓고, 가구를 만들고, 물건을 넣는 상자를 만든다. 지리산 밑에 사는 사람들은 구상나무를 베어다 똥장군을 만들어 똥거름을 날랐다.

기르기 씨앗을 심어서 기른다. 가을에 잘 여문 열매를 따서 말린 다음 씨를 턴다. 씨는 바람이 잘 통하는 곳에 두었다가 이듬해 봄에 심는다. 두 해쯤 나무모를 기른 다음 옮겨 심는다. 구상나무는 무척 더디게 자란다. 병충해를 적게 받고 어릴 때는 그늘에서 자란다. 오염된 공기에 아주 약해서 도시에서 자라는 나무는 산에서 자랄 때처럼 아름답지 않다.

2000년 7월, 경기도 국립수목원

겨울에도 잎이 지지 않는 늘푸른 바늘잎나무다. 키는 5~7m이며 20m를 넘지 않는다. 줄기는 곧게 자라고, 가지를 빽빽하게 치며 위를 보거나 옆으로 뻗는다. 나무껍질은 잿빛이 도는 흰색이며 조금 갈라진다.

2000년 3월, 충북 충주

바늘잎은 짧고, 끝이 살짝 갈라져 오목하다. 뒷면이 희다. 4월에 암꽃과 수꽃이 한 그루에 함께 핀다. 열매는 위로 향하고 10월쯤에 풀색이나 붉은색, 또는 검은색으로 여문다. 여물면 씨가 조각조각 떨어진다. 씨는 세모지고, 날개가 있다.

국수나무

Stephanandra incisa

국수나무는 산어귀에 많이 자란다. 나무가 우거진 숲에도 많다. 국수나무는 줄기 속이 국수 가락 같다고 해서 붙여진 이름이다. 가는 줄기를 잘라서 한쪽 끝을 철사로 밀어내면 다른 한쪽 끝이 국수 가락처럼 나온다. 예전에는 국수나무 줄기에서 심을 빼고, 속이 빈 줄기에 침을 넣어 새를 잡았다고 한다. 줄기를 끊어다가 광주리나 바구니를 만들기도 한다.

여름에 흰 꽃이 많이 모여 피는데 향기가 좋다. 꿀도 많다. 가을에는 붉게 단풍이 든다. 나무가 보기 좋아서 공원에 심는다. 공원이나 뜰에서 기를 때는 큰 나무 아래에 심기도 한다. 국수나무 위에는 키가 큰 나무들이 많이 들어서 있다. 그 아래 자라는 국수나무는 큰 나무 가지 사이로 내리는 햇볕을 받아 살아간다. 국수나무는 가을이 되면 잎을 땅 위로 떨어뜨려서 흙을 기름지게 한다.

여러 가지 국수나무 잎이 둥글고 다섯 갈래로 깊게 갈라지는 것은 개국수나무다. 제주도나 경기도에서 자라는데 흔하지 않다. 울릉도에 나는 섬국수나무와 북부 지방 높은 산에 나는 산국수나무도 있다. 이들은 이름은 국수나무지만 조팝나무에 가깝다. 모두 흰 꽃이 핀다.

기르기 씨앗을 심거나, 이른 봄에 나무를 캐어 포기를 갈라서 심는다. 이렇게 포기를 갈라서 심는 것이 쉽고 안전하다. 심을 때는 큰 나무 아래에 심는다. 햇볕이 잘 들지 않는 비탈진 곳에 심어도 잘 자란다. 땅은 기름진 곳이 좋다. 겨울에 가지 끝이 얼기도 한다. 봄에 가지치기를 해 준다.

2000년 8월, 경기도 국립수목원

겨울에 잎이 지는 떨기나무다. 높이가 1~2m에 지나지 않는다. 줄기는 가늘고 무더기로 자라며 가지를 많이 친다. 어린 가지는 불그스름하다. 가을에 붉게 단풍이 든다.

1998년 5월, 강원도 원주

잎은 어긋나게 붙고 세모지다. 끝은 뾰족하고 가장자리에 톱니가 있다. 잎에 털이 있다. 6~7월에 흰 꽃이 햇가지 끝에 모여서 핀다. 열매는 둥글고 짧은 털이 나 있다. 8~9월에 여문다.

굴참나무

Quercus variabilis

굴참나무는 낮은 산에 많다. 불이 난 곳이나 자갈밭에서 많이 자란다. 나무껍질이 두꺼워서 다른 나무가 살지 못하는 메마른 땅에서도 잘 산다. 가을에 여무는 굴참나무 도토리는 알이 굵고 가루가 많이 나온다. 나무가 커야 도토리도 많이 달린다.

굴참나무는 자라면서 줄기에 폭신폭신하고 두꺼운 껍질이 생겨난다. 껍질은 가볍고 탄력이 있으면서 공기나 물이 새지 않고 열을 전하지 않는다. 그래서 껍질로 병마개나 낚시찌를 만든다. 굴참나무는 껍질을 벗겨도 안에서 새로 껍질이 나서 안 죽는다. 한 번 껍질을 벗긴 뒤 새 껍질이 자라면 또 벗겨 낼 수 있다. 산골 마을에서는 두꺼운 굴참나무 껍질을 벗겨서 지붕을 인다. 굴참나무 껍질을 굴피라 하고 이것으로 지붕을 인 집을 굴피집이라고 한다. 굴피는 잘 썩지 않고 가볍다. 굴피집은 여름에 덜 덥고, 겨울에 덜 춥다. 날이 가물면 바짝 오므라들어서 하늘이 보이지만 습기가 많아지면 늘어나서 틈이 메워지고 비가 새지 않는다. 굴참나무 껍질은 그물을 물들이는 데도 쓴다.

다른 이름 구도토리나무, 물갈참나무, 부업나무

굴참나무와 상수리나무 굴참나무와 상수리나무는 닮은 점이 많다. 언뜻 보기에는 잎이 똑같이 생겼다. 열매가 두 해에 걸쳐서 여무는 것도 같다. 그러나 굴참나무 잎 뒷면은 털이 많아서 희게 보이고 상수리나무 잎은 윤기 있는 풀색이어서 구별이 된다. 상수리나무는 집 가까이에서 흔히 자라고 굴참나무는 산에 가야 볼 수 있다.

굴참나무 껍질 굴참나무는 15~30년쯤 자라면 나무껍질을 쓸 수 있다. 한 번 나무껍질을 벗기면 껍질이 더 빨리 자라고 더 두꺼워진다. 껍질은 7월 중순에서 9월 중순 사이에 벗긴다. 벗긴 껍질은 삶아서 떫은 맛을 빼낸 뒤 병마개나 코르크판을 만든다. 굴피집에 지붕을 이려면 8월 처서가 되기 전에 벗긴다. 넓게 벗긴 껍질을 돌로 눌러 판판하게 펴 두었다가 여러 겹으로 덮어서 지붕을 인다.

2000년 7월, 경기도 국립수목원

2000년 12월, 경기도 국립수목원

겨울에 잎이 지는 큰키나무다. 높이는 20m 안팎이다. 나무껍질은 처음에는 윤기가 나지만 점차 코르크질이 발달한다. 두꺼워지고 깊게 터지면서 검은색을 띠게 된다.

2000년 9월, 강원도 원주

도토리

잎은 길쭉하고 가장자리에 가시 같은 톱니가 있다. 앞면은 풀색이고 뒷면은 털이 많아서 희게 보인다. 5월쯤에 꽃이 피고 암수한그루이다. 꽃이 핀 이듬해에 도토리가 익어 떨어진다. 도토리는 둥글고, 도토리깍정이는 꼭지가 없고 긴 비늘쪽이 붙어서 뒤로 젖혀진다.

귀룽나무

Prunus padus

귀룽나무는 깊은 산골짜기나 물가에서 자라는 잎 지는 큰키나무다. 꽃이 필 때는 온 나무가 꽃으로 뒤덮인다. 꽃이 많이 피고 나무 생김새가 보기 좋아서 공원에 일부러 심기도 한다. 북녘에서는 하얀 꽃이 뭉게뭉게 핀 구름 같다고 '구름나무'라고 한다.

5월에 작고 하얀 꽃이 가지 끝에 다글다글 모여 핀다. 꽃대 밑에는 잎이 네댓 장씩 붙어 있다. 꽃대가 아래로 쳐지듯 달린다. 잎은 긴달걀꼴로 가장가리에 잔 톱니가 있으며 어긋난다. 나무껍질은 검은 밤빛이고 세로로 벌어진다. 어린 가지를 꺾으면 냄새가 난다.

귀룽나무 열매는 버찌와 닮았다. 6~7월이면 열매가 까맣게 익는다. 살이 별로 없고 맛이 떫어서 약으로 쓸 때 말고는 잘 안 먹는다. 귀룽나무는 가을에 잎이 진 뒤에도 까만 열매가 떨어진 자리에 가면 찾기 쉽다.

다른 이름 구름나무[북], 귀롱나무, 귀중목

여러 가지 귀룽나무 서울귀룽나무, 흰털귀룽나무, 흰귀룽나무 들이 있다. 서울귀룽나무는 우리나라 곳곳에서 자라는 토박이 나무다. 어린 가지는 약으로 쓰며, 어린순과 열매는 먹는다. 흰털귀룽나무는 귀룽나무와 닮았으나 잎 뒷면에 갈색 털이 빽빽이 나 있다. 털귀롱나무, 털귀롱목, 흰털구름나무라고도 한다.

약재 까맣게 익은 열매를 '앵액', 가지와 줄기 껍질 말린 것을 '구룡목'이라 하며 약으로 쓴다. 일 년 내내 거둬서 햇볕에 말린 뒤 달이거나 술에 담가서 먹는다. 뼈마디가 쑤시고 아픈 것을 가라앉히고 설사를 멈추게 한다.

목재 벚나무류와 비슷하여 나무가 단단하다. 주로 가구, 조각, 세공품을 만드는 재료로 쓴다.

기르기 씨는 마르지 않게 모래와 섞어서 저장했다가 이듬해 뿌린다. 움이 잘 트고 빨리 자란다. 습기가 있는 그늘진 땅이나 모래가 섞인 기름진 땅에서 잘 자라며 추위에 강하다.

열매

겨울에 잎이 지는 큰키나무다. 높이는 15m쯤이고, 줄기가 곧거나 조금 굽어서 자란다. 잎이 우거진 가지가 길게 뻗어 아래로 처지면서 위쪽이 둥그스름해진다. 잎은 가지에 어긋나게 달린다. 끝이 뾰족한 타원형이며 길이 6~12cm이다. 가장자리에 잔 톱니 모양이 있다. 5월에 흰 꽃이 피는데 가지 끝에 모여 핀다. 6~7월이면 열매가 까맣게 익는다.

귤나무

Citrus unshiu

귤은 겨울에 흔하게 먹는 과일이다. 껍질을 벗기기 쉬워서 먹기도 편하다. 잘 익은 귤은 조금 시면서도 달다. 귤나무는 제주도나 남해안 같은 따뜻한 곳에서 자라는 나무다. 봄에 흰 꽃이 피고 짙은 풀색 열매를 맺는데 열매는 가을부터 겨울 사이에 노랗게 익는다. 요즘은 온상에서 길러서 여름에도 귤이 나온다.

귤나무는 접을 붙여서 기른다. 탱자나무에 귤나무 눈을 잘라다가 접을 붙인다. 접을 붙인 뒤 그 이듬해부터 꽃이 피고 열매가 달리기 시작한다. 처음 맺힌 열매는 따서 버린다. 먹을 만한 귤을 따려면 4~5년이 지나야 한다. 지금 많이 심는 귤은 온주밀감인데 일본에서 들여온 품종이다. 온주밀감은 씨가 없고, 껍질을 벗기기 쉽고 맛이 달다.

옛날부터 기르던 귤은 보통 씨가 있고 껍질이 두껍고 쓴맛이나 신맛이 강하다. 하지만 향기가 진하고 몸에 좋아서 지금도 차로 달여 마시고 약으로 쓴다.

다른 이름 감귤나무, 밀감나무

재배 역사 귤은 삼국 시대부터 제주도에서 길렀다고 한다. 조선 시대에 귤은 임금과 왕족에게나 바치는 무척 귀한 과일이었다. 많이 나기 시작한 것은 1960년대 말부터다. 본디 귤나무가 많던 곳은 한라산 북쪽인 제주시였다. 그런데 지금은 한라산 남쪽에 자리 잡은 남제주군과 서귀포시에서 가장 많이 난다.

여러 가지 귤 요즘 시장에서 파는 귤은 거의 온주밀감과 금귤이다. 금귤은 껍질째 먹는 살구만 한 귤이다. 제주도에는 옛날부터 기르던 귤나무들이 있다. 당유자, 진귤, 병귤, 빈귤, 청귤, 지각, 유자 들이다. 당유자는 시고 병귤은 달다. 진귤은 산귤이라고도 하는데, 크기가 작고 쓰다. 제주도 애월읍에는 350년쯤 된 진귤나무가 있는데 지방 기념물로 정하여 보호하고 있다.

약재 귤껍질을 햇볕에 말려 두고 약으로 쓴다. 한약방에서는 진귤 껍질 말린 것을 '진피'라고 한다. 귤껍질은 입맛이 없고 소화가 안 될 때나 기침이 나고 숨이 찰 때 약으로 쓴다. 차로 마실 때는 귤을 껍질째 잘게 저며서 꿀을 넣고 뜨거운 물을 부어서 마신다. 감기가 올 듯할 때 귤차를 마시면 땀이 나면서 열이 내린다.

진귤나무, 1999년 1월, 제주도 한림공원

진귤나무는 작은키나무다. 겨울에도 잎이 지지 않고 푸르다. 보호수로 기르는 나무는 키가 6m나 되지만 집 둘레나 과수원에서 기르는 것은 보통 3~4m이다. 어린 가지는 풀색이고 가시가 있다. 가지가 오래되면 껍질은 갈색으로 바뀌고 가시도 떨어져 나간다.

온주밀감 꽃, 1999년 5월, 제주

1999년 1월, 제주시 삼양동

진귤나무 *C. sunki*

진귤나무는 잎이 어긋나게 붙고 긴 타원형이며 끝이 뾰족하다. 잎자루에 날개가 없거나 있어도 좁다. 5월쯤에 향기가 좋은 흰 꽃이 핀다. 꽃이 진 자리에 작은 열매가 달리는데 처음에는 푸르다가 겨울에 누렇게 익는다.

낙엽송(일본잎갈나무)

Larix kaempferi

낙엽송은 1904년에 일본에서 처음 들여왔다. 그 뒤 나무가 없는 산에 가장 많이 심어 왔다. 무척 빨리 자라서 우리 산을 푸르게 하는 데 큰 도움이 되었다. 줄기가 곧게 자라고 단단해서 집을 짓는 재목으로도 좋다.

보통 바늘잎나무들은 겨울에도 잎이 지지 않는다. 그러나 낙엽송은 가을이 되면 잎이 누렇게 물들면서 떨어진다. 잎이 없이 빈 가지로 겨울을 나는 것이다. 그래서 잎이 지는 소나무라고 낙엽송이라는 이름을 붙였다. 낙엽송은 일본잎갈나무, 창성이깔나무라고도 한다.

우리나라에는 본디 이깔나무라는 토박이 나무가 있다. 이깔나무도 낙엽송처럼 가을이면 잎이 떨어지고 좋은 재목이 된다. 나무가 단단하면서 결이 좋고 가볍다. 잘 안 썩고, 여간해서 뒤틀리지 않는다. 집 지을 때 쓰고 철도 침목으로도 쓰고 가구로도 만든다. 추운 곳을 좋아해서 금강산 북쪽에서만 자라고 남쪽에는 자라지 않는다. 백두산 언저리에는 울창한 이깔나무 숲이 펼쳐져 있다.

다른 이름 창성이깔나무[북]
잎이 지는 바늘잎나무들 낙엽송, 이깔나무, 낙우송, 메타세쿼이아는 겨울에 잎이 지는 바늘잎나무들이다. 이깔나무는 솔방울에 붙는 비늘 조각이 20~40개인데 낙엽송은 50개가 넘는다. 낙우송이나 메타세쿼이아는 생김새가 좋고 빨리 자라서 아파트나 길가에 많이 심는다.
목재 목재는 가장자리는 흰색이고 가운데는 붉다. 단단하고 결이 좋다. 게다가 송진이 많이 들어 있어서 잘 썩지 않는다. 집을 짓고, 다리를 만들고, 배를 만드는 데 쓴다. 종이 재료로도 널리 쓴다.
기르기 씨앗을 심어서 기른다. 가을에 열매를 따서 씨앗을 털어 두었다가 봄에 심는다. 햇볕이 잘 드는 곳을 좋아한다. 어릴 때는 이깔나무보다 더 빨리 자라지만 점차 더디게 자란다. 그늘에서도 잘 살아남아서 기르기가 쉽다.

2000년 7월, 경기도 국립수목원

2000년 12월, 경기도 국립수목원

겨울에 잎이 지는 바늘잎 큰키나무다.
키가 30m가 넘고 곧게 자란다. 나무껍질은 잿빛이 도는 밤색인데, 세로로 깊게 터지면서 긴 비늘 조각으로 떨어진다. 가지는 가늘고 옆이나 위를 향해서 뻗는다. 햇가지는 처음에는 연한 풀색이다가 점점 밤색이 된다.

1996년 10월, 강원도 원주

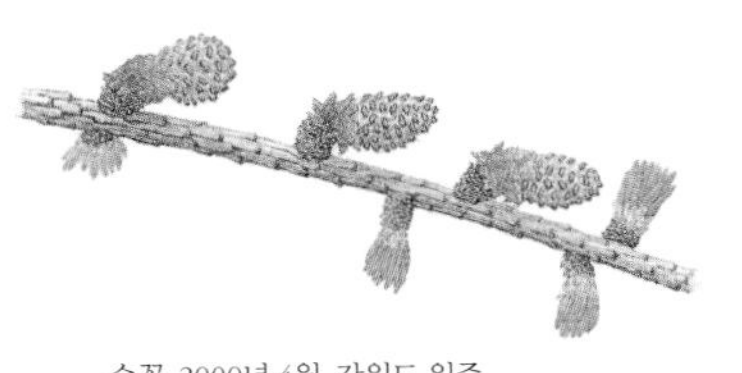
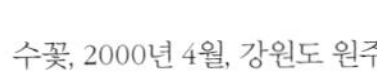

수꽃, 2000년 4월, 강원도 원주

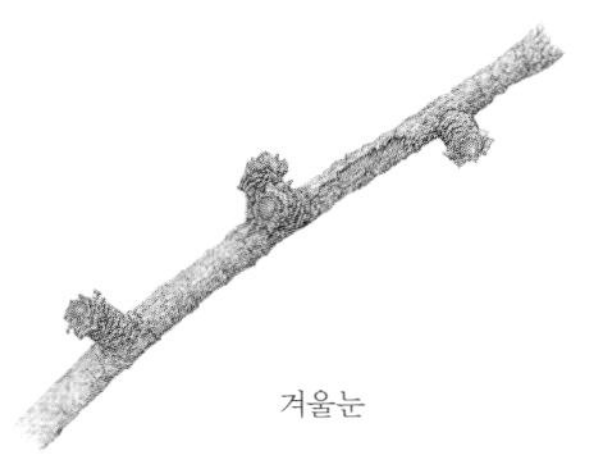

겨울눈

바늘잎은 보드랍고 짧은 가지에 수십 개씩 모여난다. 가을에 누렇게 단풍이 들며 얼마 동안 붙어 있다가 떨어진다. 봄에 꽃이 핀다. 열매는 9월에 익는데 작은 솔방울처럼 생겼다. 처음에는 풀색이다가 여물면서 누렇게 된다.

노간주나무

Juniperus rigida

노간주나무는 향나무를 닮았다. 나무에서 향기가 나는 것도 비슷하다. 나무 모양이 아름답고 겨울에도 푸르러서 집 둘레에 울타리로 많이 심는다. 하지만 병을 옮길 수 있어서 배나무 곁에는 심지 않는다.

노간주나무나 다래나무는 푹 삶거나 불에 쬐면 잘 휜다. 노간주나무는 아주 질겨서 소코뚜레로 제격이다. 물에도 잘 견뎌서 써렛대 꼬챙이로 쓴다. 써레는 논흙을 잘게 부수는 연장이다. 다른 나무는 잘 터지는데 노간주나무는 끄떡없다.

씨앗으로는 기름을 짠다. 기름은 약으로 쓰는데 향이 무척 좋아서 술이나 음료수에도 넣는다. 옛날에는 불을 밝힐 때도 썼다.

노간주나무 가지를 꺾어서 오래 두면 바싹 마른다. 잎이 단단해져서 만지면 손을 찌를 정도가 된다. 예전에는 쥐구멍을 노간주나무 가지로 막았다. 마루 밑에도 마른 가지를 넣어서 쥐가 못 다니게 했다.

다른 이름 노가지나무[북], 노가지향나무, 토송

목재 목재는 가장자리는 누렇고 안쪽은 붉다. 물과 습기에 잘 견디고, 잘 썩지 않아서 물에서 쓰는 연장을 만들고 집을 지을 때도 쓴다. 가지는 불에 달구면 잘 구부러진다. 무엇을 만들어도 부러지지 않고 단단하다. 나무에서 향기가 나서 모깃불을 지피기도 한다.

약재 익은 열매를 약으로 쓴다. 한약방에서는 '두송실', '두송자'라고 한다. 가을에 익은 열매를 따서 그늘에 말린다. 노간주 열매는 오줌이 잘 나오게 한다. 관절염에는 열매를 짓찧어 바른다.

잘 자라는 곳 볕이 잘 드는 남쪽 산비탈에서 흔히 볼 수 있다. 모래땅, 습기가 많은 땅을 가리지 않고, 자갈밭이나 바위틈에서도 잘 자란다. 메마른 땅에 심으면 땅을 기름지게 한다.

기르기 씨앗을 심거나 가지를 묻어서 기를 수 있다. 늦은 가을에 여문 열매를 따서 바로 뿌리거나 모래에 묻어 두었다가 이듬해 봄에 뿌린다. 4~5년쯤 지나서 어린 나무를 옮겨 심는다. 15년이 지나야 꽃이 피고 열매도 맺는데 2~3년에 한 번은 열매가 아주 많이 달린다.

1998년 3월, 강원도 원주

겨울에도 잎이 지지 않는 늘푸른 바늘잎나무다. 작은키나무고 줄기가 곧게 자란다. 가지는 위로 곧게 자라거나 옆으로 뻗어서 나무가 고깔 모양이 된다. 나무껍질은 짙은 밤색인데 세로로 길게 터지면서 벗겨진다. 처음 난 햇가지는 풀색이다.

1997년 4월, 충남 부여

암꽃, 1998년 4월, 충북 제천

바늘잎이 마디마다 세 개씩 돌려붙는데 짧고 빳빳하다. 만지면 따갑다. 봄에 꽃이 피고 암수딴그루다. 열매는 처음에는 풀색이다가 꽃 핀 이듬해 가을에 검보랏빛으로 여문다. 열매는 둥근 알 모양이고 씨앗이 두세 개 들어 있다.

느릅나무

Ulmus davidiana var. *japonica*

느릅나무는 산기슭에서 저절로 자라는 나무다. 충청북도, 강원도, 평안북도에 많고 함경북도에는 큰 느릅나무들이 자라고 있다. 느릅나무는 오래 살아서 마을을 지켜 주는 서낭나무로 여겨왔다.

옛날에는 흉년이 들었을 때 느릅나무 껍질을 벗겨 먹고 살았다. 껍질을 우려낸 물에 쌀가루와 솔잎 가루를 섞어서 떡을 만들어 먹었다고 한다. 지금도 속껍질로 가루를 낸 것을 느릅쟁이라 하여 국수 만들 때 넣어 먹는다. 어린잎도 콩가루를 섞어서 나물로 무쳐 먹고 떡에 넣어 먹기도 한다.

느릅나무 껍질을 느릅이라 하는데 쓸모가 많다. 봄에 물이 오를 때 벗겨서 말리면 엷은 갈색 끈이 된다. 짚신을 삼고, 종기를 치료하기도 한다. 속껍질을 꽈서 심지를 만들어 종기 난 자리에 박는다. 느릅나무 껍질을 박아 두면 고름이 나오고 상처가 덧나지 않고 잘 아문다. 나무를 태운 재는 도자기에 바르는 유약을 만들 때 쓴다.

다른 이름 왕느릅나무, 큰잎느릅나무, 야유

여러 가지 느릅나무 느릅나무에는 느릅나무, 떡느릅나무, 참느릅나무, 당느릅나무, 난티나무, 비술나무 들이 있다. 약으로는 느릅나무, 당느릅나무, 참느릅나무를 쓴다.

약재 한약방에서는 뿌리껍질을 '유근피', 열매를 '무이'라고 한다. 봄에 뿌리에서 껍질을 벗겨 내서 겉껍질은 버리고 속껍질만 말린다. 열매는 이른 여름에 노랗게 익은 것을 며칠 쌓아 두었다가 햇볕에 말린다. 껍질은 달여서 먹는데 오줌을 잘 누게 하고, 위장이나 허리가 아플 때 쓴다. 또 고약을 만들어서 곪은 데 붙인다. 열매는 횟배를 앓고 설사가 날 때, 또 치질이나 옴에 쓴다.

목재 느릅나무는 무거우면서도 탄력이 있다. 틈이 벌어지지 않는다. 산골 마을에서는 느릅나무로 제기, 바리때, 반상기 같은 나무 그릇을 만들어 팔았다. 구부려서 쇠코뚜레도 만든다.

기르기 늦봄이나 초여름에 씨를 받아 바로 뿌린다. 느릅나무 씨는 공기가 통하지 않게 꼭 싸서 서늘한 곳에 두면 몇 년이라도 둘 수 있다. 무척 빨리 크게 자란다. 옮겨 심어도 잘 살고 가지치기를 해도 괜찮다.

1999년 8월, 충북 제천

2000년 2월, 충북 제천

겨울에 잎이 지는 큰키나무다.
나무껍질은 어두운 잿빛이고 갈라진다.
햇가지는 풀빛이다가 차츰 갈색을 띤다.

꽃, 2000년 3월, 충북 제천

2000년 5월, 강원도 원주

잎은 어긋나게 붙고 거친 털이 있어 까끌까끌하다. 달걀 모양이고 끝은 뾰족하고 가장자리에 둔한 톱니가 있다. 앞면은 풀색이고 뒷면은 옅은 풀색이다. 4월에 잎이 나기 전에 옅은 풀색 꽃이 모여서 핀다. 열매는 6월에 여문다.

느티나무

Zelkova serrata

느티나무는 정자나무로 무척 좋은 나무다. 생김새가 아름답고 오래 산다. 줄기가 곧고 가지를 사방으로 고루 뻗는다. 여름이면 그늘이 참 좋다. 사람들은 넓은 느티나무 그늘 밑에서 땀을 식히고 낮잠도 자고 마을 일도 의논한다. 정월 대보름 무렵이면 나무에 제사도 지내고 나무 아래 모여서 풍물을 치고 놀기도 한다.

본디 느티나무는 마을 가까이 산기슭에서 자라는 나무다. 물이 잘 빠지는 기름진 땅을 좋아한다. 요즘은 아파트나 길가에도 느티나무를 많이 심는다. 도시에서도 잘 자라고 공기를 맑게 해 준다.

오래된 느티나무는 크고 좋은 목재가 된다. 나무가 단단하고 무늬가 고우며 다루기가 쉽고 잘 썩지 않는다. 느티나무 가지는 김을 양식하는 데 쓰고, 나무를 태운 재는 도자기에 바르는 유약 재료로 쓰인다. 어린잎은 데쳐서 나물로 먹는다.

다른 이름 괴목, 정자나무
목재 목재는 박달나무 다음으로 단단하다. 무늬가 곱고 매우 질기며 윤기가 있다. 가구나 악기, 농기구를 만든다. 국수를 밀 때 쓰는 넓적한 안반은 느티나무로 만든 것을 으뜸으로 친다. 느티나무로 만든 반닫이와 뒤주도 알아준다. 이 나무는 물에 젖어도 잘 썩지 않는다. 그래서 배를 만드는 데도 좋다.
기르기 씨앗을 심어서 기른다. 가을에 씨앗을 거두어 봄에 뿌린다. 산에 자라는 어린 나무를 옮겨 심어도 잘 살고 빨리 자란다. 옮겨 심을 때는 이른 봄 새싹이 돋기 전이 좋다. 크게 자라는 나무이므로 터가 넓은 곳에 심는 것이 좋다. 햇볕을 좋아하지만 어릴 때는 그늘에서도 잘 산다.
천연 기념물 우리나라에는 천연 기념물로 정해진 오래된 느티나무가 많다. 강원도 삼척시 도계읍에 있는 긴잎느티나무는 무려 1200년이나 되었고, 경기도 양주군 남면에 있는 느티나무는 850년쯤 되었다고 한다. 경상북도 영주시 순흥면에 있는 느티나무는 450년쯤 되었는데 해마다 정월 대보름이면 마을 주민들이 풍년을 기원하는 제사를 지낸다고 한다.

2000년 8월, 강원도 원주

1996년 12월, 강원도 원주

겨울에 잎이 지는 큰키나무다. 큰 나무는 30m까지 자라며 지름이 2m쯤 된다. 나무껍질은 밤색이고 비늘처럼 벗겨진다. 가지를 많이 치고 새 가지에는 가는 털이 난다.

1997년 4월, 강원도 원주

잎은 어긋나게 붙고 달걀 모양이다. 길쭉하고 끝이 뾰족하게 생겼다. 잎 가장자리에는 톱니가 있다. 봄에 잎과 함께 자잘한 꽃이 핀다. 암꽃과 수꽃이 한 나무에 같이 핀다. 가을에 열매가 여문다.

능금나무

Malus asiatica

능금은 몇십 년 전까지만 해도 사과나 배처럼 흔한 과일이었다. 여름이면 시장에서 사 먹을 수 있었다. 능금은 사과와 비슷한데 사과보다 크기가 작다. 덜 익었을 때는 풀색이고 맛도 떫다. 말복이 지나면서 빛깔이 노랗게 되고 한 쪽만 빨갛게 물이 들면서 익는다. 익으면 떫은맛이 사라지고 단맛이 나며 아삭아삭해진다.

능금나무는 접을 붙여서 기른다. 흔히 아그배나무나 야광나무에 접을 붙인다. 접을 붙이고 4년쯤 지나면 꽃이 피고 열매를 맺기 시작한다. 능금꽃은 사과꽃을 닮았다. 희고 분홍빛이 조금 도는데 잎이 난 뒤에 핀다. 능금나무는 해거리를 한다. 올해 능금이 많이 열리면 내년에는 아주 안 달리기도 하고, 몇 개만 달리기도 한다.

재배 역사 능금나무는 아주 오래 전부터 길렀다. 고려 시대에 수도인 개성에서 능금나무를 길렀다고 하고, 조선 시대에도 한양에 능금나무를 많이 심었다고 한다. 조선 시대부터 서울 자하문 밖 종로구 평창동, 부암동, 구기동에 능금밭이 많았다. 1980년대에 이곳에 집이 들어서면서 지금은 다 사라지고 말았다.

열매 능금은 소화가 잘 되고 아무리 먹어도 탈이 안 난다. 능금이 흔했을 때는 능금을 따다가 술을 담가 먹었다. 능금을 독에다 넣고 술을 부어서 땅에 묻었다 꺼내서 먹는데 능금술을 먹으면 소화가 잘 된다고 한다.

기르기 능금나무는 모래가 많이 섞인 비탈진 땅에 심는다. 장마 때에도 물이 잘 빠지는 곳이어야 하고 서쪽으로 넘어가는 햇볕을 받는 곳이 좋다. 그런 곳에 심어야 볼에 발갛게 물이 든다고 한다. 능금나무는 20~30년쯤 사는데 큰 나무는 한 그루에 능금이 이천 개, 삼천 개씩 달린다.

2000년 8월, 서울 구기동

겨울에 잎이 지는 작은키나무다.
키는 8~10m 정도이고 줄기는 밤색이다.

2000년 8월, 서울 구기동

잎은 어긋나게 붙고 타원꼴이나 달걀 모양이다. 끝이 뾰족하고 가장자리에 톱니가 있다. 다 자란 잎 뒷면에는 잔털이 좀 있다. 꽃은 봄에 잎이 난 다음에 짧은 가지 끝에 핀다. 열매는 8월 초에 익는데 노란 바탕에 한쪽이 붉고, 겉에 흰 가루가 덮여 있다.

능소화

Campsis grandiflora

능소화는 꽃을 보려고 심어 기르는 덩굴나무다. 추위에 약해서 남쪽 지방에서 많이 심었는데, 요즘에는 마당이나 길가, 절이나 공원에서 흔히 볼 수 있다. 능소화는 본디 중국에서 나던 나무인데, 하늘을 능가하는 꽃이라는 뜻을 담고 있다. 《동의보감》에는 금등화라는 우리 이름과 자위라는 한자 이름이 같이 나온다. 옛날에는 양반집 마당이 아니면 아무나 이 나무를 심지 못하게 하여 '양반꽃'이라고 하였다. 절에 많이 심었다고 '절꽃'이라고도 하였다.

능소화는 담쟁이덩굴처럼 울타리, 담벼락, 다른 나무에 빨판을 붙여 가며 타고 올라가 치렁치렁 꽃줄기를 늘어뜨린다. 새로 난 가지 끝에 나팔 모양의 주황색 꽃이 모여 핀다. 한창 필 때는 잎이 보이지 않을 정도로 다복다복 핀다. 또 한 번 꽃이 피면 초가을까지 피고 지고 해서 꽃을 오래 두고 볼 수 있다. 꽃이 질 때는 한 잎 한 잎이 아니라 통째로 떨어진다.

능소화 꽃가루가 눈에 들어가면 눈이 먼다는 말이 있다. 지금까지 능소화 꽃가루 때문에 눈이 먼 일은 없다. 또 능소화는 바람이 아니라 곤충이 씨를 맺게 해주기 때문에 꽃가루가 바람에 날리는 일도 드물다. 요즘에는 미국능소화도 볼 수 있는데 능소화보다 꽃이 작고 가늘며 빛깔은 더 붉다.

염색 잎을 따 모아서 물을 들일 수 있다. 여러 번 되풀이하여 염색하면 짙은 색을 낼 수 있다. 동과 철로 색을 낸다.

약재 7~9월에 맑은 날을 골라서 막 피기 시작한 꽃을 그늘에 말려서 쓴다. 능소화 꽃은 뭉친 피를 풀어주고 피를 맑게 한다. 뿌리, 줄기와 잎도 약재로 쓴다. 능소화 줄기와 잎은 기운을 북돋고 뿌리는 부인병에 널리 쓰인다.

기르기 3~7월 사이에 1년생 줄기를 15~20cm로 잘라서 심는다. 씨앗을 심거나 뿌리를 옮겨심기도 한다. 추위에는 약하지만 물기나 기름기가 많은 땅, 또는 모래에 진흙이 섞인 부드러운 땅에서 잘 자란다. 집 마당뿐 아니라 바닷가, 길거리에서도 잘 자란다.

2018년 9월, 강화도

겨울에 잎이 지는 덩굴나무이다. 길이는 8~10m쯤 된다. 나무껍질은 회갈색이다. 가지 곳곳에서 공기뿌리가 나와 덩굴진다.

2010년 7월, 서울 성산동

잎은 마주나고 깃꼴겹잎인데 가장자리에 톱니와 털이 나 있다. 꽃은 7~8월에 피고 깔때기 모양이다. 열매는 10월에 갈색으로 익는데 여물면 2쪽으로 갈라진다. 줄기는 길게 뻗는데 10m까지 자란다.

다래

Actinidia arguta

다래나무는 깊은 산에서 다른 나무를 휘감으면서 자란다. 그래서 다래를 따려면 나무를 타고 높이 올라가야 할 때도 있다. 가을이 되면 다래가 물렁물렁하게 익는다. 잘 익은 다래는 누런 풀색이다. 통통한 열매 속에 갈색 씨가 많이 들어 있다. 즙이 많고 향기롭고 맛도 좋다. 연하고 달며 혀끝에서 살살 녹는다.

다래를 따서 항아리에 며칠이고 넣어 두면 맛이 더 달아진다. 그냥 먹을 수도 있고 말려 두었다가 먹을 수도 있다. 말리면 맛이 더 달아진다. 소금이나 식초에 절여 두고 먹기도 한다. 덜 익은 다래는 맛이 시고, 그냥 먹으면 설사를 한다. 덜 익은 다래를 땄더라도 독에 넣어 두면 잘 익는다.

다래나무 덩굴 밑부분을 자르면 향긋한 물이 많이 나온다. 산에 나무를 하러 갔다가 물이 마시고 싶을 때 이 줄기에서 나오는 물을 마시고 목을 축이곤 했다. 봄에 나는 어린잎은 꺾어다가 무쳐 먹는다. 잎이 대여섯 장 나왔을 때 꺾어다가 삶아서 우려낸 뒤 초고추장에 무쳐 먹는다. 기름에 볶아 먹기도 하고, 말렸다가 묵나물로도 쓴다. 어린순은 튀김을 해 먹어도 맛있다.

다래나무도 노간주나무처럼 줄기를 쇠죽솥에 넣고 여물과 함께 푹 삶거나 불에 쬐면 잘 휜다. 잘 구부러지고 마르면 단단하다. 나무를 구부려서 지팡이를 만든다. 맷돌 손잡이나 낫자루도 만든다. 다래나무 껍질은 벗겨서 노끈으로 쓰고, 뗏목을 잇는 데도 썼다.

다른 이름 다래나무[북], 청다래나무, 다래넌출, 참다래

여러 가지 다래 다래에는 다래, 개다래, 쥐다래가 있다. 다 먹을 수 있는데 가장 맛있고 향기로운 것은 다래다. 개다래는 아주 작고, 누렇게 익는다. 서리를 맞은 다음에야 따 먹을 수 있다. 쥐다래도 다래보다 작고 시다. 쥐다래는 추위에 잘 견디고 열매가 많이 달린다. 쥐다래 나뭇잎은 윗부분이 흰빛을 띠고, 꽃이 핀 뒤에는 붉은빛을 띤다.

약재 다래나무는 열매와 뿌리를 약으로 쓴다. 열을 내리고 갈증을 멎게 하고 오줌을 잘 누게 하며 부기를 내린다. 나무뿌리는 암을 치료하는 데도 쓴다. 다래는 가을에 따서 말려 쓰고 나무뿌리는 봄부터 가을까지 캐서 햇볕에 말려 쓴다.

기르기 씨앗을 뿌리거나 가지를 끊어서 심거나 휘어서 묻어 준다. 주로 가지를 심는다. 가을에 그해 자란 가지를 잘라서 움 속에 넣어 두었다가 이듬해 봄에 눈이 두세 개 붙도록 20~30cm 길이로 비스듬하게 잘라서 심는다. 그늘에서도 잘 견디고 추위와 병충해에도 강하다. 습기가 있는 기름진 땅에서 잘 자란다. 포도처럼 버팀목을 세워 준다. 심은 지 3년이 지나면 열매를 딸 수 있다.

1999년 8월, 충북 제천

겨울에 잎이 지는 덩굴나무다. 다른 나무를 감으면서 25~30m까지 길게 자란다. 나무껍질은 잿빛이 도는 밤색인데 조각조각 갈라진다. 햇가지는 잿빛이고 부드러운 흰색 털이 있다. 잎은 타원꼴인데 끝이 뾰족하고 가장자리는 톱니가 있다. 잎은 좀 두꺼운데 앞면은 짙은 풀색이다. 5~6월에 흰 꽃이 피고, 열매는 9~10월쯤 무르게 익는다. 열매는 익어도 풀색이고 속에는 씨앗이 많이 들어 있다.

닥나무

Broussonetia kazinoki

닥나무는 산에서 저절로 자란다. 뜰이나 밭둑에 많이 심기도 한다. 줄기를 꺾으면 '딱'하고 소리가 나서 '딱나무'라고도 한다. 꾸지나무처럼 종이를 만드는 나무는 다 닥나무라고 했다.

닥나무 껍질로 한지를 만든다. 한지로는 책을 만들고, 문에도 바르고, 장판을 만들 수 있다. 그래서 옛날부터 닥나무를 아주 귀하게 여기고 마을마다 나무 숫자를 적어 두고 보호하기도 했다. 11월에서 2월 사이에 닥나무를 베어 껍질을 벗긴다. 닥나무 껍질로 만든 종이는 빛깔이 곱고 질기다. 기름을 먹이면 더욱 튼튼해져서 옛날에는 군인들이 싸움터에서 치는 천막으로 쓰기도 했다.

예전에는 종이를 만들지 않더라도 집 뜰에 닥나무를 한두 그루씩 심었다. 닥나무 껍질을 벗겨 밧줄이나 노끈을 만들 수 있기 때문이다. 밭둑에 심으면 흙이 빗물에 쓸려 내리는 것도 막아 주었다. 봄에는 새순을 뜯어서 나물로 먹고, 가을에는 열매를 따 먹는다. 열매는 약으로도 쓴다. 닥나무 껍질로 팽이채도 만든다.

다른 이름 딱나무, 저목

여러 가지 닥나무 삼지닥나무, 산닥나무, 꾸지나무, 두메닥나무도 종이를 만드는 데 써서 두루 닥나무라고 한다. 꾸지나무는 닥나무와 생김새가 아주 닮았다. 종이를 만드는 데 많이 쓴다. 삼지닥나무는 줄기가 세 갈래로 갈라지고 봄에 노란 꽃이 핀다. 지금은 많이 쓰지 않는다. 산닥나무는 싸리나무처럼 생겼고 여름에 노란 꽃이 핀다. 두메닥나무는 잎에 톱니가 없고, 노란 꽃이 핀다. 종이를 만들 수 있지만 드물다. 닥나무 종류는 아니지만 산뽕나무로도 종이를 만들 수 있다.

껍질 닥나무는 줄기 껍질로 종이를 만든다. 줄기는 가을에 잎이 진 뒤부터 나무에 물이 오르기 전까지 벤다. 줄기는 삶아서 껍질을 벗겨서 쓴다.

기르기 씨앗을 심어서 기르기는 어렵고 가지를 심거나, 뿌리를 잘라 심는다. 가지를 심을 때는 가을에 햇가지를 잘라서 모래에 묻어 두었다가 봄에 옮겨 심는다. 뿌리를 심을 때는 가을에 한두 해 자란 뿌리를 캐서 움 속에 넣어 두었다가 봄에 한 뼘 길이로 잘라서 심는다. 해가 잘 들고 땅이 기름지고, 물기가 잘 빠지는 곳에 심는 것이 좋다. 심어서 2~3년 지나면 껍질을 쓸 수 있다.

2000년 8월, 경기도 국립수목원

겨울에 잎이 지는 떨기나무다. 나무 밑동에서 가지를 많이 친다. 나무껍질은 어두운 밤색이다. 햇가지에는 짧은 털이 빽빽하게 나 있다.

2000년 6월, 강원도 홍천

잎은 달걀꼴인데 끝이 뾰족하고 가장자리에 톱니가 있다. 잎이 2~5갈래로 갈라진 것도 있다. 봄에 잎과 함께 꽃이 달린다. 열매는 가을에 붉게 익는데 뱀딸기와 비슷하게 생겼다.

단풍나무

Acer palmatum

단풍나무는 산골짜기에 사는 참나무들 사이에서 한두 그루씩 드문드문 자란다. 토끼와 노루는 단풍나무 잎을 무척 좋아한다. 산길을 걷다 보면 토끼와 노루가 뜯어 먹은 자국을 볼 수 있다. 예전에는 어린 단풍나무 잎을 뜯어다가 나물로 무쳐 먹곤 했다.

산에 흔한 단풍나무는 단풍나무와 당단풍나무다. 단풍나무는 따뜻한 남쪽 지방과 제주도에서 잘 자란다. 한라산, 내장산에 많다. 당단풍나무는 단풍나무보다 북쪽 지방에서 잘 자라서 북한산이나 설악산에 많다. 단풍나무는 잎이 5~7갈래로 갈라지고, 당단풍나무는 9~11갈래로 갈라져서 잎을 보고 알아볼 수 있다.

요즘은 단풍이 아름다워서 공원이나 길가에 많이 심는다. 손바닥처럼 생긴 잎사귀와 날개가 두 개씩 달린 열매도 보기가 좋다. 가을이 오면 잎이 붉게 물든다. 단풍나무는 목재로도 쓸 수 있다. 나무질이 단단해서 그릇, 악기, 농기구 같은 것을 만들어 쓴다.

다른 이름 참단풍나무

여러 가지 단풍나무 우리나라에는 열 종이 넘는 단풍나무가 자란다. 고로쇠나무, 신나무, 복자기나무, 복장나무, 산겨릅나무, 네군도단풍나무가 다 단풍나무다. 신나무 잎은 세 갈래로 얕게 갈라진다. 복자기나무 잎은 쪽잎 세 개로 이루어진 겹잎이다. 복자기나무나 신나무도 가을이면 불이 타오르는 것처럼 새빨갛게 물이 든다.

목재 결이 곱고 단단하다. 주로 그릇, 농기구, 악기를 만드는 데 쓴다. 단풍나무 목재로 해인사에 있는 고려대장경 경판도 만들었다. 하지만 나무가 크게 자라지 않아서 집을 짓거나 가구를 만드는 데는 알맞지 않다. 단풍나무의 한 가지인 시닥나무에서는 검은 물감을 얻는다.

기르기 씨앗을 심어서 기른다. 잘 마른 씨앗을 모아 두었다가 봄에 뿌린다. 단풍나무는 땅속에 물기가 알맞게 있어야 건강하게 자란다. 메마른 곳은 별로 안 좋다. 햇볕이 바로 쪼이는 곳도 안 좋다. 큰 나무 밑이나 나무 사이에서 잘 자란다.

당단풍나무, 2000년 7월, 경기도 국립수목원

단풍나무, 1999년 2월, 강원도 치악산

단풍나무는 겨울에 잎이 지는 작은키나무다.
나무는 높이 10m쯤 자란다. 나무껍질은
거칠고 갈라지지 않으며 잿빛이다.
어린 가지는 붉은 밤색인데 자라면서
잿빛이 돈다. 묵은 가지는 흰 가루가 덮인다.
가을에 붉게 단풍이 든다.

2000년 5월, 강원도 치악산

당단풍나무 *A. pseudosieboldianum*

당단풍나무는 잎이 마주나고 손바닥 모양이다. 9~11갈래로 깊게 갈라진다. 끝이 아주 뾰족하고 가장자리에는 톱니가 있다. 잎이 먼저 난 뒤 4~5월에 붉은 꽃이 핀다. 열매는 두 개가 쌍으로 붙고 날개가 있다. 여물면 빙글빙글 돌면서 떨어진다.

담쟁이덩굴

Parthenocissus tricuspidata

담쟁이덩굴은 돌담이나 나무를 기어오르면서 자란다. 우리가 많이 보는 것은 심어 기르는 것이지만 본디 담쟁이덩굴은 산과 들에서 저절로 자라는 나무다.

가을이면 담쟁이덩굴 잎이 빨갛게 물든다. 잎이 다 떨어지고 나면 덩굴만 벽에 붙은 채 앙상하게 드러난다. 담쟁이덩굴은 가지를 많이 치고, 가지 끝에는 빨판이 있어서 벽에 달라붙는다. 억지로 떼어 내려 해도 잘 떨어지지 않을 만큼 딱 달라붙어 있다. 검은 보랏빛이 도는 열매도 볼 수 있다. 열매는 먹을 수 있다.

담쟁이덩굴은 뿌리를 내릴 좁은 땅만 있으면 기를 수 있다. 담장이나 벽 가까이 심으면 자라면서 타고 오른다. 여름에 잎이 푸르게 우거지는 것도 좋고 가을에 단풍이 드는 것도 보기 좋다.

다른 이름 담장이덩굴, 돌담장이, 담장넝쿨

여러 가지 담쟁이덩굴 기르는 담쟁이덩굴 가운데는 외국에서 들여온 것이 있다. 미국담쟁이는 미국이 고향이다. 잎이 쪽잎 다섯 장으로 된 겹잎이다. 중국담쟁이는 중국이 고향이다. 잎맥이 은백색이고 잎은 짙은 녹색이다. 둘 다 가을에 빨갛게 단풍이 든다.

약재 뿌리와 줄기를 약으로 쓴다. 피를 잘 돌게 하고 열을 내린다. 뼈마디가 아프거나 머리가 아플 때도 쓴다. 달여 먹거나 술에 우려서 마신다. 줄기 껍질도 봄에 껍질을 벗겨 햇볕에 말려 두었다가 약으로 쓴다. 가래를 삭이고 오줌을 잘 누게 하고 열을 내리게 한다.

기르기 가을에 익은 열매를 따 두었다가 봄에 뿌린다. 가지를 잘라 심기도 한다. 봄에 잎이 나기 전에 굵은 가지를 골라 20~30cm로 잘라 그늘진 곳에 심는다. 땅을 가리지 않고 빨리 자란다. 가지를 잘라 심은 것보다 씨앗을 심은 것이 더 잘 자란다. 웬만큼 축축하고 기름진 땅을 좋아한다.

겨울에 잎이 지는 덩굴나무다. 가지를 많이 친다. 가지 끝은 빨판으로 되어 있는데 이 빨판으로 바위나 담벼락, 나무에 붙어서 기어오른다. 가을에 빨갛게 물이 든다.

2000년 7월, 강원도 원주

잎은 짧은 가지에 두 개씩 마주 난다.
세 갈래로 갈라지며 가장자리에 톱니가 있다.
6~7월에 자잘한 누런 풀색 꽃이 핀다.
콩알 같은 열매가 9~10월에 검보랏빛으로
익는다. 겉에 하얀 분가루가 덮여 있다.

대나무

Phyllostachys

대나무는 모여서 자라 밭을 이룬다. 좋은 대밭은 따뜻한 남쪽 지방에 많다. 동해안에는 강릉이나 고성에, 서해안에는 서산에 좋은 대밭이 있다. 대나무는 물기가 많은 땅을 좋아한다. 높은 산등성이보다 평지를 좋아한다. 그래서 강을 따라 대밭이 생기기도 한다. 섬진강이나 영산강을 따라가다 보면 대밭이 많이 있다. 담양이나 하동, 구례는 좋은 대밭이 많기로 이름난 곳이다.

봄이면 대나무 밭에 죽순이 뾰족뾰족 올라온다. 죽순은 땅 위로 올라와서 두 뼘이 되기 전에 캐 먹는다. 죽순이 너무 자라면 굳어져서 먹지 못한다. 죽순에는 독이 있어서 날로 먹지 않고 꼭 익혀서 먹는다. 구워서 껍질을 벗기고 소금에 찍어 먹거나, 삶아서 나물로 무쳐 먹는다. 소금에 절여 두면 일 년 내내 두고 먹을 수 있다. 죽순은 향긋하고 아작아작 씹히는 맛이 좋다.

대나무는 남쪽 지방에서 없어서는 안 되는 나무다. 대를 베어다가 온갖 살림살이를 만들고 집을 짓는 데 쓴다. 집을 지을 때 대를 엮어 넣고 흙을 발라서 벽을 친다. 울타리를 만들고 대문도 단다. 줄기를 길고 얇게 찢어서 소쿠리나 채반이나 돗자리도 엮는다. 곡식을 까부는 키도 만든다. 남쪽 지방에서는 흔히 뒤뜰에 대나무를 심어 울타리로 삼았다. 뒤뜰에 대숲이 있으면 겨울에 북쪽에서 불어오는 찬바람을 막아 준다.

여러 가지 대나무 대나무는 종류가 많다. 밭에서 기르는 대나무는 왕대, 솜대, 맹종죽 같은 것이 있다. 모두 키가 10~20m쯤 자라고 둘레가 10~30cm쯤 자란다. 대나무를 베어서 살림살이를 만들고, 봄에는 죽순을 먹는다. 조릿대와 이대, 제주조릿대는 산에서 저절로 자란다. 아주 가늘고 키도 낮다.

줄기 대나무 줄기는 쓰임새가 아주 많다. 가볍고 질긴데다가 잘 휘고 잘 갈라지기 때문이다. 왕대로 키와 삿갓, 참빗 같은 것을 만든다. 솜대는 질겨서 가늘게 찢어서 바구니나 도시락 같은 것을 만든다. 조릿대는 조리를 많이 만들었다. 단소나 대금, 장구채 같은 악기도 대나무로 만든다. 김을 기를 때나 고추 버팀대를 세울 때도 대나무를 쓴다.

약재 3년 넘게 묵은 왕대 대통을 끊어 그 속에 소금을 넣고 깨끗한 황토로 막아 구운 것을 '죽염'이라고 한다. 죽염은 약으로 쓰고, 장을 담글 때나 음식에도 넣는다. 요즘은 치약이나 화장품에 넣기도 한다. 싱싱한 대나무를 잘라서 불에 구울 때 나오는 기름을 '죽력'이라고 한다. 이것은 가슴이 답답하고 갈증이 날 때 쓰면 잘 듣는다.

기르기 대나무는 땅속줄기를 옮겨 심는다. 윗줄기를 자르고, 땅속줄기가 40cm쯤 되게 잘라서 옮겨 심는다. 봄에 옮기면 잘 산다. 땅속줄기를 땅에 묻고 물을 준 뒤에 볏짚을 두텁게 덮어 준다.

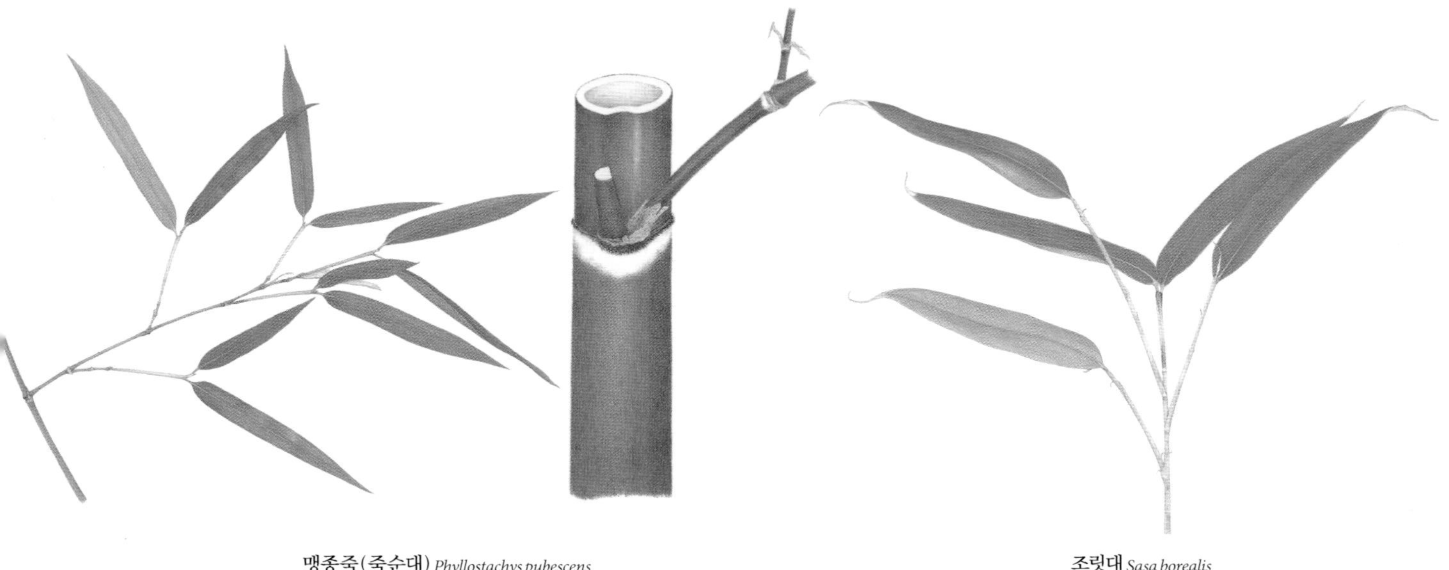

맹종죽(죽순대) *Phyllostachys pubescens*

조릿대 *Sasa borealis*

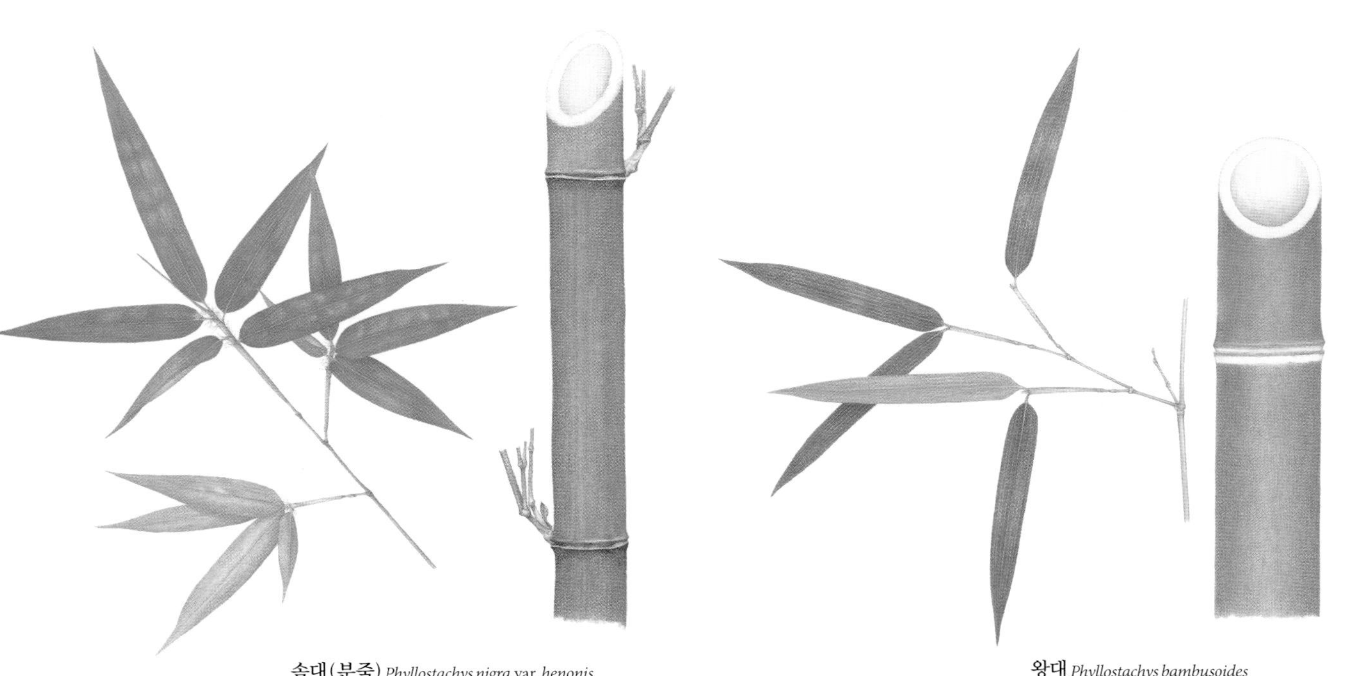

솜대(분죽) *Phyllostachys nigra* var. *henonis*

왕대 *Phyllostachys bambusoides*

대추나무

Ziziphus jujuba var. *inermis*

대추나무는 대추를 따려고 기르는 과일나무다. 대추는 초가을에 익는데 처음에는 짙은 풀색이다가 익으면서 검붉게 된다. 알은 나무에 따라 잔 것도 있고 굵은 것도 있는데 굵은 것은 어른 엄지손가락보다 크다. 풋대추는 약간 신맛이 나고 씁쌔름하다. 붉게 익어 가면서 점점 달아진다. 붉게 익은 대추를 따서 말리면 껍질이 쭈글쭈글해진다. 속살은 누렇게 되면서 쫄깃쫄깃해지고 맛은 더 달아진다. 말린 대추는 두고두고 먹는다. 떡에도 넣고 약으로도 쓰고 제사상에도 올린다.

대추나무는 옛날부터 집 근처나 밭둑에 많이 심었다. 본디 산에서 자란 묏대추를 심어 기르면서 바뀐 나무다. 씨앗이나 가지를 심어서 기르는데, 심은 지 3년쯤 지나면 열매를 따 먹을 수 있다.

야무지고 모진 사람을 두고 대추나무 방망이라고 한다. 대추나무 방망이는 예전에 끌을 두드리는 데 썼던 연장이다. 대추나무는 방망이를 만들 수 있을 만큼 단단한 나무다. 아름드리로 크게 자란 나무는 드물지만 나무가 단단해서 수레바퀴 축이나 미닫이 문지방을 만들었다.

약재 익은 대추를 따서 햇볕에 말려 두고 약재로 쓴다. 한약방에서는 '대조'라고 한다. 대추는 향긋하고 맛이 달다. 몸을 튼튼하게 하고 간을 보호하고 마음을 편안하게 한다. 또 여러 가지 약을 조화롭게 하기 때문에 약을 지을 때 두루 쓴다.

목재 대추나무는 무척 단단하고 잘 갈라지지 않는다. 홍두깨, 떡메, 필통, 망건통, 수레바퀴 축을 만들었다. 여러 가지 무늬나 글자를 새겨서 떡살을 만들기도 한다. 다식판을 만들어도 좋다.

기르기 가을에 잘 익은 대추를 기름진 땅에 묻어 두면 봄에 싹이 나온다. 이듬해 나무모를 집 둘레나 밭둑에 옮겨 심고 두엄을 묻어 준다. 묏대추나무에 접을 붙여서도 기른다. 묏대추나무는 산에서 저절로 자라는 나무여서 땅을 가리지 않고 잘 자라고 가뭄과 추위에도 잘 견딘다. 그래서 묏대추나무에 대추나무를 접붙여 기르면 잘 산다. 열매도 크고 많이 달린다.

2000년 7월, 강원도 귀래

1996년 12월, 강원도 평창

겨울에 잎이 지는 작은키나무다. 큰 것은 높이가 10m에 이른다. 나무껍질은 잿빛 밤색인데 벗겨지면서 터진다. 가지를 많이 치고 잔가지가 있다. 잔가지는 붉은 밤색이고 윤이 난다.

1998년 9월, 강원도 원주

꽃, 1999년 6월, 강원도 원주

잎은 어긋나게 붙는다. 잎 앞면은 풀색이고 윤이 난다. 햇가지에 꽃이 피고 열매가 달린다. 꽃은 초여름에 피는데 누르스름한 풀색을 띤다. 열매는 푸른색이다가 가을이 되면 붉게 익는다. 열매껍질은 반질반질하고 살은 달다. 열매 속에는 길고 단단한 씨앗이 들어 있다.

독일가문비나무

Picea abies

독일가문비나무는 공원이나 아파트에서 자주 볼 수 있는 나무다. 예전부터 우리나라에서 자라던 나무는 아니고, 1920년쯤에 유럽에서 들어왔다. 유럽에서는 독일가문비나무가 무리 지어 큰 숲을 이룬다. 유럽에서는 노르웨이가문비라고 한다. 독일에서 옮겨 왔기 때문에 우리나라에서는 독일가문비나무라는 이름으로 굳어졌다.

독일가문비나무 잎은 소나무처럼 늘푸른 바늘잎이다. 겉모습이 고깔 모양이고 곁가지가 촘촘히 붙기 때문에 크리스마스트리 장식을 하기에 좋다.

우리나라에는 높은 산에서 자라는 가문비나무가 있다. 가문비나무나 독일가문비나무나 목재가 좋고 종이 만드는 재료로도 좋다.

다른 이름 긴방울가문비나무[북], 노르웨이가문비

여러 가지 가문비 우리나라에서 나는 가문비나무는 높은 산에서 자란다. 독일가문비나무처럼 키가 아주 크게 자란다. 압록강가에는 가문비나무와 비슷한 종비나무가 자란다. 독일가문비나무는 겉모습이 고깔 모양이지만 가문비나무나 종비나무는 잎도 비슷하게 생겼고, 가늘고 긴 열매도 서로 닮았다.

목재 독일가문비나무는 재질이 아름답고 나뭇결이 좋다. 독일가문비나무 숲이 많은 유럽에서는 통나무집을 잘 짓는다. 보온이 잘 되고 나무 향기가 오래 남아 있어서 좋다. 목재가 알맞게 부드럽고 끌과 대패를 잘 받아서 가구를 만들 때도 많이 쓰인다. 노르웨이나 스웨덴에서는 종이 원료로 독일가문비나무를 쓴다.

기르기 씨앗을 심어서 기른다. 싹은 4~5년이 지난 다음에 튼다. 이 나무는 햇빛을 좋아하지 않기 때문에 어릴 때는 반드시 해를 가려 주어야 한다. 그늘과 추위에 잘 견뎌서 북쪽 지방에서도 잘 자란다. 10~15년까지는 더디게 자라지만 그다음부터는 빨리 자란다. 보통 300년쯤 산다.

2001년 1월, 강원도 원주

겨울에 잎이 지지 않는 늘푸른 바늘잎나무다. 곁가지가 수평으로 뻗고, 곁가지에서 갈라진 작은 가지는 아래로 처져서 전체가 고깔 모양을 이룬다. 나무껍질은 붉은 밤색이나 잿빛인데 얇은 비늘 조각으로 벗겨진다.

2000년 1월, 강원도 횡성

잎은 한 가닥씩 가지에 돌려붙고 끝이 뾰족하다. 겨울눈은 붉은빛이 돌거나 연한 갈색이다. 꽃은 봄에 피는데 암수한그루이다. 가늘고 긴 열매가 밑으로 늘어지며 달린다. 처음에는 자줏빛이 도는 푸른색이다가 여물면서 연한 갈색으로 바뀐다.

돌배나무

Pyrus pyrifolia

돌배는 아주 옛날부터 우리 조상들이 즐겨 먹던 과일이다. 지금 밭에서 기르는 배보다 크기가 훨씬 작다. 아기 주먹만 하다. 돌배는 달고 향기가 좋다. 따서 바로 먹을 수 있다. 얼려 먹기도 하고 말려서 차처럼 달여 먹기도 한다. 씨앗으로 기름을 짠다.

8~9월에 열매가 누렇고 향기로워지면 돌배를 딴다. 가지를 흔들어서 따는데 나무가 키가 작거나 가지가 낮을 때는 손으로 딴다. 땅에 떨어져서 익은 것을 주워도 된다. 돌배는 겉이 딱딱하고 씨가 검다. 독이나 항아리 속에 넣고 뚜껑을 덮어 두면 돌배 색이 검어지면서 향기도 짙어지고 맛도 더 달아진다.

나무가 자라는 곳에 따라서 돌배 크기도 다르고 맛도 다르다. 딸 수 있는 양도 다르다. 물이 흐르지 않는 산골짜기에서 딴 돌배는 딱딱하게 씹히는 게 많고 덜 달고 크기도 작다. 맛도 별로여서 그냥은 못 먹는다. 다른 나무에 가려서 자란 나무는 돌배가 적게 달린다.

다른 이름 산배나무

염색 나무껍질과 잎으로 물을 들일 수 있다. 껍질은 백반과 함께 끓이면 갈색 물감이 나온다. 잎은 누런빛을 낸다.

목재 돌배나무 목재는 무겁고 단단하다. 또 매끄럽고 갈색빛이 난다. 악기, 가구, 합판을 만들어 쓴다. 해인사 팔만대장경 경판을 만드는 데도 돌배나무를 썼다. 감나무, 밤나무와 마찬가지로 과일도 먹을 수 있고 목재로도 좋은 나무여서 소중히 여겨 왔다.

기르기 가을이나 봄에 씨앗을 심어서 나무모를 길러 낸다. 알이 크고 맛이 좋은 열매를 땅에 묻어 두었다가 봄에 씨를 나누어 심는다. 돌배나무는 오래 산다. 200년까지 사는 것도 있다. 열매는 7~10년째부터 맺는다. 돌배나무는 추위에 잘 견디고 병에 잘 걸리지 않는다. 그래서 배나무를 기를 때 돌배나무에 접을 붙인다.

2007년 4월, 경기도 광릉

겨울에 잎이 지는 큰키나무다. 키가 15m에 이르는 것도 있다. 한두 그루만 자라거나 무리를 지어 자란다.

1998년 4월, 강원도 원주

열매

잎은 달걀 모양이며 끝이 뾰족하고 밑은 둥글다. 잎 가장자리에 잔 톱니가 있다. 4~5월에 흰 꽃이 가지 끝에 모여서 핀다. 8~9월에 돌배가 여문다. 돌배는 지름이 2~4cm쯤 된다. 덜 익었을 때는 퍼렇다가 익으면서 색이 누렇게 된다.

동백나무

Camellia japonica

동백나무는 추운 겨울과 봄 사이에 꽃이 핀다. 어떤 나무보다 먼저 핀다. 눈이 다 녹기 전에 피기도 한다. 동백꽃은 꽃잎이 붉고, 수술이 노랗다. 꽃이 질 때는 윤기가 나는 푸른 잎 사이에서 붉은 꽃이 송이째 뚝 떨어진다.

동백나무는 남해안과 제주도에서 많이 자란다. 전라남도 홍도, 흑산도, 보길도와 경상남도 거제도, 충청남도 외연도 같은 섬과 백양사, 선운사, 백련사 같은 절은 동백꽃으로 이름난 곳이다. 꽃이 필 무렵이면 동백꽃을 보려고 일부러 먼 곳에서 사람들이 찾아오곤 한다.

가을에 여문 동백씨를 모아서 기름을 짠다. 동백기름은 맑고 노랗다. 오래 두어도 변하거나 굳지 않고 병뚜껑을 열어 두어도 잘 날아가지 않는다. 나물을 무칠 때도 넣지만 머릿기름으로 더 많이 썼다. 예전에는 여자들이 머리를 곱게 빗은 다음 머리에 동백기름을 발랐다. 동백기름을 바르면 머리가 차분하게 가라앉고 오래도록 윤이 난다. 절은 냄새가 나지 않고 잘 마르지도 않는다.

다른 이름 산다, 뜰동백나무

동백나무와 동박새 동백꽃에는 꿀이 많다. 꽃이 필 무렵 동백 숲에 동박새가 무리를 지어 모여든다. 동박새는 동백나무 꿀을 먹으면서 동백꽃 가루받이를 돕는다. 동박새는 제주도, 거제도, 울릉도 같은 곳에서 흔히 볼 수 있는 텃새다. 몸길이가 12cm쯤 되는 아주 작은 새다. 보통 때는 거미나 나비 같은 벌레를 잡아먹지만 먹이가 별로 없는 겨울에는 나무 열매도 먹고 꿀도 빨아 먹는다.

기르기 동백나무는 씨앗을 뿌려도 되고 가지를 심거나 접을 붙여서도 키울 수 있다. 씨앗은 모래에 섞어서 서늘한 곳에 두었다가 봄에 뿌린다. 봄에 눈이 트기 시작할 때나 여름에 햇가지가 좀 단단해졌을 때 가지를 잘라서 심는다. 씨앗으로 키운 나무는 칠팔 년, 가지를 심은 나무는 이삼 년 지나서 꽃이 핀다. 동백나무는 따뜻하고 비가 많이 오는 곳에서 잘 자란다. 기름지고 물이 잘 빠지는 땅을 좋아하고 그늘에서도 잘 견딘다.

천연 기념물 인천시 옹진군 대청도는 동백나무가 자랄 수 있는 북쪽 한계다. 그래서 대청도 동백 숲은 천연 기념물로 정해졌다. 전라북도 고창군 선운사에 있는 동백 숲도 천연 기념물인데 나무가 오래되고 빽빽하게 자라서 이른 봄에 꽃이 필 때면 무척 아름답다.

2000년 10월, 충남 서천

겨울에도 잎이 지지 않는 작은키나무다. 키가 7m쯤 된다. 나무껍질은 잿빛인데 매끈하다. 가지에 털이 없다.

1997년 2월, 경남 거제도

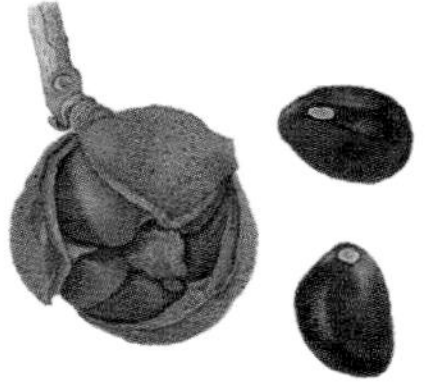

동백씨

잎은 두텁고 윤이 난다. 타원꼴인데 끝은 뾰족하고 가장자리에 톱니가 있다. 12월에서 4월 사이에 가지 끝에서 붉은 꽃이 핀다. 10월에 둥근 열매가 여물면서 세 갈래로 갈라져 터진다. 열매 속에 큼지막한 진한 밤색 씨앗이 두세 개 들어 있다.

두릅나무

Aralia elata

두릅나무는 줄기가 온통 가시로 덮여 있다. 예전에는 음나무와 함께 잡귀를 쫓는다고 대문 위나 안방 문 위에 얹어 두었다. 햇빛을 잘 받는 산비탈이나 숲 가장자리에서 저절로 자라는데 마을 가까이 심어 기르기도 한다.

봄에 돋는 새순을 두릅이라고 해서 옛날부터 산나물로 널리 먹어 왔다. 보통 4월초부터 싹이 나니 다른 나무들보다 일찍 싹이 트는 셈이다. 어린싹이 한 뼘쯤 되었을 때 딴다. 늦게 따면 순이 단단해져서 못 먹는다. 줄기에 온통 뾰족한 가시가 덮여 있어서 조심하지 않으면 따다가 가시에 찔리기 쉽다.

새순은 살짝 데쳐서 초고추장에 찍어 먹는다. 오래 삶으면 흐물흐물해져서 못 쓴다. 양념을 해서 구워 먹거나 튀겨 먹어도 맛이 좋다. 맛이 담백하고 향긋한데 요즘은 산에서도 보기가 드문 무척 귀한 산나물이 되었다. 온상에서 기르는 것도 있는데 연하기는 해도 향기가 아무래도 덜하다.

다른 이름 참두릅나무, 목두채, 총목, 문두채, 요두채

두릅 봄에 어린잎과 순을 따서 갖가지 음식을 해 먹는다. 두릅을 데쳐서 초고추장에 찍어 먹는데 이것을 두릅회라고 한다. 두릅에 튀김옷을 입혀 튀겨 먹기도 하고, 쇠고기와 두릅을 꼬치에 번갈아 꿰어 두릅산적을 만들어 먹기도 한다. 데쳐서 말려 두었다가 두고두고 먹기도 한다.

약재 뿌리껍질과 줄기 껍질을 약으로 쓴다. 한약방에서는 '총목피'라고 한다. 봄에 뿌리껍질과 줄기 껍질을 벗겨서 햇볕에 말린다. 두릅나무 껍질은 마음을 편하게 해 주고 아픔을 멎게 한다. 머리가 아플 때나 관절염, 저혈압, 위궤양에 쓴다.

기르기 씨앗을 심거나 뿌리를 심어서 기른다. 가을에 씨앗이 익으면 따서 땅에 묻어 두었다가 봄에 심는다. 뿌리를 잘라 심으면 잘 자라고, 짧은 시간에 나무모를 많이 길러 낼 수 있다. 두릅나무는 햇볕이 잘 드는 곳을 좋아한다. 나무를 베어 낸 빈터나 비탈지고 양지바른 곳도 좋다. 흙은 기름지고 좀 습해야 알맞다.

2000년 8월, 강원도 원주

2000년 12월, 강원도 원주

겨울에 잎이 지는 작은키나무다. 키는 보통 4~5m인데 더 큰 것도 있다. 나무껍질은 잿빛이고, 가지를 치지 않거나 조금 친다. 줄기와 가지에 크고 작은 가시가 빽빽하게 나 있다.

2000년 8월, 강원도 원주

새순, 2000년 5월, 강원도 원주

잎은 두 번 깃털 모양으로 갈라진 겹잎이다. 어긋나게 붙는데 가지 끝에서는 모여난다. 어린잎은 잎자루에 가시가 있는데 자라면서 없어진다. 여름에 흰 꽃이 무더기로 핀다. 가을이면 둥근 열매가 검게 익는다.

두충

Eucommia ulmoides

두충은 산이나 들에 심어 기르는 큰키나무다. 본디 중국에서 나던 나무인데 약으로 쓰려고 들여왔다. 추위에 어느 정도 견디므로 우리나라 곳곳에서 심어 기르고 있다.

두충은 줄기가 10~20m쯤 자란다. 둘레가 한아름 정도 되게 곧게 자라는데 가지가 많이 갈라진다. 우리나라 악기인 당비파나 해금을 만들 때도 썼다. 잎은 초겨울까지 푸르고 빽빽하게 우거진다.

두충 열매는 10~11월에 익는데 긴 타원꼴로 날개가 있다. 느릅나무 열매와도 닮았다. 두충 열매는 단풍나무 열매처럼 바람에 멀리 날아가 뿌리를 내린다. 두충 열매를 자르면 고무줄 같은 하얗고 끈적한 실이 나온다. 가지, 잎, 나무껍질에서도 볼 수 있다. 그래서 솜나무라는 뜻으로 '목면'이라고 부르기도 한다.

두충은 아주 옛날부터 약으로 쓰는 나무로 널리 알려졌다. 나무껍질은 '두충', 어린잎은 '면아'라고 한다. 어린잎은 차로 달여 먹기도 한다. 봄에 어린잎을 따서 만든 두충차는 무더운 여름에 지친 기운을 북돋워 준다. 나무껍질을 약으로 쓸 때는 적어도 8년 넘게 자란 나무를 쓴다. 속껍질을 벗겨서 찐 다음에 햇빛에 말려서 쓴다.

다른 이름 두충나무[북], 목면

약재 나무껍질, 잎, 열매를 약으로 쓴다. 봄부터 여름 사이에 나무껍질을 벗겨 햇볕에 말린 뒤 썰어서 쓴다. 물에 달이거나 가루를 내어 먹는다. 술을 담가 먹기도 한다. 혈압을 낮추거나 오줌이 시원찮게 나올 때 쓰면 좋다. 진통 효과도 있다.

기르기 씨앗을 심거나 꺾꽂이를 한다. 따뜻한 곳에서 잘 자란다. 추운 곳에서는 늦게 자라거나 수형이 고르지 못하다. 온실에서 11월에 씨를 뿌리면 이듬해 3월에 싹이 난다. 땅이 깊고 물이 잘 빠지는 곳이 좋다. 보통 10년 안팎이 되면 열매를 잘 맺는다.

2018년 9월, 서울 성산동

겨울에 잎이 지는 큰키나무다. 높이는 10~15m에 이른다. 나무껍질은 갈색을 띠는 회백색이다.

2010년 4월, 경기도 광릉수목원

잎은 어긋나게 붙고 타원꼴이다. 잎에 털이 거의 없고 끝이 갑자기 좁아져서 뾰족해진다. 잎 가장자리에 날카로운 톱니가 있다. 열매는 납작하고 날개가 달렸다. 꽃은 5월에 암꽃 수꽃이 다른 그루에 핀다. 수꽃은 6~10송이씩 모여 피고 암꽃은 1송이씩 핀다. 열매는 10월에 익는데 긴 타원꼴이고 날개가 있다.

떡갈나무

Quercus dentata

떡갈나무는 아주 높은 산에는 없다. 양지바른 곳에서 잘 자라는데 강가나 산자락처럼 낮은 곳에서 많이 볼 수 있다. 참나무 중에서 가장 잎이 크고, 도토리도 커서 쉽게 알아볼 수 있다. 요즘은 곧고 크게 자란 떡갈나무는 보기 힘들고, 나무 밑동에서 가지가 여러 갈래로 뻗은 작은 나무를 쉽게 볼 수 있다.

떡갈나무 도토리는 도토리가 커서 가루가 많이 난다. 도토리로 밥, 묵, 엿, 떡, 빈대떡, 국수 같은 온갖 것을 다 해 먹는다. 예전에 산골 마을에서는 끼니 삼아 먹기도 했다. 떡갈나무는 잎이 커서 긁어다가 밭에 거름으로 쓰거나 집짐승을 먹이기에 좋다. 다른 참나무처럼 줄기는 베어다가 표고버섯을 기른다.

떡갈나무는 바닷가에서도 잘 자란다. 바닷가 마을에서는 이른 여름에 떡갈나무 껍질로 그물에 물을 들였다고 한다. 떡갈나무 껍질을 오랫동안 삶으면 붉은 물이 우러난다. 그물에 떡갈나무 물을 들이면 바닷물이 스며들지 않아서 그물이 잘 안 썩는다. 이처럼 떡갈나무에서 우려낸 물로 물들이는 것을 '갈물 들인다'고 한다.

다른 이름 가랑잎나무, 참풀나무, 가래기나무, 갈잎나무, 선떡갈나무, 왕떡갈
목재 목재 안쪽은 짙은 밤색이고 가장자리는 밤색을 띤 흰색이다. 단단하면서 무겁다. 향기가 진하고 무늬도 곱다. 떡갈나무 목재는 가구를 만들고 집을 짓는 데 쓴다. 절굿공이나 곰방메 자루를 만들고 달구지나 수레를 만들 때도 쓴다.
약재 껍질을 약으로 쓴다. 봄이나 여름에 속껍질을 벗겨 햇볕에 말린다. 한약방에서는 말린 떡갈나무 껍질을 '역수피'라고 한다. 떡갈나무 껍질은 설사와 피 나는 것을 멈추게 하고 부스럼을 낫게 한다. 달여 먹거나 엿으로 만들어 먹는다. 부스럼에는 달인 물로 씻거나 고약을 만들어 바른다.

2000년 7월, 경기도 국립수목원
2000년 3월, 강원도 원주

겨울에 잎이 지는 큰키나무다. 나무껍질은 굵고 두꺼우며 어두운 잿빛이다. 줄기는 어릴 때는 매끈하다가 나이가 들면서 갈라지고 울퉁불퉁하게 된다.

도토리

2000년 9월, 강원도 원주

잎은 어긋나게 붙는데 가지 끝에 붙는 잎은 여러 개가 모여 붙는다. 잎자루는 굵고 짧아서 거의 없다시피 하다. 잎 뒤에는 털이 나 있다. 꽃은 5~6월에 피는데 암수한그루이다. 열매는 꽃이 핀 그해 가을에 여물고, 여물면 도토리깍정이에서 빠져 나온다.

뜰보리수

Elaeagnus multiflora

뜰보리수는 이른 여름 앵두가 익을 무렵에 빨갛게 열매가 익는다. 열매를 날로 따 먹는다. 열매는 신맛과 단맛이 나고 떫은맛도 조금 난다. 시장에서 보리수 열매라고 하면서 팔기도 한다. 뜰보리수는 본디 일본에서 저절로 자라는 나무인데 우리나라에 옮겨다 심었다. 뜰에다 심어 기른다고 뜰보리수라는 이름을 얻게 되었다.

인도나 미얀마에서 절에 심어 놓은 보리수나무하고는 다르다. 이 나무는 우리 보리수나무나 뜰보리수가 아니고 무화과나무와 가까운 늘푸른나무다. 또 우리나라, 중국, 일본 절에서는 피나무와 비슷한 나무를 심어 놓고 보리수나무라고 한다.

여러 가지 보리수나무 뜰보리수를 비롯하여 보리수나무, 녹보리똥나무, 보리장나무, 보리밥나무, 큰보리장나무가 있다. 이 가운데에서 뜰보리수는 외국에서 들여와 심어 기르는 나무이고 나머지는 산과 들에서 저절로 자라는 나무다. 뜰보리수와 보리수나무는 겨울에 잎이 떨어진다. 다른 나무들은 겨울에도 잎이 떨어지지 않는 늘푸른나무이고 남쪽 지방에서 자란다. 모두 붉은 열매가 달리는데 먹을 수 있다. 뜰보리수 열매는 이른 여름에, 보리수나무 열매는 가을에, 나머지는 봄에 익는다.

약술 여름에서 가을 사이에 열매를 따서 물로 씻은 다음 건져 놓는다. 열매를 1리터들이 병에 반쯤 넣는다. 여기에 설탕을 150g쯤 넣고 소주를 가득 차도록 붓는다. 병마개로 단단히 막은 다음 시원하고 어두운 곳에 두세 달 두었다가 마신다. 이것을 한 번에 20～40ml 정도 마시면 피로를 푸는 데 효과가 있다.

기르기 씨를 발라내어 깨끗이 씻은 다음 젖은 모래에 섞어서 화분에 담아 땅속에 묻어 놓는다. 쥐가 파먹지 못하도록 굵은 자갈을 모래 위에 얹어 놓는다. 이듬해 봄에 이 씨를 파서 밭에 뿌린다. 포기를 나누어서 심을 수도 있다. 봄에 나무줄기를 뿌리가 붙은 채로 포기째 떼 내어 옮겨 심는다.

1998년 6월, 충남 임천

겨울에 잎이 지는 떨기나무다. 밑동에서 줄기가 여러 개 올라와서 다북하게 된다. 키는 2m쯤 자란다. 어린 가지는 붉은 갈색 비늘털로 덮여 있다. 잎은 어긋나게 붙고 긴 타원꼴이다. 앞면에 털이 있다가 떨어지고 뒷면에는 털이 남아 있다. 연한 노란색 꽃이 이른 봄에 핀다. 한두 개씩 모여서 긴 꽃자루에 달린다. 이른 여름에 둥글고 긴 열매가 붉게 여문다.

리기다소나무

Pinus rigida

리기다소나무는 미국에서 들여왔다. 한 다발에 솔잎이 세 개씩 나서 세잎소나무라고도 한다. 광복이 된 뒤에 산에 나무가 없을 때 많이 심은 나무 중에 하나다. 리기다소나무는 척박한 땅에서도 잘 자란다. 추위에도 잘 견디고 병충해에 견디는 힘도 세다. 송충이나 솔잎혹파리에게도 크게 해를 입지 않는다.

리기다소나무는 솔방울이 많이 달린다. 씨앗이 많이 생겨서 나무모를 기르기가 좋다. 게다가 씨앗이 싹도 잘 트고, 어린 나무도 병충해를 잘 입지 않는다. 산에 내다 심으면 잘 산다. 윗줄기가 잘려도 새로 움이 돋아서 죽지 않고 살 수 있다. 이처럼 잘 자라고 나무 모양도 좋아서 숲을 가꾸는 데 좋다.

가지는 쳐서 땔나무로 쓰는데 불땀이 좋다. 줄기가 곧아서 곳간이나 짐승 우리를 만들고 말뚝으로도 쓴다. 목재가 소나무처럼 좋지는 않다.

다른 이름 세잎소나무[북], 삼엽송, 미송

여러 가지 들여온 소나무 한 다발에 잎이 세 개씩 나는 것에는 백송, 테에다소나무, 대왕송 들이 있다. 백송은 중국에서 들어온 나무다. 줄기가 희고, 비늘껍질이 넓적하게 벗겨진다. 테에다소나무와 대왕송은 미국에서 들어온 나무다. 테에다소나무는 추위에 약해서 남부 지방에서 심는다.

목재 목재 속은 밤색이고 가장자리는 누렇다. 결이 거칠고 가볍다. 판자로 쓰기보다는 통나무 그대로 쓰는 것이 좋다. 송진이 많아서 잘 썩지는 않지만 휘거나 부러지기 쉽다.

기르기 씨앗을 심어 나무모로 길러서 산에 옮겨 심는다. 씨앗은 20년 넘게 자란 나무에서 솔방울째 따서 턴다. 산에 심을 때는 처음에는 빽빽하게 심었다가 가지가 뻗어서 어울리게 되면 솎아 낸다. 자주 솎아 주면서 잘 가꾸면 20~30년쯤 되었을 때부터 목재로 쓸 수 있다.

2000년 9월, 강원도 원주

겨울에도 잎이 지지 않는 늘푸른큰키나무다. 높이는 보통 15~20m이다. 나무껍질은 붉은 밤색이다. 소나무보다 더 거칠고 깊게 터진다. 햇가지는 해마다 2~3개씩 곁가지를 치며 자란다.

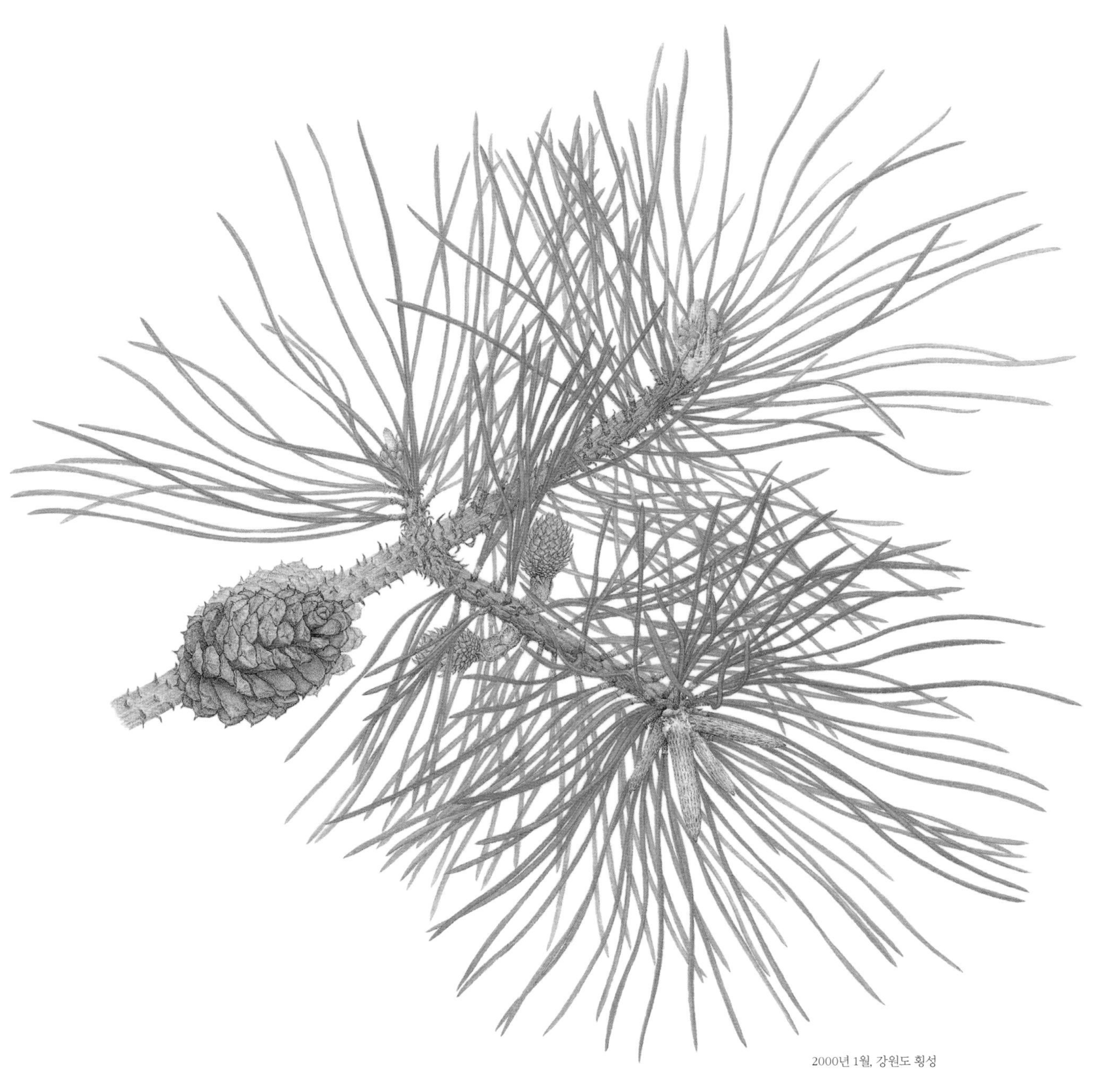

2000년 1월, 강원도 횡성

바늘잎이 3개씩 모여 붙는다. 바늘잎은 진한 풀색인데 빽빽하게 붙어서 더 진해 보인다. 5월 초에 암꽃과 수꽃이 한 그루에 같이 핀다. 솔방울은 햇가지에 3~5개씩 달리는데 꽃 핀 이듬해 10월에야 여물면서 벌어진다. 솔방울은 씨앗이 날아간 다음에도 오랫동안 가지에 붙어 있다.

마가목

Sorbus commixta

마가목은 본디 깊고 높은 산 중턱이나 산꼭대기에서 한데 모여 산다. 요즘은 공원이나 아파트 단지에도 많이 심는다. 가을에 붉은 단풍이 들고, 작고 빨간 열매가 탐스럽게 달린다. 산에서 도시로 옮겨다 심어도 공기 오염에 강해서 잘 산다. 산에서처럼 단풍이 곱지는 않다.

마가목 열매는 먹을 수 있다. 산새도 먹고 사람도 먹는다. 약으로 쓰기도 한다. 날이 추워져도 나무에 오랫동안 달려 있어서 꽤 늦게까지 딸 수 있다. 맛이 떫거나 쓴 것도 있고, 달고 상큼한 것도 있다. 열매를 얼리면 더 달아지고 떫은맛과 쓴맛이 줄어든다. 씨로는 기름을 짜는데 빛깔이 누렇고 단맛이 난다.

마가목은 나무가 단단하고 빛깔이 좋고 윤이 나서 가구를 만들기에 좋다. 또 단단한데다가 잘 갈라지지 않아서 조각을 한다. 지팡이로도 많이 쓴다.

여러 가지 마가목 당마가목, 마가목, 산마가목이 있다. 모두 봄에 흰 꽃이 피고 가을에 열매가 붉게 익는다. 마가목은 쪽잎이 9~13장이고 산마가목은 쪽잎이 7~9장이다. 당마가목은 쪽잎이 13~15장이고 잎에 톱니가 있다. 차빛당마가목은 당마가목과 비슷한데 잎 뒷면에 갈색 털이 나 있다. 다 약으로 쓴다.
약재 한약방에서는 마가목 가지를 '정공등'이라고 하고, 껍질은 '정공피'라 한다. 봄과 가을에 나무껍질을 벗겨 햇볕에 말리고, 가지도 따로 말린다. 가래를 삭이고 기침을 멈추게 하며 통증을 달래고 몸을 튼튼하게 한다. 열매는 혈압을 낮추고 오줌을 잘 누게 한다.
기르기 씨앗을 뿌리거나 가지를 심어서 기른다. 씨앗을 뿌리면 싹이 쉽게 튼다. 옮겨 심어도 잘 산다. 뿌리 쪽으로 햇빛이 드는 것을 싫어해서 다른 풀이나 떨기나무를 같이 심어 주는 것이 좋다. 100~150년은 너끈히 살고 200년을 사는 것도 있다.

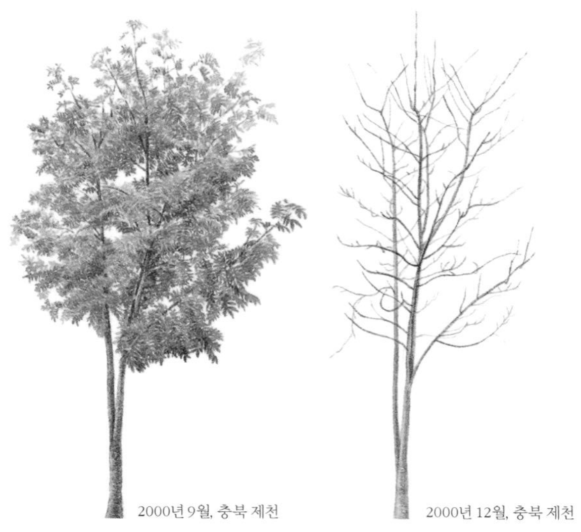

2000년 9월, 충북 제천

2000년 12월, 충북 제천

겨울에 잎이 지는 작은키나무다. 키는 6~8m쯤 된다. 나무껍질은 검은 잿빛이다.

1998년 5월, 강원도 원주

잎은 깃꼴겹잎이며 쪽잎은 9~13장이 붙는다. 버들잎처럼 생겼고 가장자리에 톱니가 조금 있다. 앞면에 연한 털이 있다. 5~6월에 흰 꽃이 무더기로 핀다. 9~10월에는 작고 둥근 열매가 붉게 여문다. 속살은 노랗다.

매실나무(매화나무)

Prunus mume

매실나무는 이른 봄에 꽃이 피는데 꽃 이름을 따서 매화나무라고도 한다. 오래 전부터 꽃을 보거나 열매를 먹으려고 심어 길렀다. 꽃잎은 말려 두었다가 향기로운 매화차를 끓여 마시기도 한다.

꽃이 지고 나서 얼마 지나지 않아 매실이 달린다. 매실은 맛이 몹시 시고 떫다. 5월 말에서 6월 초면 매실을 딸 수 있다. 매실은 누렇게 익기 전에 아직 푸를 때 딴다. 날로 먹지 않고 차와 장아찌를 만들어 먹는다. 매실 장아찌는 짭짤하면서도 신맛이 돌아 입맛을 돋우고 소화를 돕는다. 여름에 매실차를 마시면 배탈이 나지 않고 더위를 타지 않아 좋다. 매실로 잼도 만들고 술도 담가 먹는다.

옛날 속담에 "벚나무 끊는 바보, 매화나무 안 끊는 바보"라는 말이 있다. 매실나무는 가지를 잘라서 모양을 다듬어 줄수록 좋아지고 벚나무는 가지치기를 하면 가지를 끊은 자리가 썩게 된다는 것이다. 매실나무를 화분에 심어 나무와 꽃을 즐기기도 한다.

약재 매실은 아직 덜 여물어서 푸를 때 약으로 쓴다. 고를 때는 푸릇푸릇하고 단단하며 껍질에 흠이 없는 것이 좋다. 매실을 숯불에 검게 그을려 말린 것을 '오매'라고 한다. 오매는 설사를 멎게 하고 열을 내리며 위를 튼튼하게 해 준다. 매실을 은근한 불에 달여 고약처럼 끈끈하게 만든 것을 '매실고'라 한다. 소화가 안 되거나, 배가 아프고 구역질이 날 때, 설사가 날 때 잘 듣는다. 꽃과 잎도 약으로 쓴다. 봄에 따서 그늘에서 말렸다가 달여 먹는다. 꽃은 어지럼증이 있을 때 좋고, 잎은 체하거나 설사가 날 때 좋다. 씨는 따로 두었다가 가루로 만들어 볶아 먹으면 장을 튼튼하게 하고 눈을 밝게 해 준다.

기르기 매실나무는 본디 따뜻한 곳을 좋아하는 나무지만 추위나 가뭄에 잘 견뎌서 우리나라 어디서나 기를 수 있다. 뿌리가 얕게 자라기 때문에 물이 잘 빠지는 곳에 심는다. 물기가 많은 곳에서는 줄기가 거무튀튀해지고 나무껍질이 거북 등처럼 갈라진다. 꺾꽂이를 하거나 씨앗을 심어 기르는데 여름에 잘 익은 씨를 모아 축축한 모래에 묻어 두었다가 이듬해 봄에 뿌리면 잘 자란다.

2000년 8월, 경기도 국립수목원

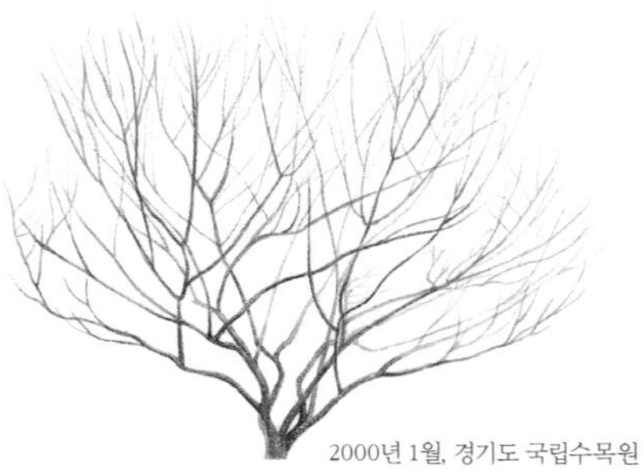
2000년 1월, 경기도 국립수목원

겨울에 잎이 지는 작은키나무다. 나무껍질은 잿빛이거나 풀색을 띤 잿빛인데 딱딱하다. 짧은 가지에는 털이 없거나 잔털이 조금 나 있다. 가늘고 풀색을 띤다. 묵은 가지에는 잔가지가 가시로 변한 것이 있다.

꽃, 1998년 3월, 강원도 원주

1998년 6월, 강원도 원주

잎은 어긋나게 붙고 타원꼴이다. 잎 끝이 뾰족하고 가장자리에 톱니가 있다. 잎이 피기 앞서 3~4월에 묵은 가지에 꽃이 핀다. 꽃은 흰색이나 연한 붉은색이고 향기롭다. 열매는 처음에는 푸르다가 6월에 누렇게 익는다. 씨앗은 딱딱하고 주름이 있다.

맹종죽(죽순대)

Phyllostachys pubescens

맹종죽은 밭에서 기르는 대나무다. 죽순을 먹으려고 심어서 죽순대라고도 한다. 맹종은 옛날 중국 사람 이름이다. 병든 어머니를 위해 눈 쌓인 겨울에 죽순을 찾아 드렸다고 한다. 그래서 맹종죽이라는 이름이 붙었다. 맹종죽 죽순은 한겨울에는 나지 않는다. 4월쯤에 왕대나 솜대 죽순보다 먼저 올라온다. 죽순이 굵고, 사람들이 즐겨 먹는다.

맹종죽은 키는 별로 크지 않지만 줄기가 굵게 자란다. 솜대나 왕대와는 달리 마디에 고리가 하나 있다. 마디는 솜대나 왕대보다 짧다.

맹종죽은 마디에 흰 분가루가 붙어 있으면 2년쯤 된 것이다. 해가 지나면서 분가루는 적어지고 검게 된다. 줄기가 두꺼워서 김이나 다시마 양식을 할 때 쓴다. 가구도 만든다. 줄기 마디가 짧고 단단해서 걸상이나 장식장 다리로 쓴다. 줄기를 잘라서 물을 받아 약으로 쓴다. 5월에서 6월 사이에 받는데 빛깔이 뿌옇다. 대나무 물은 약효가 좋다.

다른 이름 죽신대[북]

죽순 대나무 순을 죽순이라고 한다. 죽순이 나오는 때는 대나무마다 다르다. 가장 먼저 맹종죽 죽순이 4월 말에 올라온다. 죽순은 캐서 바로 먹거나 소금에 절여 두고 먹는다. 나물로 먹는데 아삭아삭 씹히는 맛이 좋다. 독이 있어서 반드시 익혀 먹어야 한다. 섬유질이 많아서 장에 좋고 고혈압에도 좋다. 죽순을 쌀뜨물에 삶으면 맛이 부드러워진다.

기르기 땅속줄기를 잘라다 옮겨 심는다. 난 지 두 해가 된 대나무를 골라서 아래로 세 가지를 두고 위를 자른다. 땅속에 난 땅속줄기도 왼쪽 오른쪽으로 20cm씩 끊어서 옮겨 심는다. 봄에 죽순이 올라오고 두 달이 못 돼 다 자란다. 몇 해가 지나도 키는 더 안 자라고 줄기가 조금 굳어지기만 한다. 자르지 않고 두면 15년까지 그냥 산다. 죽순은 삼사 년 자란 땅속줄기에서 가장 굵은 것이 올라온다. 대밭을 가꿀 때는 대나무를 솎아 주고, 죽순이 막 올라오기 시작할 때는 밭에 안 들어가는 것이 좋다.

2000년 10월, 전북 전주수목원

겨울에도 잎이 지지 않는 늘푸른나무다.
키는 10~20m에 이른다. 땅속줄기가 옆으로 길게 뻗는다. 줄기는 둥글고 매끈하다.
어릴 때는 짧은 털이 있고 차츰 눈에 띄게 가지를 많이 친다. 마디에 고리가 하나씩 있다.

2000년 4월, 전남 담양

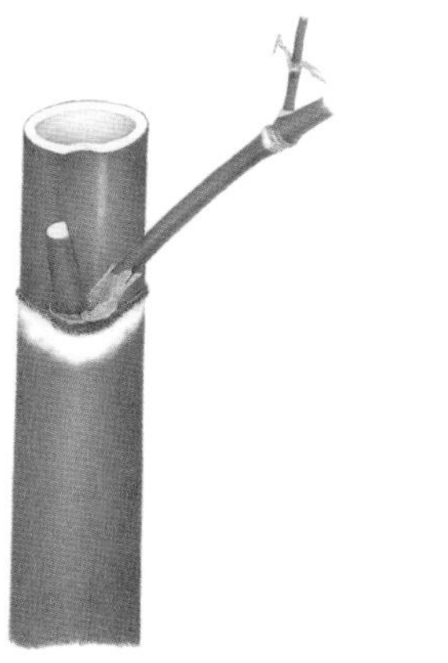

줄기, 2000년 4월, 전남 담양

잎은 가지 끝에 2~8장 붙는다. 길쭉하고 얇다.
60~100년에 한 번 꽃이 피는데 꽃이 피면
대는 말라 죽는다.

머루

Vitis coignetiae

머루는 산속에서 자란다. 다른 나무에 기어오르거나 땅 위로 뻗어 나가면서 자란다. 열매는 포도와 비슷한데 포도보다 작다. 가을에 열매가 검게 익었을 때 따 먹는다. 머루는 서리가 내린 뒤에 따 먹으면 더 맛이 좋다. 잘 익은 머루는 껍질이 잘 벗겨지고 씨도 잘 빠진다. 향기가 짙고 물이 많고 맛이 달다.

머루를 딸 때는 물을 묻히지 않아야 오래간다. 머루는 과일즙과 술을 만드는 데 좋은 재료가 된다. 붉은빛이 도는 머루술은 맑고 향이 오래가서 좋다. 머루는 햇볕에 말려서 먹기도 한다. 다래처럼 한 번 쪄서 말리기도 한다. 말린 머루는 꿀이나 엿에 졸여서 정과를 만든다. 머루씨로는 기름을 짤 수 있다. 굵은 머루 줄기는 지팡이를 하고, 가구나 공예품을 만드는 데도 쓴다.

다른 이름 산머루[북], 멀위, 머레순, 멀구, 산포도

여러 가지 머루 머루에는 머루, 왕머루, 새머루, 개머루, 까마귀머루가 있다. 머루와 왕머루는 열매 생김새나 맛이 비슷하다. 그래서 따로 나누지 않고 두루 머루라고 한다. 왕머루는 높은 산에서도 잘 자라고 추위에도 잘 견딘다. 새머루는 잎도 작고 머루알도 아주 작다. 검게 익고 신맛이 많이 난다. 개머루나 까마귀머루는 먹지 않는다.

약재 익은 머루를 약으로 쓴다. 한약방에서는 '영옥'이라고 한다. 가을에 익은 열매를 그대로 먹거나 말려서 가루를 내어 먹는다. 염증을 없애고 기운이 나게 하고 뼈를 튼튼하게 하며 오줌이 잘 나오게 한다. 머루를 먹으면 입맛이 돌고 밤눈이 밝아진다.

기르기 머루를 심을 때는 산기슭이나 산골짜기에 심는다. 집 가까이 양지바른 곳에도 심는다. 열매를 심어서 기를 수도 있지만 가지를 잘라서 심어야 더 빨리 자라고 일찍 열매를 얻을 수 있다. 가지를 묻은 지 세 해가 지나면 열매가 열린다.

1996년 9월, 경북 영양

왕머루 *Vitis amurensis*

왕머루는 겨울에 잎이 지는 덩굴나무다. 덩굴을 뻗어서 다른 나무를 감고 오르기도 하고 혼자서 둘둘 말려 가면서 자라기도 한다. 작은 가지는 붉은빛이 돌며, 어릴 때는 솜털로 덮여 있다. 잎은 가을에 붉게 단풍이 든다. 잎은 둥그스름하고 아랫부분은 심장 모양이다. 3~5갈래로 약간 갈라졌고, 잎 가장자리에는 성긴 톱니가 있다. 꽃은 5월에 피고 열매는 9~10월에 검게 익는다. 머루는 잎 뒤에 갈색 털이 빽빽이 있고, 왕머루는 잎 뒤에 털이 거의 없다.

명자나무

Chaenomeles speciosa

명자나무는 본디 중국에서 나는 나무다. 우리나라 어디서나 잘 자란다. 모과나무처럼 꽃이 아름답고 열매가 향기로워서 공원이나 뜰에 많이 심는다. 키가 나지막해서 크게 자라도 어른 키를 넘지 않는다. 가시가 있고 가지치기를 해도 잘 살아서 산울타리로 가꾸기도 한다. 이른 봄에 잎보다 먼저 분홍빛 꽃이 핀다. 흰 꽃이 피는 나무도 있다. 꽃 빛깔과 생김새가 다른 여러 가지 품종이 있다.

가을에 사과만 한 열매가 누렇게 여문다. 향기가 좋다. 그대로 먹거나 술을 담근다. 말려서 약으로도 쓴다. 명자꽃으로도 술을 담근다.

다른 이름 산당화[북], 아가씨꽃나무, 가시덱이, 명자꽃

여러 가지 명자나무 풀명자나무, 참명자나무 들이 있다. 풀명자나무는 다른 명자나무보다 꽃이나 잎이 작고 열매도 잘다. 그래서 '애기명자나무'라고도 한다. 남부 지방에서 잘 자란다. 참명자나무는 잎이 버들잎처럼 길쭉하다. 모과보다 작은 열매가 열린다.

약재 익은 열매를 두세 쪽으로 쪼개서 햇볕에 말려 약재로 쓴다. 빈혈 치료에 쓴다. 기침을 멎게 하고 가래를 삭인다. 갈증을 멈추고 땀도 삭인다.

기르기 가지를 눌러서 심거나, 씨앗을 심거나, 포기를 나눠 심는다. 품종이 무척 많다. 품종에 따라 접을 붙여서 기르기도 한다. 햇빛을 좋아하는 나무인데 추위에도 잘 견딘다. 기름진 땅에서 잘 자란다. 꽃은 두 해 된 가지에서 핀다.

2000년 7월, 경기도 국립수목원

겨울에 잎이 지는 떨기나무다. 키는 2m에 이른다. 줄기는 곧게 자란다. 나무껍질은 매끈하고 가지에 가시가 있다. 어린 가지는 밤색이다.

1998년 4월, 강원도 원주

잎은 어긋나게 붙고 타원형이다. 가장자리에 톱니가 있다. 잎 앞면은 색이 진하고 윤기가 나고 뒷면은 누르스름한 풀색이다. 4월쯤에 잎보다 먼저 진한 붉은색 꽃이 핀다. 흰 꽃이 피는 나무도 있다. 9월쯤 둥근 열매가 누렇게 여문다.

모과나무

Chaenomeles sinensis

모과는 생김새가 울퉁불퉁하다. 향기가 아주 좋고 몸에도 좋다. 무엇보다 목에 이롭다. 목이 붓거나 아플 때 또 기침이 날 때 먹으면 좋다. 모과는 시고 떫은맛이 난다. 날로는 못 먹고 차를 만들어 먹는다. 얇게 저민 모과를 꿀이나 설탕에 재웠다가 뜨거운 물을 부어 우린다.

모과나무는 따뜻한 곳을 좋아해서 남쪽 지방에서 잘 자란다. 저절로 자라기도 하지만 보통 집 가까이에 심어 기른다. 모과나무는 봄에 붉은 꽃이 핀다. 다른 봄꽃처럼 무더기로 피지 않고 드문드문 피지만 하도 꾸준하게 피어서 가을이 되면 가지가 늘어지도록 열매를 맺는다. 열매는 처음에는 푸르스름하다가 노랗게 익는데 향기가 좋아 차 안이나 사무실이나 방 안에 두면 두고두고 향기를 즐길 수 있다. 모과나무 목재는 무늬가 아름답고 결이 부드러워서 가구를 많이 만든다. 화초목이나 화류목이라고 한다.

다른 이름 모개나무

열매 모과를 약으로 쓸 때는 잘 익은 열매를 통째로 끓는 물에 넣어 끓인다. 잠깐 끓였다가 건져서 껍질에 주름이 생길 때까지 햇볕에 말린 다음 다시 반으로 갈라 속 안까지 말려서 쓴다. 모과는 기침을 멎게 해 준다. 다리가 붓거나 허리나 뼈마디가 아플 때 좋다. 모과로 담근 모과 술은 소화를 돕는다. 향기가 좋아서 다른 술에 몇 방울씩 섞어 마셔도 좋다.

모과로 만든 음식 모과죽은 마른 모과를 갈아 좁쌀이나 찹쌀 뜨물을 섞어서 쑨다. 감기 든 사람에게 좋다. 모과정과는 명절에 먹는 음식인데 모과를 삶아 으깨어 받쳐서 꿀과 물을 섞어 되직하게 끓여 낸 것이다. 모과를 찐 다음 꿀이나 엿을 섞어 떡에 넣기도 한다.

기르기 모과나무는 기르기가 쉽다. 열매에 든 까만 씨앗을 골라 가을에 뿌려 놓으면 봄에 싹이 트고 빠르게 자라 모를 얻을 수 있다. 꺾꽂이를 해도 잘 자란다. 흙이 깊고 물이 잘 빠지는 땅에 심는 것이 좋다. 햇빛이 너무 강하면 줄기가 죽기 쉬우니까 조심해야 한다.

2000년 10월, 경남 하동
2000년 12월, 경남 하동

겨울에 잎이 지는 작은키나무다. 높이는 5~8m이다. 나무껍질은 풀색을 띤 밤색이고 매끈하다. 껍질이 조각조각 떨어져서 줄기가 얼룩덜룩해 보인다.

꽃, 1998년 4월, 강원도 원주

1998년 9월, 강원도 원주

잎은 타원꼴이다. 끝이 뾰족하고 가장자리에 뾰족한 잔톱니가 있다. 잎 앞면은 털이 없고 윤기 나는 풀색이다. 5월에 햇가지 끝에 연분홍빛 꽃이 한 개씩 핀다. 잎과 함께 피거나 잎보다 먼저 핀다. 둥근 열매가 가을에 노랗게 익는다. 익은 열매는 향기롭고 속살은 단단하다.

목련

Magnolia kobus

목련은 연꽃처럼 크고 아름다운 꽃이 핀다. 개나리, 진달래, 벚꽃처럼 이른 봄에 꽃이 피는 나무다. 빈 나뭇가지에 잎보다 먼저 둥근 꽃봉오리가 달리고 며칠 뒤에 활짝 피어난다. 하얀 목련 꽃은 아름답고 향기가 좋다. 잎은 꽃이 질 때쯤에야 나온다.

겨울눈에는 보송보송한 털이 나 있다. 옛날에는 겨울눈이 북쪽을 향한다고 '북향화'라고 했다.

보통 식물도감에 나오는 목련은 제주도 한라산에서 자라는 토박이 나무를 말한다. 그리고 공원이나 집 마당에 심어 놓은 목련은 대부분 중국에서 들여온 백목련이다. 우리가 목련으로 알고 있는 나무는 거의 백목련이다. 목련에는 이 밖에도 여러 가지가 있다. 짙은 자주색 꽃이 피는 자목련도 중국에서 들여온 나무로 마당이나 공원에 심어 기른다. 자목련은 목련보다 꽃이 늦게 핀다. 백목련보다 훨씬 크고 흰 꽃이 피는 일본목련도 있고, 꽃잎이 여러 장인 별목련도 있다. 산골짜기에서 자라는 함박꽃나무를 산목련이라고 하기도 한다.

다른 이름 목란, 목연, 두란, 신이, 목필

여러 가지 목련 백목련, 별목련, 자목련, 태산목, 일본목련, 함박꽃나무는 다 목련과 닮은 꽃이 피지만 생김새가 조금씩 다르다. 목련과 함박꽃나무는 본디 우리나라에서 자라는 토박이 나무다. 백목련, 자목련은 중국에서, 일본목련은 일본에서, 태산목은 미국에서 들여왔다.

약재 꽃봉오리를 약으로 쓴다. 한약방에서는 '신이'라고 한다. 이른 봄 꽃이 피기 전에 꽃봉오리를 따서 바람이 잘 통하는 그늘에 말린다. 머리나 가슴이 아플 때, 이가 아프거나 코가 막혔을 때 달여 먹는다. 목련, 백목련, 자목련 모두 약효는 같다.

기르기 씨앗을 심어서 기른다. 가을에 익은 열매를 따서 바로 심거나, 흙에 묻어 두었다가 봄에 심는다. 목련은 가지에 상처가 생기면 잘 아물지 않는다. 그러니 가지치기를 하지 않는 것이 좋다. 뿌리도 몹시 약해서 옮길 때는 뿌리가 햇빛에 드러나거나 바람을 쐬지 않게 한다.

백목련, 1999년 4월, 강원도 원주

백목련은 겨울에 잎이 지는 큰키나무다.
키가 15m에 이른다. 가지가 굵고 많이
갈라진다. 줄기 껍질은 잿빛이다.
어린 가지와 겨울눈에 털이 있다.

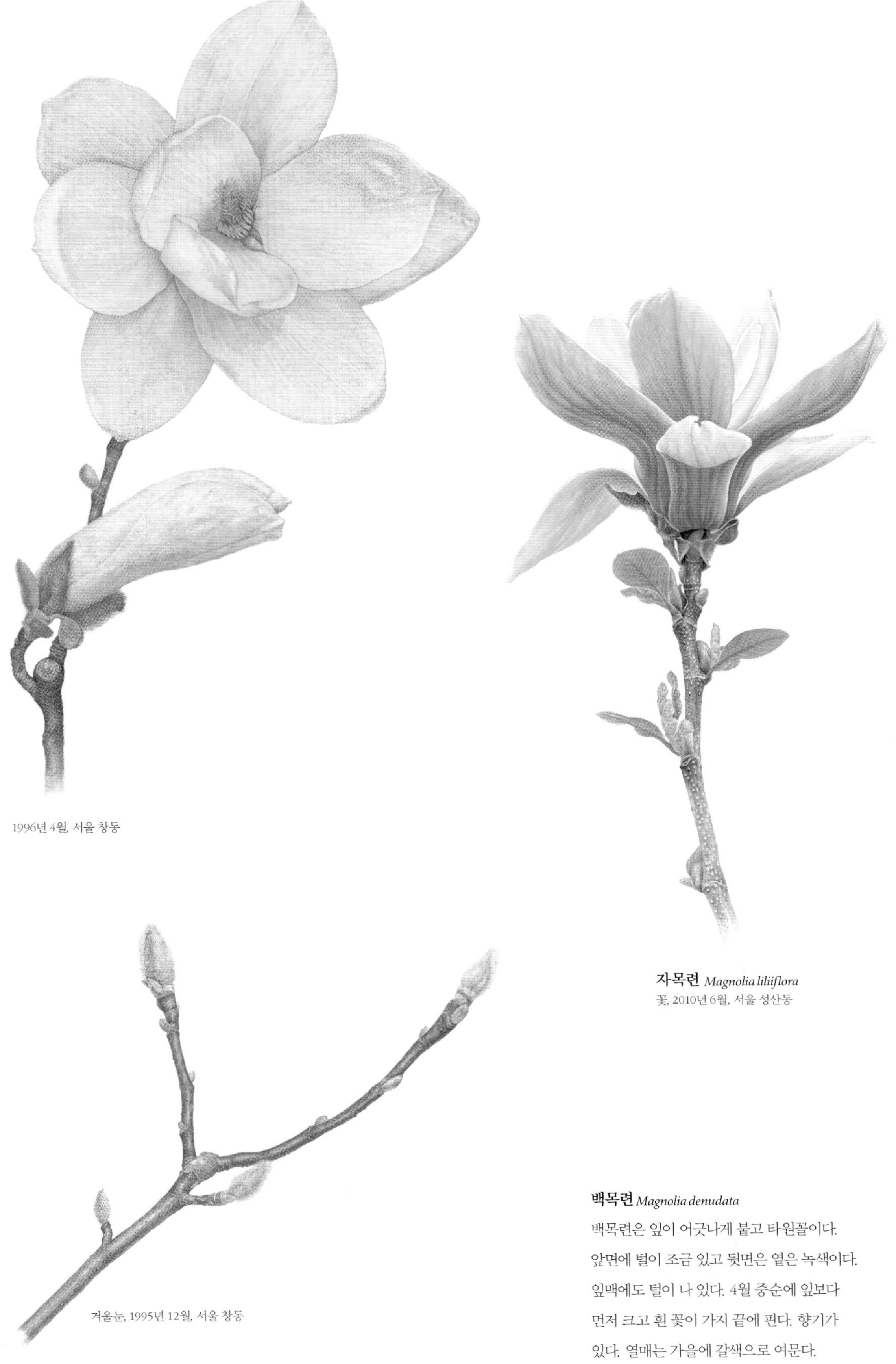

1996년 4월, 서울 창동

자목련 *Magnolia liliiflora*
꽃, 2010년 6월, 서울 성산동

겨울눈, 1995년 12월, 서울 창동

백목련 *Magnolia denudata*

백목련은 잎이 어긋나게 붙고 타원꼴이다. 앞면에 털이 조금 있고 뒷면은 옅은 녹색이다. 잎맥에도 털이 나 있다. 4월 중순에 잎보다 먼저 크고 흰 꽃이 가지 끝에 핀다. 향기가 있다. 열매는 가을에 갈색으로 여문다.

무궁화

Hibiscus syriacus

무궁화는 옛날부터 뜰에 심어 길렀다. 꽃이 크고 아름답고 오랫동안 핀다. 꽃은 흰빛, 보랏빛, 붉은빛 여러 가지가 있다. 무궁화꽃 한 송이가 아침에 활짝 피었다가 저녁이면 진다. 꽃 한 송이 한 송이가 여름부터 가을까지 잇달아 피고 진다.

'무궁화꽃이 일찍 피면 서리가 일찍 온다.', '무궁화꽃 핀 지 백 일이면 서리가 온다.'는 말이 있다. 그래서 첫 꽃이 일찍 피는 해는 첫서리도 빨리 내린다고 짐작해서 가을걷이를 서둘렀다.

무궁화는 울타리로 좋다. 촘촘히 심어서 그대로 울타리로 삼기도 하지만 가지치기를 해서 높이와 모양을 알맞게 가꿀 수도 있다. 가을이나 봄에 줄기 위를 잘라 주면 곁가지를 많이 친다. 품종에 따라 꽃 빛깔과 생김새가 여러 가지다.

다른 이름 무궁화나무[북], 무우게, 무강나무, 목근, 순화

나라꽃 무궁화는 신라 시대 이전부터 우리나라에 많이 있었다. 1890년 무렵부터 부르던 애국가 노랫말에 '무궁화 삼천리 화려 강산'이라는 후렴이 있다. 한 사람 두 사람 노래를 따라 부르다 보니 어느 틈에 온 겨레가 무궁화를 나라꽃으로 여기게 되었다. 무궁화를 나라꽃으로 정한 것은 광복이 된 뒤다.

약재 무궁화는 껍질과 꽃을 약으로 쓴다. 봄에 뿌리껍질이나 줄기 껍질을 벗겨서 햇볕에 말린다. 꽃은 따서 그늘에 말린다. 껍질은 장에서 피가 날 때 피를 멎게 하는 약으로 쓴다. 피부병에는 껍질을 술에 담가 두었다가 걸러서 바른다. 꽃은 설사를 멎게 하는 약으로 쓴다.

기르기 무궁화는 씨앗을 뿌리거나, 가지를 꺾어서 땅에 꽂으면 잘 산다. 가을에 여문 씨를 받아서 바로 심으면 서너 해 지나서 꽃을 볼 수 있다. 봄에 가지를 꺾어서 심은 것은 빠르면 그해에 바로 꽃을 볼 수 있다.

2000년 8월, 강원도 원주

겨울에 잎이 지는 떨기나무다. 높이 2~3m 정도로 자란다. 줄기는 곧게 자라는데 가지를 많이 친다. 가지는 잿빛이 도는 흰빛이다. 어린 가지에는 잔털이 많지만 자라면서 점점 없어진다.

1996년 8월, 경기도 고양

열매와 씨, 1998년 1월, 강원도 원주

잎은 어긋나게 붙는데 세 갈래로 얕게 갈라지고 가장자리에 톱니가 있다. 잎 양쪽에는 털이 성글게 나 있다. 꽃은 한여름부터 가을까지 햇가지 끝에 한 개씩 핀다. 꽃잎은 다섯 개인데 밑부분은 맞붙었다. 열매는 둥글고 털이 빽빽이 나 있다. 가을에 여물면 다섯 조각으로 갈라지면서 터진다.

무화과나무

Ficus carica

무화과나무는 외국에서 들여와 심어 기르는 나무다. 본디 지중해와 아라비아 남부에서 자라던 나무인데 추위에 약해서 전라남도, 경상남도, 제주도에 많이 심어 기른다. 서해 백령도에도 많다. 우리나라에는 60년쯤 전에 들여와서 양지바른 뜰이나 온실에 주로 심었다. 다른 과일나무처럼 무화과나무 밭을 만들어 기르기도 한다.

무화과나무는 꽃이 봄부터 여름에 걸쳐 잎겨드랑이에 돋아난 주머니 안에서 핀다. 꽃주머니는 매끈하고 풀색인데 그 안에 작은 꽃이 많이 달린다. 가을이면 꽃주머니가 익어 그대로 열매가 된다. 무화과나무란 꽃이 피지 않고 열매를 맺는 나무라는 뜻이다. 꽃이 주머니 안에서 피고 보이지 않아서 이런 이름이 붙었다.

무화과는 맛이 달고 향기가 좋다. 익을 때는 끝에서부터 붉게 익는데 익을수록 맛이 달아진다. 잘 익은 무화과는 주름살이 조금 있고 물렁물렁해서 그냥 먹어도 좋다.

열매 무화과는 그냥 먹거나 졸여서 잼으로 만들고 즙을 내어 먹는다. 말렸다가 먹기도 하는데 말리면 더 달다. 술로 만들어 먹기도 한다. 껍질을 벗긴 무화과를 중탕하면 불그레한 물이 우러나오는데 그 물로 화채를 해 먹으면 좋다. 단백질을 분해하기 때문에 고기를 먹은 뒤에 무화과를 먹으면 소화가 잘 되고 변비도 없어진다.

약재 가을에 익은 열매를 따서 햇볕에 말려 두었다가 약으로 쓴다. 위를 든든하게 하고 혈압을 낮춰 준다. 입맛이 없고 소화가 안 될 때 달여 먹어도 좋다. 부스럼이나 옴에는 열매를 달인 물로 씻으면 좋다. 목이 아플 때 즙을 내어 무즙과 함께 마시면 아픔이 가라앉는다. 마른 열매는 약한 설사약으로도 쓴다. 치질이 있을 때는 덜 익은 무화과를 쪼개 그 즙을 바르면 좋다. 줄기나 잎을 자르면 뽕나무처럼 하얀 진이 나오는데 살갗에 사마귀가 돋았을 때 이 즙을 여러 번 바르면 떨어진다.

기르기 무화과나무는 빨리 자라서 3~4년 된 어린 나무도 일찍 꽃을 피우고 열매를 맺는다. 가지를 꺾어 햇볕이 잘 들고 물이 잘 빠지는 곳에 심으면 잘 자란다. 볏짚이나 톱밥, 왕겨, 가랑잎으로 거름을 하면 더 좋다. 뿌리가 얕게 자라서 거름을 줄 때에는 뿌리를 다치지 않도록 조심해야 한다.

1996년 8월, 경북 영덕

겨울에 잎이 지는 작은키나무다. 키가 2~4m쯤 되게 자란다. 가지를 많이 친다. 나무껍질은 밤색이고 상처가 나면 흰 즙이 흘러나온다.

1998년 11월, 전남 목포

잎은 어긋나게 붙고 잎자루가 길다. 크고 두꺼우며 손바닥 모양이다. 꽃주머니가 봄부터 여름 동안 달린다. 꽃주머니 겉은 풀색이고 매끈하며 속은 수많은 작은 꽃으로 차 있다. 가을에 열매가 검붉은색, 누런색으로 여문다.

무환자나무

Sapindus mukorossi

무환자나무는 절이나 마을 가까이에 심어 기른다. 따뜻한 곳을 좋아하여 제주도와 남쪽 지방에서 자라는데, 개량을 해야 하는 나무라서 흔히 보기 어렵다. 영호남 지방에서는 절이나 절 가까이에 많이 심는다.

무환자나무는 본디 인도에서 자라던 나무를 중국을 거쳐서 들여온 나무다. 중국에서는 근심과 걱정이 없는 나무로 알려져 있다. 도교를 믿는 사람들이 귀신을 쫓아 주는 나무라고 믿어서 많이 심었다고 한다. 불교에서도 나쁜 귀신을 물리친다 하여 열매로 염주를 만들었다. 우리나라에서는 집 안에 이 나무를 심으면 자식에게 나쁜 일이 미치지 않는다고 믿었다. 또 그릇을 만들어 잡귀신들을 물리쳤다고도 한다.

가을이 되면 샛노랗게 단풍이 든다. 열매는 황갈색으로 익는데 마치 고욤처럼 생겼다. 열매에는 구슬 같은 새까만 씨가 한 알씩 들어 있다. 흔들어 보면 사각사각 씨가 구르는 소리가 들린다. 씨앗은 돌멩이처럼 단단하고 만질수록 반질반질해져서 염주나 장난감을 만드는 데 쓴다. 그래서 '염주나무', '보리수'라고도 불린다. 열매를 물에 넣고 비비면 거품이 인다. 옛날에는 열매껍질을 삶아서 잿물처럼 비누 대신 썼다. 그래서 '비누나무'라고 불리기도 했다.

무환자나무과에 딸린 모감주나무도 씨가 까맣고 반들거려서 염주를 만드는 데 쓰인다. 보리수나무라고도 불러서 헷갈리기 쉽다.

다른 이름 염주나무, 보리수

약재 씨앗, 뿌리, 껍질, 잎, 열매를 다 약으로 쓴다. 가을에 잘 익은 열매를 따서 씨를 빼고 햇볕에 말려서 쓴다. 물에 달여 먹거나 달인 물로 씻는다. 무환자나무 열매는 열을 내리고 아픈 것을 멎게 해준다. 나무껍질 달인 물은 부스럼이나, 옴이나 진드기 때문에 살갗이 가려울 때 써도 좋다.

목재 세간이나 연장을 만들 때 쓴다. 그릇과 목침을 만들어 쓰기도 했다.

열매와 열매껍질 열매는 비누 대신 쓰기도 한다. 속껍질과 열매껍질에는 사포닌이라는 성분이 있어 거품이 잘 일기 때문에 비누 대신 빨래할 때나 머리를 감을 때 쓰기도 했다.

기르기 추위에 약해서 그늘진 곳이나 깊은 산에서는 못 자란다. 9~10월에 맨땅에 구덩이를 파고 모래흙, 톱밥 따위를 켜켜이 쌓아서 씨앗을 묻어 두었다가 이듬해 봄에 심는다.

겨울에 잎이 지는 큰키나무다. 높이가 20m까지 자란다. 나무껍질은 녹갈색이고, 털이 없고 밋밋하다.

2010년 9월, 전북 전주식물원

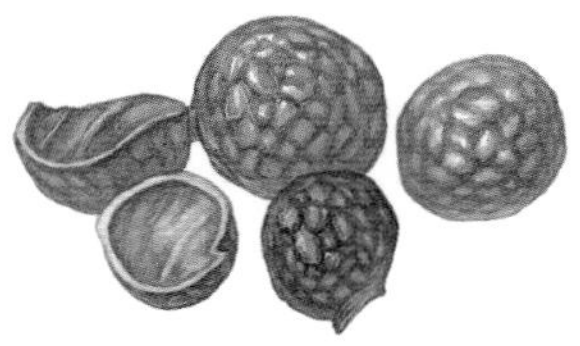

열매

잎은 마주나듯이 어긋나고 깃꼴겹잎이다. 잎은 긴둥근꼴이고 9~13장씩 작은 가지에 모여난다. 꽃은 5~6월에 누런 풀색이나 적갈색의 작은 꽃이 가지 끝이나 잎겨드랑이에서 조롱조롱 달려 핀다. 열매는 9~10월에 황갈색으로 익는다.

물박달나무

Betula davurica

물박달나무는 양지바른 산 중턱에서 신갈나무나 박달나무 같은 나무와 섞여서 자란다. 이른 봄에 물박달나무 줄기에 구멍을 내어 흘러내린 물을 받는다. 경상북도 성주에서는 곡우 무렵 거제수나무와 물박달나무에서 물을 받는다. 이것을 '곡우물'이라고 한다. 위장병, 신경통, 관절염, 변비에 좋다고 알려져 있다.

물박달나무는 줄기가 곧고 빠르게 자란다. 큰 나무는 지름이 50cm에 이른다. '문경새재 물박달나무 홍두깨 방망이로 다 나간다.'는 노래가 있다. 물박달나무는 단단해서 홍두깨, 곤봉, 다듬잇방망이를 만든다. '딱딱하기가 삼 년 묵은 물박달나무 같다.'는 말도 있다. 삼 년 묵은 물박달나무는 무척 단단하고, 휘거나 부러지지도 않는다. 그래서 고집이 몹시 센 사람을 물박달나무에 견주어서 하는 말이다.

다른 이름 째작나무, 사스래나무, 소단목

약수 예로부터 봄과 여름에 나무껍질을 뚫고 흐르는 물을 받아서 약으로 먹었다. 위장병과 폐병에 좋다고 해서 약수라고 한다. 물을 받을 수 있는 나무는 여러 가지가 있다. 자작나무과에 딸린 거제수나무, 자작나무, 박달나무, 물박달나무, 사스래나무가 있다. 그리고 고로쇠나무와 다래나무, 대나무가 있다. 고로쇠나무는 3월 5일 경칩 무렵에 받고, 자작나무과에 딸린 나무들은 4월 20일 곡우 무렵에 받는다. 대나무는 5월과 6월 사이에 받는다. 같은 나무라도 사는 곳에 따라서 물맛은 다 다르다.

목재 물박달나무 목재는 누런 밤색이다. 단단하고 질기며 무겁다. 가구, 참빗, 다듬잇방망이, 수레바퀴를 만드는 데 쓴다. 조각을 하고 집을 짓는 데도 쓴다. 자작나무처럼 껍질로 공예품을 만든다.

2005년 4월, 충북 충주

겨울에 잎이 지는 큰키나무다. 키가 20m 넘게 자란다. 나무껍질은 잿빛 밤색이고 얇은 종잇장처럼 벗겨진다.

2000년 8월, 강원도 원주

수꽃, 2000년 5월, 강원도 횡성

잎은 어긋나게 붙고 달걀꼴이다. 잎 끝은 뾰족하고 가장자리에 톱니가 있다. 4~5월에 암꽃과 수꽃이 한 나무에서 핀다. 10월에 열매가 여문다.

물오리나무

Alnus sibirica

산에서 만나는 오리나무는 물오리나무가 많다. 오리나무는 많이 베어 버려서 드물고 지금은 물오리나무가 흔하다. 산에 나무가 없고 헐벗었을 때 산을 푸르게 하려고 많이 심었다. 사방오리나무와 좀사방오리나무도 흙이 흘러내리는 것을 막기 위해 일본에서 들여와 심은 나무다. 산을 푸르게 하는 데 크게 이바지한 것은 물오리나무다. 오리나무와는 달리 잎이 둥글다.

물오리나무는 뿌리에 뿌리혹박테리아가 있어서 빨리 자라고 땅을 기름지게 한다. 길을 내고 집을 지으면서 땅이 깎여 나가 비탈이 진 곳에 심어도 잘 자라서 숲을 이룬다. 다른 나무가 살기 힘든 곳에서도 살아남는 것이다. 이런 땅에 물오리나무를 심어 기른 뒤 기름진 땅을 좋아하는 다른 나무를 심을 수 있다.

물오리나무 목재는 그릇이나 농기구를 만든다. 불땀이 좋아서 숯이나 땔감으로도 좋다. 열매와 나무껍질은 가죽을 부드럽게 하거나 옷감에 누런 갈색 물을 들일 때 쓴다.

다른 이름 참오리나무[북], 산오리나무, 털물오리나무, 물갬나무

여러 가지 오리나무 오리나무에는 오리나무, 물오리나무, 사방오리나무 여러 가지가 있다. 오리나무는 개울가나 마을 가까이에서도 잘 자란다. 물오리나무는 산기슭에서 잘 자란다. 오리나무 잎은 길쭉하고 물오리나무 잎은 둥글다.

목재 물오리나무는 집을 짓고 농기구를 만드는 데 쓴다. 조각을 하기도 한다. 나무가 단단하고 깎으면 붉어진다. 예전에는 장승을 만들기도 했다. 나무를 알맞은 크기로 잘라 마을로 옮긴 다음 모양을 다듬어서 장승을 만든다. 요즘은 장승을 만들 때 소나무를 많이 쓴다.

기르기 씨앗을 심어 기른다. 가을에 열매를 따서 며칠 말린 뒤 막대기로 쳐서 씨앗을 턴다. 씨앗을 자루에 넣어 바람이 잘 통하는 곳에 두었다가 이듬해 봄에 심는다. 옮겨 심어도 잘 살고 빨리 자란다. 추위도 덜 타고 공기 오염에도 잘 견딘다.

2005년 3월, 충북 충주

겨울에 잎이 지는 큰키나무다. 키는 6~20m에 이른다. 나무껍질은 밤색이며 거칠게 갈라진다.

1997년 9월, 강원도 치악산

꽃, 1997년 12월, 강원도 원주

겨울눈

잎은 어긋나게 붙고 둥글다. 가장자리에 톱니가 있다. 3월에 꽃이 피며 암꽃과 수꽃이 한 그루에 같이 핀다. 10월에 열매가 여문다.

물푸레나무

Fraxinus rhynchophylla

물푸레나무는 우리나라 어디에서나 잘 자란다. 산기슭이나 산골짜기, 개울가에서 아름드리나무로 자라난다. 물푸레나무 가지를 꺾어 깨끗한 물에 담그면 푸른 물이 우러난다. 그래서 물푸레나무라고 한다. 물푸레나무를 태운 잿물로 옷감을 물들이면 푸르스름한 잿빛이 돈다. 여간해서는 빛깔이 바래지 않는다. 그래서 옛날부터 절에서는 이 나무로 옷을 많이 물들였다. 물푸레나무는 고로쇠나무처럼 껍질에 상처를 내어 물을 받을 수 있다. 물푸레나무 물은 눈을 밝게 하고 눈병을 막아 준다고 한다.

물푸레나무는 물에 적셔서 구부리면 잘 휘는데다 바짝 마르면 단단해진다. 그래서 도리깨를 만들 때는 꼭 물푸레나무나 들메나무를 썼다. 단단한데다 무거워서 도낏자루를 만들기도 했다. 눈이 많이 오는 강원도에서는 눈밭에서 신는 설피를 이 나무로 만들었다. 생나무도 불에 잘 타서 눈 속에서 길을 잃었을 때 이 나무로 불을 피워서 추위를 피했다.

목재 물푸레나무 목재는 희끄무레한 누런색이다. 아주 단단하고 무겁다. 윤기가 나며 나이테가 뚜렷해서 무늬도 아름답다. 가구나 농기구 자루, 벼루를 만들었다. 요즘에는 야구방망이나 스키, 테니스 채 같은 운동 기구를 많이 만든다.

약재 봄부터 이른 여름 사이에 줄기에서 껍질을 벗긴 뒤 속껍질만을 햇볕에 말려 약으로 쓴다. 냄새는 별로 안 나고 맛이 조금 쓰다. 눈병에 아주 좋다. 눈에 핏발이 서고 부으면서 아플 때, 눈물이 날 때 껍질 달인 물로 씻어 주면 낫는다. 열이 나거나 설사할 때 먹어도 좋다. 뼈마디가 쑤실 때 가지를 잘게 썰어 푹 삶은 물에 찜질을 하면 좋다.

다른 쓰임새 물푸레나무를 달인 물에 먹을 갈면 먹빛이 더욱 검어진다. 껍질에서 즙을 내어 아교를 섞어 먹을 만들면 먹이 좋다. 물푸레나무는 쥐똥나무나 광나무처럼 백랍이 나는 나무다. 백랍은 상처에 새 살이 나게 하고, 피를 멎게 한다. 양초를 만들면 불이 아주 밝다. 사마귀가 났을 때 백랍을 불에 녹여서 똑똑 떨어뜨리면 사마귀가 떨어진다고 한다.

2000년 8월, 강원도 치악산

2000년 12월, 강원도 치악산

겨울에 잎이 지는 큰키나무다. 높이가 15m쯤 자란다. 줄기는 곧게 서며 가지를 많이 친다. 나무껍질은 밤빛이 도는 잿빛이거나 어두운 잿빛이다.

2000년 7월, 강원도 원주

꽃, 2000년 5월, 강원도 원주

잎은 깃꼴겹잎이다. 쪽잎은 달걀 모양이고 양 끝이 뾰족하다. 5월쯤에 햇가지 끝이나 잎겨드랑이에 꽃이 핀다. 9~10월에 열매가 여문다.

미루나무

Populus deltoides

미루나무는 뽀뿌라 또는 포플러라고 한다. 미국에서 들어온 나무다. 백 년쯤 전부터 신작로를 내면서 길가에 많이 심었다. 미루나무를 닮은 우리나라 나무로 사시나무가 있다. 사시나무는 봄에 가지를 꺾어 심으면 뿌리를 내리지 않는데 미루나무는 무척 잘 내린다. 사시나무는 줄기가 연한 풀빛이고 미루나무는 검고 거칠다. 사시나무는 추운 북쪽 지방 산에서 흔하게 자란다. 미루나무는 따뜻한 곳을 좋아한다.

미루나무뿐 아니라 양버들도 포플러라고 한다. 양버들은 유럽에서 들어왔다. 양버들은 잎이 작고, 가는 가지가 줄기를 따라 자라서 멀리서 보면 길쭉한 빗자루를 거꾸로 세워 둔 것 같다. 미루나무는 잎이 더 크고, 줄기에 굵은 가지도 나서 옆으로 퍼져 보인다. 멀리서 보아도 양버들과 미루나무는 쉽게 알아볼 수 있다.

다른 이름 미류나무

미루나무와 양버들 미루나무와 양버들은 무척 닮았다. 미루나무는 잎 길이가 너비보다 길고 어린 가지에 모가 나 있다. 양버들은 잎 길이가 너비보다 짧다. 어린 가지도 모가 나지 않고 둥글다. 미루나무와 양버들의 암나무는 봄철이면 털이 많이 달린 씨를 바람에 날린다. 이 씨앗이 눈병이나 피부병을 일으켜서 요즘은 암나무는 별로 안 심는다. 두 나무 모두 빨리 자라는데 양버들이 미루나무보다 많이 퍼져 있다.

목재 미루나무를 비롯한 여러 가지 포플러 나무들은 그다지 힘을 받지 않는 건축재로 쓰인다. 나무상자, 성냥, 젓가락을 만드는 데 좋다. 섬유질이 많아서 종이와 옷감을 만드는 데도 쓴다.

기르기 가지를 꺾어 땅에 꽂으면 뿌리를 잘 내린다. 이른 봄, 한 해 묵은 가지를 겨울눈이 트기 전에 끊어서 심는다. 땅심이 좋고 물이 잘 빠지는 곳이 좋다. 나무를 심은 뒤 횟가루를 뿌려 준다. 옮겨 심는 것도 이른 봄이 좋다. 겨울에도 물이 잘 빠지고 바람이 심하지 않은 곳을 골라서 심는다.

미루나무, 2000년 9월, 충북 충주

양버들, 1999년 3월, 충북 제천

미루나무는 겨울에 잎이 지는 큰키나무다. 키는 30m에 이른다. 줄기에 굵은 가지가 나서 옆으로 퍼진다. 나무껍질은 갈라지고 검은 갈색이다.

1997년 8월, 강원도 원주

겨울눈

잎은 세모나고 길이가 너비보다 길다. 끝이 뾰족하고 가장자리에 톱니가 있다. 3~4월에 꽃이 피는데 암수딴그루다. 열매는 5월에 익고 서너 갈래로 갈라진다.

박달나무

Betula schmidtii

박달나무는 우리나라 어디에서나 잘 자란다. 예전에는 설악산이나 묘향산에서 큰 박달나무를 볼 수 있었다고 한다. 키가 높이 자라고 오래 산다. 나무가 단단해서 홍두깨나 방망이를 만들 때는 꼭 이 나무를 썼다. 오래되면 껍질이 두꺼운 코르크질로 변하는데 이 껍질은 산불이 나도 잘 타지 않는다고 한다.

살림살이 만드는 데 박달나무는 참 쓸모가 많았다. 명절이면 박달나무 떡살과 다식판으로 음식을 해 먹었고, 박달나무 윷을 가지고 놀았다. 박달나무로 바디를 만들어서 베를 짰고, 다듬이질을 할 때도 박달나무 방망이를 썼다. 가지를 잘 다듬어 머리빗으로도 썼다. 경상북도 문경에서 부르던 박달나무 타령에는 "문경새재 물박달나무 홍두깨로 다 나간다, 문경새재 박달나무 북 바디집으로 다 나간다."는 노랫말이 있다.

목재 박달나무는 우리나라에서 나는 나무 중에 가장 단단하고 무겁다. 방망이나 홍두깨, 디딜방아의 방앗공이와 절굿공이는 보통 박달나무로 만들었다. 다듬이 받침을 만들면 나무가 갈라지고 터지는 일이 없어 좋다. 박달나무는 물에 가라앉을 정도로 무겁다. 그래서 수레바퀴나 바큇살을 만들기도 했다. 회양목처럼 도장도 판다. 도장이 깨지는 일이 없고 인주가 잘 묻고 또렷하게 찍힌다.

나무의 역사 박달나무는 아주 오래 전부터 우리나라에서 살던 나무다. 단군 할아버지가 처음 신단수 아래에서 우리나라를 세웠는데 그 신단수가 박달나무라고 알려져 있다. '단군'의 '단'도 박달나무라는 뜻이다. 고구려의 천마총에서도 박달나무로 만든 얼레빗이 나온 것을 보면 오래 전부터 박달나무가 있었다는 것을 알 수 있다.

박달나무 버섯 박달나무는 줄기나 가지에 말발굽처럼 생긴 버섯이 자란다. 줄기는 짧고 가늘며 속은 하얗고 부드럽다. 이 버섯을 말려서 태우면 연기가 나는데 이 연기는 날아다니는 벌레를 마비시킨다. 그래서 벌을 치는 사람들은 벌통을 바꿀 때 이 버섯을 태워서 벌을 옮기곤 한다.

2000년 9월, 충북 제천

2000년 12월, 충북 제천

겨울에 잎이 지는 큰키나무다. 높이는 30m에 이른다. 나무껍질은 검은 잿빛이다. 가로로 흰 점과 줄무늬가 나 있고 윤이 난다.

2000년 8월, 강원도 치악산

잎은 어긋나게 붙고 타원꼴이다. 끝은 점차 뾰족해지며 가장자리에 잔 톱니가 있다. 5월쯤 암꽃과 수꽃이 한 그루에 같이 핀다. 작고 둥근 열매가 10월쯤 여문다. 박달나무 열매는 곧게 서고, 자작나무 열매는 아래로 드리운다.

박태기나무

Cercis chinensis

박태기나무는 오래 전부터 공원이나 집 뜰에 심어 길렀다. 가지를 잘라 모양을 다듬어서 울타리로 가꾸기도 한다. 이른 봄에 작고 붉은 꽃이 가지마다 소복이 달린다. 가을에 꼬투리가 여무는데 꼬투리 안에 납작한 씨앗이 들어 있다. 바람이 불면 마른 꼬투리가 달각달각 소리를 낸다.

해가 잘 들고 물이 고이지 않는 곳이면 어디서나 잘 자란다. 추위에도 잘 견디고 옮겨 심어도 잘 산다. 씨앗을 심으면 3~5년 만에 꽃이 핀다. 붉은 꽃도 보기 좋고 심장처럼 생긴 큼지막한 잎도 보기 좋다. 나무 모양도 잘 생겨서 많이 심는다.

박태기나무는 본디 중국에서 자라던 나무다. 중국에는 높이가 15m나 되는 큰 나무도 있다고 한다. 그러나 우리나라에서는 크게 자라지 않는다. 박태기나무는 땅이 메마른 곳에서도 잘 자라고 뿌리에 뿌리혹박테리아가 있어서 땅을 기름지게 한다. 나무껍질은 오줌을 잘 누게 하고 독을 없애는 약으로 쓴다.

다른 이름 구슬꽃나무[북], 화소방, 소방목, 밥태기꽃나무

여러 가지 박태기나무 박태기나무는 중국이 고향이다. 우리나라에서는 300년쯤 전부터 심어 길렀다. 유럽에서 자라는 박태기나무도 있고 미국에서 자라는 박태기나무도 있다. 어느 것이나 잎에 톱니가 없고 부드러운 느낌을 준다. 요즘 북미에서 캐나다박태기나무를 들여왔는데 우리나라 박태기나무를 많이 닮았다.

약재 나무껍질을 약으로 쓴다. 한약방에서는 '자형피', 또는 '소방목'이라고 한다. 봄부터 이른 여름 사이에 껍질을 벗겨 햇볕에 말린다. 약으로 쓸 때는 달여 먹거나 술을 담가 먹거나 가루를 내어 바른다. 오줌을 잘 누게 하고 달거리를 고르게 한다. 또 피를 잘 돌게 하고 부기를 가라앉히고 독을 풀어 준다. 부스럼이나 버짐이 핀 데, 뱀이나 벌레에 물린 데에도 쓴다.

기르기 씨앗을 뿌리거나 가지를 심어서 기른다. 가을에 여문 씨앗을 따서 바로 뿌려도 되고 봄에 뿌려도 된다. 봄이나 여름 장마철에 가지를 끊어서 땅에 묻으면 뿌리를 잘 내린다. 무척 빨리 자라고 옮겨 심어도 잘 산다. 약간 눅눅하고 기름진 땅을 좋아한다.

1998년 4월, 강원도 원주

겨울에 잎이 지는 떨기나무다. 키는 3~5m쯤 된다. 밑부분에서 줄기가 여러 갈래로 갈라져서 포기를 이룬다. 가지는 옆으로 퍼지지 않고 곧게 위로 뻗는다. 나무껍질은 잿빛 갈색이다.

열매, 1996년 12월, 강원도 치악산

꽃, 1996년 5월, 강원도 원주

잎은 어긋나게 붙고 둥근 심장꼴이다. 두껍고 윤이 나며 가장자리는 밋밋하다. 앞면은 짙은 녹색이고 뒷면은 희다. 이른 봄 잎이 돋아나기 전에 꽃이 핀다. 묵은 가지에서 여러 개씩 모여서 핀다. 납작한 열매는 10~11월에 여문다. 꼬투리 안에 씨앗이 2~8개씩 들어 있다.

밤나무

Castanea crenata

밤나무는 밤을 따려고 심는다. 가을에는 밤을 따고 봄에는 벌을 친다. 밤 꿀은 빛깔이 흐리고 향이 짙으며 씁쌀한 맛이 난다. 오래 자란 밤나무는 목재로 좋다. 밤나무는 더위와 가뭄에도 잘 견딘다. 기르기도 하지만 남쪽 산비탈이나 마을 가까이에서 저절로 자라기도 한다.

밤나무는 씨앗을 심은 지 7~10년은 있어야 밤이 달린다. 접을 붙이면 4~6년 만에 밤이 달리는데 삼사십 년이 지난 뒤에 가장 많이 달린다. 밑동이 굵은 나무일수록 밤이 더 많이 달린다. 또 윗가지에 열린 밤이 더 굵다. 밤나무는 500년까지 산다. 어느 정도 자라고 나면 옆으로 넓게 퍼진다.

밤은 옛날부터 쌀이 떨어졌을 때 도토리와 함께 밥 대신 먹을 수 있는 열매로 귀하게 여겼다. 밤송이는 여물면 네 쪽으로 벌어진다. 보통 밤이 세 알씩 들어 있다. 한두 알은 굵고 나머지는 잘 자라지 못한다. 밤은 껍질이 검게 되도록 잘 여문 것이 맛이 좋다. 삶거나 구워 먹는다. 날로도 먹는다. 오래 두고 먹으려면 속껍질까지 다 벗겨서 햇볕에 말린다. 말린 밤은 약으로도 쓴다.

목재 밤나무 목재는 단단하면서도 부서지거나 썩지 않고 오래간다. 써레나 달구지를 만들고 연자방아 축이나 절굿공이처럼 단단해야 하는 연장을 만드는 데 쓴다. 철도 침목으로도 쓰고 거문고 같은 악기도 만든다. 위패나 장승을 만드는 데 쓰여서 그런지 집 가까이에서 구할 수 있는 좋은 목재인데도 가구를 만드는 데는 잘 안 썼다. 나뭇가지는 말뚝으로 좋다.

기르기 씨앗을 심거나 접을 붙여서 기른다. 햇볕을 좋아하고 뿌리를 깊게 뻗는다. 흙이 깊고 물이 잘 빠지는 양지바른 산기슭에서 잘 자란다. 지금 많이 기르는 것은 산에서 저절로 나는 산밤나무를 개량한 것이다. 밤나무는 어릴 때는 나무껍질이 매우 얇고 나무속에 물기가 많다. 그래서 겨울에 얼어 죽기 쉽다. 밤나무를 기르려면 추위에 강한 나무를 골라서 심어야 한다. 산에 저절로 나서 자라는 어린 밤나무에 접을 붙여서 기르면 잘 자란다.

2000년 9월, 충북 제천

1998년 4월, 충북 제천

겨울에 잎이 지는 큰키나무다. 키는 20m 안팎이다. 나무껍질은 검다. 어릴 때는 매끈하고 윤기가 나지만 자라면서 갈라지고 거칠어진다. 햇가지는 옅은 잿빛이다.

꽃, 1996년 6월, 서울 도봉산

알밤

1998년 9월, 강원도 원주

잎은 어긋나게 붙는데 길쭉하고 윤이 난다. 끝이 뾰족하고 가장자리에 톱니가 있다. 늦은 봄에 암꽃과 수꽃이 한 그루에 핀다. 꽃에서 짙은 향기가 난다. 열매는 가을에 여문다. 밤송이는 둥글고 겉에 가시가 빽빽하다. 밤송이 속에는 밤이 1~3개씩 들어 있다.

배나무

Pyrus pyrifolia var. *culta*

배나무는 배를 먹으려고 기르는 나무다. 본디 산에서 자라던 돌배나무를 개량해서 아주 오래전부터 길러 왔다. 예전에는 서울 묵동에서 나던 청실리, 강원도 인제에서 나는 무심이 같은 배가 이름났다. 지금 시장에 나오는 배는 예전부터 기르던 배가 아니라 다른 나라에서 들여온 것이다. 요즘은 '신고'를 가장 많이 심는다. 이 배는 껍질이 얇고 누런 갈색이다. 물이 많고 맛이 달다.

배나무는 날씨가 따뜻하고, 비가 많이 오는 곳에서 기르기가 좋다. 봄에 꽃이 필 때와 가을에 배가 익을 때는 비가 적게 오고, 여름에 열매가 클 때는 비가 많이 오는 곳에서 맛 좋은 배가 난다. 경기도 평택과 남양주, 전라남도 나주는 배가 많이 나는 곳으로 이름이 높다.

배를 많이 먹으면 설사가 나는데 껍질과 같이 먹으면 설사가 적게 난다. 또 고기를 재울 때 배즙을 넣으면 고기가 연해지고 소화가 잘 된다.

약재 배나무는 열매, 잎, 껍질을 약으로 쓴다. 열매는 따서 날것 그대로 쓴다. 잎은 따서 그늘에 말리고 껍질은 벗겨 햇볕에 말린다. 배는 성질이 차지만 소화가 잘 되게 한다. 똥오줌이 잘 나오게 하고 열을 내린다. 종기가 났을 때 배를 썰어서 붙이면 낫는다. 배나무 잎은 토하거나 설사할 때 쓰고, 껍질은 부스럼과 옴에 쓴다.

목재 배나무는 목재를 얻으려고 일부러 심지는 않지만, 집 가까이에서 구하기 쉬운 귀한 목재다. 단단해서 고급 가구를 만드는 데 쓴다. 장이나 문갑을 짤 때는 뼈대로 쓴다. 배나무가 많던 황해도에서는 좋은 배나무 가구가 많이 났다.

기르기 돌배나무에 접을 붙여 기른다. 1년 된 배나무 가지를 잘라서 찬 곳에 한두 달 두었다가 이른 봄에 잎이 나기 전에 접을 붙인다. 가지치기를 잘해 주면 배나무는 해거리를 하지 않고 해마다 고르게 열매가 잘 달린다. 심은 지 3~4년이면 열매를 맺고 8~10년 사이에 한창 달린다.

1998년 4월, 강원도 원주

겨울에 잎이 지는 큰키나무다. 나무 높이는 15m쯤 된다. 나무껍질은 잿빛이고 거칠게 터진다. 어린 가지는 검은 밤색이다.

1998년 8월, 강원도 원주

잎은 달걀 모양이고 끝이 뾰족하다.
가장자리에 톱니가 있다. 4~5월쯤 짧은 가지
끝에 흰 꽃이 모여서 핀다. 꽃잎은 다섯 장이다.
가을에 굵고 둥근 열매가 익는다. 품종에 따라
생김새나 맛이 다 다르다.

버드나무

Salix koreensis

봄에 가장 먼저 피는 꽃이 버드나무 꽃이다. 흔히 버들강아지라고 한다. 버들강아지는 햇빛을 받으면 부풀어 올라 나중에는 눈송이처럼 흩어져서 바람에 날린다. 흰 솜털 안에는 씨앗이 들어 있다. 씨앗은 바람을 타고 멀리 날아간다. 날아가서 물기가 있는 곳에 떨어지면 뿌리를 내리고 자란다. 버드나무는 강기슭이나 냇가 같은 축축한 땅을 좋아한다. 봄에 버드나무 가지를 잘라서 손으로 비틀면 껍질만 쏙 빠진다. 이것으로 피리를 분다. 버들피리는 호드기라고도 한다.

우리나라에는 30종이 넘는 버드나무가 있다. 버드나무, 수양버들, 능수버들, 고리버들, 떡버들, 왕버들 무척 많다. 가지가 아래로 축축 늘어진 나무는 보통 수양버들이나 능수버들이다. 고리버들로는 고리나 키를 엮는다. 왕버들은 흔히 정자나무로 심는다. 이 나무들은 나무껍질을 종이나 옷을 만드는 데 쓴다. 옛날부터 우물가에는 버드나무나 향나무를 심었다. 먼 곳에서도 버드나무나 향나무를 보고 우물을 찾아왔다. 여름철에 길손들이 다리쉼을 할 때는 우물가 버드나무 그늘 아래에서 시원한 우물물을 마시면서 땀을 식히곤 했다.

다른 이름 버들, 버들나무, 버들낭기

목재 버드나무는 목재가 누런 밤색이다. 나무에 향기가 있고 잘 휜다. 연하면서 가볍다. 가구, 상자, 장난감, 성냥을 만든다. 목재가 힘이 없고 줄어들거나 휘기를 잘해서 집을 짓는 데는 못 쓴다.

기르기 가지를 심거나 씨앗을 뿌려서 기른다. 이른 봄 싹 트기 전에 나뭇가지를 꺾어서 꽂으면 뿌리를 잘 내린다. 암나무를 심으면 솜뭉치 같은 열매가 바람에 날려서 수나무를 많이 심는다. 버드나무는 햇볕을 좋아하고, 추위에도 잘 견딘다. 물기가 많은 땅을 좋아하니까 물가에 심는 것이 좋다.

2000년 11월, 강원도 원주

1997년 2월, 충북 괴산

겨울에 잎이 지는 큰키나무다.
높이는 10~20m에 이른다. 나무껍질은 두껍고 가지는 잿빛 갈색이며 어린 가지는 연하다.

1997년 3월, 강원도 원주

떡버들 *S. hallaisanensis*
꽃, 1998년 4월, 강원도 원주

잎은 길쭉하고 톱니가 있다. 앞면은 녹색이고 뒷면은 희다. 암나무와 수나무가 있다. 꽃은 4월쯤에 피고 열매는 5월에 익는다.

벚나무

Prunus serrulata var. *spontanea*

벚나무는 본디 산과 들에서 자라는 나무다. 요즘은 도시에서도 많이 심어 기른다. 목재가 좋아서 예전부터 두루 써 왔다. 산벚나무는 아주 추운 곳만 아니면 우리 땅 어디에서나 자란다. 치밀하고 단단하여 목판 활자를 만들 때 활판으로 쓰였다. 경상남도 합천 해인사에 있는 고려대장경 경판을 만드는 데도 썼다고 한다.

남쪽 지방에서는 왕벚나무를 많이 심는다. 꽃을 보려고 공원이나 길옆에 심는다. 이 나무는 봄에 잎보다 꽃이 먼저 핀다. 봄이 먼저 오는 제주도, 부산, 진해에서는 4월 초에 꽃이 피고 서울에서는 4월 중순에 핀다. 벚나무 열매를 버찌라고 한다. 이른 여름에 콩알만 한 열매가 검게 익는다. 달고 맛있다.

왕벚나무는 따뜻한 곳에서 잘 자라고 대기 오염에 약하다. 여름에 가지치기를 하면 가지치기 한 자리가 병이 들고 벌레도 잘 꾄다. 웬만하면 가지치기를 안 하는 것이 좋다. 30년쯤 된 나무가 꽃이 가장 아름답고, 50년쯤 되면 늙어서 약해진다.

다른 이름 벗나무

여러 가지 벚나무 벚나무에는 산벚나무, 올벚나무, 털벚나무, 왕벚나무 들이 있다. 산벚나무는 꽃과 잎이 같이 나고 우리나라 어느 산에나 있다. 털벚나무는 북부, 중부 지방 깊은 산속 골짜기에 난다. 왕벚나무는 봄에 잎보다 꽃이 먼저 피어 꽃을 보려고 많이 심는다. 제주도에서는 저절로 자란다. 올벚나무는 낮은 산에 자라고 잎보다 꽃이 먼저 핀다.

목재 산벚나무는 활판을 만들기에 좋다. 어디서나 나무를 구하기가 쉽고 활판 넓이가 될 만큼 크게 자란다. 단단하면서 결이 고와서 글자를 새기기에 좋다. 너무 무르지도 않고 잘 썩지도 않아서 두고두고 찍을 수 있다. 산벚나무는 살림살이를 만들고 조각을 하는 재료로도 쓴다.

기르기 씨앗을 뿌리거나 가지를 휘묻거나 꺾꽂이를 해서 기른다. 양지바르고 기름지며 평평한 땅을 좋아한다. 가로수로 심을 때는 길이 넓고 차가 덜 다니는 곳이 좋다. 병충해를 잘 막아 주어야 한다. 봄부터 여름 사이에는 가지치기를 하지 않는다.

왕벚나무, 1998년 4월, 강원도 원주

벚나무, 2006년 2월, 충북 충주

왕벚나무는 겨울에 잎이 지는 큰키나무다. 키는 15m쯤 된다. 나무껍질은 잿빛이다. 윤기가 나며 가로로 얇게 무늬가 있다.

꽃, 1999년 4월, 강원도 원주

1997년 6월, 강원도 원주

왕벚나무 *P. yedoensis*

왕벚나무는 잎이 어긋나게 붙고 타원꼴이다. 끝은 뾰족하고 가장자리에 톱니가 있다. 잎 뒷면 잎맥과 잎자루에 털이 있다. 4월쯤 잎보다 꽃이 먼저 핀다. 묵은 가지에서 흰색이나 연한 붉은색으로 핀다. 여름에 둥근 열매가 검게 익는다.

보리수나무

Elaeagnus umbellata

보리수나무는 산과 들에서 난다. 울타리에 심기도 한다. 보리수나무 열매를 보리수, 보리똥, 포리똥이라고 한다. 가을에 빨갛게 익는데 맛이 아주 좋다. 아주 단 것이 있고 씹지도 못할 만큼 신 것이 있고 떫은 것도 있다. 씨앗이 있지만 딱딱하지 않아서 뱉어 내지 않고 씹어도 된다. 보리수를 손에 가득 따서 한꺼번에 입 안에 털어 넣고 입이 터지도록 씹으면 더욱 맛이 좋다. 그러나 한꺼번에 너무 많이 따 먹으면 똥이 잘 안 나온다. 씨앗이 소화되지 않고 똥구멍을 막기 때문이다.

보리수나무에는 날카로운 가시가 돋아 있어서 가지를 꺾을 때 조심해야 한다. 보리수나무는 가지가 튼튼해서 바람에도 쓰러지지 않고, 가시가 많아서 울타리를 치는 데 많이 썼다.

절에서 보리수나무라고 하는 나무는 보리자나무를 두고 하는 말이다. 보리자나무 열매인 보리자로는 염주를 만든다. 피나무와 가까운 나무다.

다른 이름 볼네나무, 보리화주나무, 보리똥나무, 오리장나무, 뽀루새

여러 가지 보리수나무 보리수나무 말고 보리장나무, 녹보리똥나무, 보리밥나무 들이 있다. 이 나무들도 산과 들에서 저절로 자라는데, 봄에 열매가 빨갛게 익고 먹을 수 있다. 일본에서 들여와 뜰에 심어 기르는 뜰보리수도 있다. 뜰보리수 열매도 먹을 수 있다. 뜰보리수와 보리수나무는 겨울에 잎이 진다. 그 밖의 나무는 늘푸른나무이고, 남부 지방에서 잘 자란다.

약재 열매와 잎과 껍질을 약으로 쓴다. 가을에 익은 열매를 따서 말린다. 잎은 8~10월에 뜯어 그늘에서 말리고 껍질은 봄, 가을에 벗겨 햇볕에서 말린다. 열매는 소화를 돕고 설사를 멎게 하고 기침을 멈추게 한다. 잎과 껍질은 피를 멎게 하는 약으로 쓴다. 잎은 기침과 천식에도 좋다. 설사가 났을 때 뿌리나 열매를 물에 달여서 하루에 세 번 나누어 먹는다.

기르기 씨앗으로 심는다. 씨앗을 땅에 묻어 두었다가 봄에 뿌린다. 보리수나무 가지를 잘라다 꽂아도 잘 자란다. 가지치기도 쉬워서 울타리로 가꾸기에 알맞다. 가지를 많이 쳐서 금세 우거지고 가을이면 열매를 따 먹을 수도 있다. 물이 잘 빠지는 기름진 땅, 양지바른 곳에서 잘 자란다.

2000년 8월, 강원도 원주

겨울에 잎이 지는 떨기나무다. 키는 3~4m에 이르고 가지를 많이 친다. 줄기 끝이 조금 처지고 가시가 있다. 나무껍질이 딱딱하고 거칠게 터진다.

열매

1999년 4월, 강원도 원주

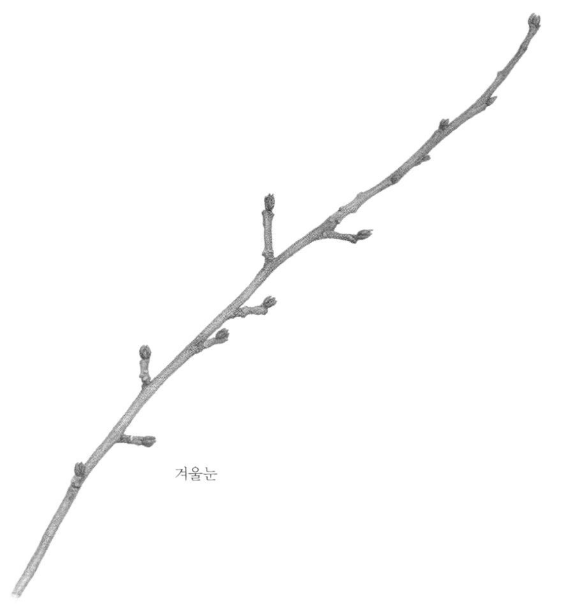

겨울눈

잎은 어긋나게 붙고 길쭉하다. 끝이 뾰족하고 가장자리는 밋밋하다. 꽃은 봄에 햇가지에 핀다. 처음 필 때는 흰색이다가 차츰 누렇게 된다. 둥근 열매가 10월쯤 붉게 여문다.

복분자딸기

Rubus coreanus

산에서 나는 딸기는 대개 붉은색인데 복분자딸기는 검다. 복분자딸기는 단맛과 신맛이 섞여서 새콤한 맛이 난다. 따서 그대로 먹기도 하고, 설탕과 버무려서 찬 데 두었다가 즙을 내어 마셔도 좋다. 딸기 덤불에는 가시가 많다. 딸기를 딸 때는 손이 긁히지 않도록 조심해서 딴다.

흔히 복분자딸기와 산딸기나무에 열리는 열매를 두루 '산딸기'나 '복분자'라 하여 가리지 않고 말한다. 산딸기 차나 술을 만들 때도 같이 쓴다. 차를 만들 때는 열매를 따서 말린 다음 곱게 빻아서 가루를 만들어 쓴다. 술을 만들 때는 잘 익은 복분자나 산딸기에 술과 설탕을 넣고 공기가 들어가지 않게 꼭 막아서 오랫동안 익힌다. 복분자술은 붉은빛이 나고 상큼한 맛이 난다. 전라북도 고창과 부안에서는 술을 담그려고 복분자딸기를 기르기도 한다.

덩굴로 자라는 산딸기들 여름에 산에서 나는 딸기에는 복분자딸기 말고도 산딸기, 멍석딸기, 장딸기가 있다. 모두 줄기에 날카로운 가시가 있다. 복분자딸기와 멍석딸기 꽃은 붉은색이고 산딸기와 장딸기 꽃은 흰색이다. 모두 열매를 먹을 수 있다.

약재 열매를 약으로 쓴다. 한약방에서는 복분자딸기와 산딸기를 모두 '복분자'라고 한다. 이른 여름에 익기 시작하는 열매를 따서 말린다. 오줌을 자주 누거나 기운이 떨어져서 눈이 침침할 때 먹는다. 몸이 가뿐해지고 머리털이 희어지지 않는다. 오줌을 잘 누지 못하거나 위염이 있는 사람은 먹지 않아야 한다.

기르기 씨앗을 뿌리거나 포기를 가르거나 가지를 꺾어서 심는다. 줄기가 휘어져서 땅에 닿으면 뿌리를 내리면서 자란다. 이른 봄에 잎이 5~10장 났을 때 옮겨 심는다. 별다른 병치레 없이 잘 자란다. 6월 말에서 7월 초에 열매가 까맣게 되었을 때 한 알 한 알 손으로 딴다. 열매를 따고 나서 말라 죽은 줄기는 봄과 가을에 가지치기를 해 준다. 돌이 많은 산비탈에서도 잘 자란다.

2000년 9월, 충북 충주

겨울에 잎이 지는 떨기나무다. 높이는 2~3m에 이른다. 줄기 여러 개가 한꺼번에 올라와 포기를 이루고 사방으로 뻗는다. 줄기는 붉은 갈색인데 흰 분가루가 덮여 있다. 줄기에 곧거나 구부러진 가시가 붙는다.

1998년 5월, 강원도 원주

열매, 2000년 7월, 강원도 원주

잎은 깃꼴겹잎이고 쪽잎이 5~7장 붙어 있다. 쪽잎은 달걀 모양이고 가장자리에 톱니가 있다. 잎자루에 가시가 있다. 5~6월에 연분홍빛 꽃이 무더기로 모여서 핀다. 7~8월에 산딸기처럼 생긴 열매가 검게 익는다.

복숭아나무(복사나무)

Prunus persica

복숭아나무는 열매를 먹으려고 기르는 나무다. 아주 옛날부터 심어 길렀다. 이른 봄에 피는 연분홍빛 꽃도 아름답고 여름에 익는 열매는 아주 맛이 좋다. 복숭아는 냄새가 좋고 물이 많고 달다. 복숭아씨는 약으로 쓴다.

지금 시장에서 사 먹는 복숭아는 다른 나라에서 들여와서 과수원에서 기른 것이다. 생김새도 맛도 갖가지다. 익으면 물이 아주 많고 속살이 물렁물렁해지는 것이 있고, 익어도 속살이 딱딱한 것이 있다. 껍질이 붉은 것도 있고 누런 것도 있고 흰 것도 있다. 껍질에 털이 없고, 속살이 붉은 천도복숭아도 있다. 올복숭아는 6월 말부터 따고 늦복숭아는 9월 초까지 딴다.

복숭아나무는 우리나라에서 사과나무, 귤나무, 감나무, 포도나무에 이어 다섯 번째로 많이 기르는 과일나무다. 경상북도 청도와 경산, 충청북도 음성과 충주에서 많이 난다. 심은 지 3년이면 열매를 딸 수 있다.

잘 자라는 곳 복숭아나무는 겨울에 추위가 심한 강원도 산골이나 더 북쪽에서는 잘 안 된다. 봄과 여름에 비가 너무 많이 오는 곳도 좋지 않다. 나무에 병이 들고, 복숭아가 잘 익지 않을 수가 있다. 복숭아는 햇볕을 많이 받아야 맛이 좋다. 그래서 바람이 세지 않은 남향 비탈밭에 많이 심는다.
약재 씨와 꽃과 잎을 약으로 쓴다. 복숭아씨는 '도인'이라고 한다. 딱딱한 겉껍질은 버리고 안에 있는 말랑말랑한 씨만 햇볕에 말린다. 꽃과 잎은 뜯어서 바람이 잘 통하는 그늘에 말린다. 씨는 살구씨처럼 기침약이나 가래를 삭이는 약으로 쓰고, 달거리가 고르지 못할 때 쓴다. 꽃은 오줌이 잘 나오게 하고 설사를 멎게 한다.
기르기 씨앗을 심거나 접을 붙여서 기른다. 원하는 나무를 얻으려면 접을 많이 붙인다. 씨를 심으면 싹은 잘 나는데 옮겨 심으면 잘 죽는다. 접을 붙여서 이삼 년이 지나면 열매가 달린다. 5~6년째부터는 많이 달린다. 복숭아나무는 가뭄에 잘 견디고 병충해에도 강하다. 옛날에는 잘 익은 복숭아를 똥거름 속에 묻어 두었다가 심기도 했다. 정월 초에 가지 사이에 돌을 끼워 놓고 장대로 나뭇가지를 쳐 주면 열매를 많이 맺는다고 한다.

1998년 5월, 강원도 원주

겨울에 잎이 지는 작은키나무다. 3~4m쯤 자란다. 과수원에서는 가지치기를 해서 그보다 작다. 어린 가지는 풀빛이고 매끈하지만 자라면 붉은 갈색으로 바뀌고 세로로 갈라진다.

꽃, 1999년 4월, 강원도 원주

1998년 7월, 강원도 원주

잎은 길쭉하고 끝이 뾰족하다. 가장자리에 톱니가 있다. 이른 봄에 잎보다 먼저 연분홍색 꽃이 핀다. 꽃은 묵은 가지에서 핀다. 열매는 여름에 여문다. 둥글고 겉에 잔털이 촘촘히 나 있다. 품종에 따라서 생김새와 크기, 빛깔이 다 다르다. 씨앗 겉면에는 주름이 많다.

붉나무

Rhus javanica

붉나무는 산기슭이나 산골짜기 양지바른 곳에 저절로 자라는 나무다. 뿔나무, 불나무, 굴나무라고도 한다. 한약방에서는 오배자나무라고 한다. 붉나무는 나무에 상처가 나면 흰 즙이 나온다. 나무즙이 살갗에 닿으면 살갗이 부풀고 가려워진다. 옻이 잘 오르는 사람은 붉나무를 만질 때 조심해야 한다.

붉나무에 생긴 벌레집을 '오배자'라 하는데 약으로 쓴다. 가을에 오배자를 따서 끓는 물에 데쳐서 햇볕에 말린다. 오배자는 별다른 냄새는 없지만 맛이 떫다. 어머니들은 오배자를 노랗게 볶아서 보드랍게 가루를 내었다가 급할 때 약으로 썼다.

아이들이 뜨거운 국을 먹다가 데어서 입 안이 헐었거나 혓바늘이 돋았을 때 오배자 가루를 발라 주면 씻은 듯이 낫는다. 놀다가 넘어져서 크게 다치고 피가 날 때도 오배자 가루와 백반을 섞어서 상처에 발라 준다. 오배자는 약으로도 쓰지만 무명 옷감을 검게 물들이는 데도 쓴다.

다른 이름 오배자나무, 뿔나무, 불나무, 뚜르게나물, 굴나무, 염부목

닮은 나무 붉나무는 옻나무, 개옻나무, 검양옻나무와 무척 닮았다. 그런데 자세히 보면 붉나무는 쪽잎 사이 잎자루에 날개가 있다. 또 옻나무는 마을 가까이에 심어 기르는 나무고 붉나무나 개옻나무는 산에서 저절로 자라는 나무다. 모두 진을 받아서 약으로 쓴다.

약재 오배자는 가을에 벌레가 나가기 전에 따서 삶은 뒤에 말린다. 그대로 말리면 벌레가 구멍을 뚫고 나가는데 그러면 약효가 떨어진다. 뱀이나 벌레에 물렸을 때는 붉나무 잎을 찧어서 붙여 둔다. 피부병이나 부스럼에는 뿌리를 삶아 낸 물로 씻어 준다. 열매는 가을에, 잎은 여름에, 줄기 껍질은 아무 때나 벗겨 말린다.

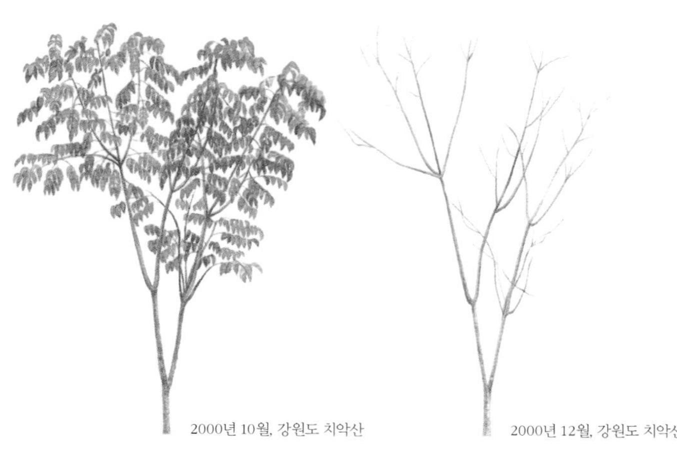

2000년 10월, 강원도 치악산

2000년 12월, 강원도 치악산

겨울에 잎이 지는 작은키나무다. 키는 보통 3~5m이고 아주 커도 7m를 넘지 않는다. 나무껍질은 잿빛 밤색이고 붉은 반점이 있다. 잔가지는 누르스름하고 윤기가 난다. 가을에 잎이 붉게 단풍이 든다.

2000년 10월, 강원도 원주

잎은 어긋나게 붙고 깃꼴겹잎이다. 겹잎 잎맥에 좁은 날개가 있다. 쪽잎이 7~13개씩 달린다. 달걀 모양이고 가장자리에 거친 톱니가 있다. 7~9월에 작고 누런 꽃이 어린 가지 끝에 모여 핀다. 10월에 납작한 열매가 익는다. 열매 겉은 시고 짠맛이 나는 흰 가루로 덮인다. 잎에 주머니같이 생긴 벌레집이 달린다.

비자나무

Torreya nucifera

비자나무는 따뜻한 남쪽 지방에서 많이 자란다. 제주도나 진도 같은 섬에서 잘 자라는데 보통 숲을 이룬다. 제주도 구좌읍과 전라남도 장성에는 오래된 비자나무 숲이 있다. 제주도 비자나무 숲에서 나는 비자나무 열매는 고려 시대부터 나라에 바쳤다. 내장산 백양사의 비자나무 숲은 우리나라에서 가장 북쪽에 있는 비자나무 숲이다.

비자나무는 가을에 대추처럼 생긴 열매가 밤색으로 익는다. 열매 안에는 갸름한 땅콩처럼 생긴 씨앗이 있다. 이 씨앗을 비자라고 한다. 날것을 그냥 먹기도 하고 기름을 짜서 먹기도 한다. 비자 기름은 등불 기름이나 머릿기름으로 썼다. 비자는 오래 전부터 기생충 약으로 많이 써 왔다. 하루에 비자를 일곱 알씩 이레를 먹으면 기생충이 물이 된다고 한다.

비자나무는 결이 곱고 다루기가 쉬워서 예로부터 아주 귀한 목재로 썼다. 목재가 단단하고 탄력성이 있어서 쇠코뚜레 만들 때 많이 썼다. 비자나무는 향기가 진해서 모기향으로 쓴다. 가지나 잎을 태우면 날벌레가 덤벼들지 못한다.

약재 가을에 익은 열매를 따서 껍질을 벗겨 버리고 햇볕에 말려서 약으로 쓴다. 기생충을 죽이며 장을 눅여서 똥을 잘 누게 한다. 비자와 호두, 측백나무 잎을 섞어 눈 녹은 물에 담가 그 물에 머리를 감으면 머리가 빠지지 않는다고 한다.

목재 비자나무 목재는 다루기도 쉽고 물기에도 잘 견딘다. 나무가 곧고 바르며 향기가 있어 조각 재료나 장식재로 많이 쓴다. 비자나무로 만든 바둑판은 나뭇결이 곱고 탄력이 있어서 으뜸으로 친다. 고급 가구를 만들고 장기판이나 장기말도 만든다.

2000년 4월, 전남 백양사

겨울에도 잎이 지지 않는 늘푸른 바늘잎나무다. 키는 20m 넘게 자란다. 나무껍질은 잿빛 밤색이다. 세로로 짜개지고 얇게 조각나면서 벗겨진다. 가지를 옆으로 많이 친다. 햇가지는 풀색이다가 점점 붉은 밤색, 진한 밤색으로 바뀐다.

2000년 4월, 전남 백양사

비자

바늘잎은 단단하고 끝이 뾰족하다. 만지면 아프다. 잎 앞면은 진한 풀색이고 윤이 난다. 뒷면에 누르스름한 줄이 있다. 4~5월에 꽃이 피고 보통 암수한그루이다. 열매는 꽃 핀 이듬해 가을에 여물며 11월쯤에 떨어진다. 처음에는 풀색이다가 여물면 밤색으로 바뀐다.

뽕나무

Morus alba

뽕나무는 누에를 치려고 심어 기르는 나무다. 누에는 뽕잎을 갉아 먹고 자라서 고치를 짓는다. 누에고치에서 명주실을 뽑아 비단을 짠다. 우리나라에서는 아주 오래 전부터 마을마다 뽕나무를 심어 길렀다. 서울에 있는 잠실은 누에를 치는 곳이란 뜻으로 붙은 이름이다.

뽕잎은 누에를 치고, 뿌리는 약으로 쓴다. 뽕나무 가지로 종이를 만들고, 줄기 껍질로는 옷감에 갈색 물을 들인다. 뽕나무 물은 잘 바래지 않고 오래간다. 껍질을 벗긴 속 줄기로는 채반을 만든다. 물이 한창 올랐을 때 가지를 잘라다 겉껍질을 벗기면 뽀얀 속껍질이 나오는데 그걸로 짚신을 삼기도 한다.

뽕나무 열매를 오디라고 한다. 이른 여름에 까맣게 익은 오디는 아주 달고 맛있다. 물이 많아서 먹다 보면 입술이 까매진다. 산에서 나는 산뽕나무 오디도 맛있다. 여름에 먹을 것이 없으면 뽕잎을 따다가 말려서 빻은 뒤에 곡식 가루와 섞어 먹기도 했다.

다른 이름 오디나무, 백상

누에를 치는 나무 산뽕나무나 꾸지뽕나무도 잎을 따다가 누에를 칠 수 있다. 산뽕나무는 잎이 뽕나무보다 작고 빛깔도 옅다. 꾸지뽕나무는 뽕나무와 잎도 다르게 생겼고 가시가 있다. 참나무나 버드나무, 자작나무 잎을 먹여서 누에를 치기도 한다.

약재 뿌리껍질, 잎, 열매를 약으로 쓴다. 한약방에서는 뿌리껍질을 '상백피'라고 한다. 봄이나 가을에 뿌리를 캐서 겉껍질을 벗기거나 그대로 말려서 쓴다. 뿌리껍질은 기침을 멈추게 하고 오줌을 잘 누게 하며 숨찬 증세를 낫게 한다. 가래도 없애고 목마름도 달래 준다. 잎과 열매는 여름에 따서 말린다. 뽕잎은 눈병을 낫게 한다.

기르기 씨앗을 뿌리거나 가지를 심어서 기른다. 《산림경제》를 보면 뽕나무를 심고 옮기는 법을 이렇게 쓰고 있다. 먼저 밭을 갈고 기장을 한 두둑 뿌린다. 새끼줄을 물에 축여서 오디를 골고루 문질러 붙인 다음 기장 뿌린 두둑에 뉘여 놓고 흙을 살짝 덮는다. 기장과 뽕을 함께 심으면 뽕은 기장이 땅을 뚫고 나오는 힘을 빌려 쉽게 나온다. 가을에는 기장과 뽕을 같이 베어서 태우고 그 재를 똥거름과 섞어서 두둑에 덮어 둔다. 따뜻한 봄이 되면 뽕나무가 무성하게 된다.

2000년 9월, 강원도 원주

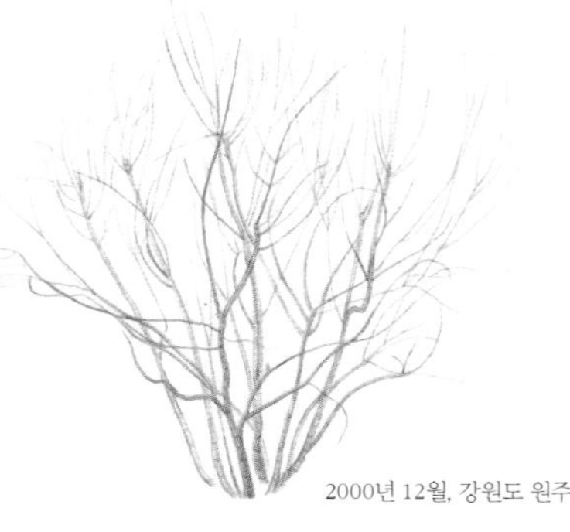

2000년 12월, 강원도 원주

겨울에 잎이 지는 큰키나무다. 기를 때는 줄기를 베어서 움이 트게 한다. 그래서 떨기나무 모양이 된다. 나무껍질은 누런 밤색이고 늙은 나무에서는 얕게 갈라진다. 가지는 곧게 자라거나 밑으로 늘어진다. 어린 가지는 잿빛 밤색이고 자르면 즙이 나온다.

1997년 6월, 강원도 원주

산뽕나무 겨울눈

수꽃, 1999년 4월, 강원도 횡성

잎은 어긋나게 붙고 달걀 모양이며 부드러운 털이 있다. 잎 끝은 뾰족하고 가장자리에는 톱니가 있다. 잎을 따면 흰 즙이 나온다. 5~6월에 꽃이 피며 암수딴그루이다. 열매가 7~8월에 검게 익는다.

사과나무

Malus pumila

사과나무는 밭에 심어 기르는 과일나무다. 사과는 우리나라에서 귤 다음으로 많이 나고, 땅 넓이로는 가장 넓은 땅에서 기른다. 오래 전부터 길렀던 사과는 능금이다. 능금을 심어 기른 지는 삼천 년쯤 되었다고 한다. 능금은 지금 우리가 먹는 사과와 생김새는 비슷한데 크기가 작고 살이 적다. 지금 먹는 사과는 우리나라에 들어온 지 백 년 남짓 된다.

사과나무는 다른 과일나무보다 거름을 많이 먹는다. 벌레도 많이 꾀고 병도 잘 든다. 그래서 가꾸는 데 품이 많이 든다. 사과나무는 보통 100년쯤 사는데 40~50년까지 사과를 딸 수 있다. 잘 익은 사과는 색이 고르고, 밝고, 은은한 향기가 난다. 만지면 탱탱하고 꼭지에 푸른빛이 돌면서 물기가 있는 것이 싱싱한 사과다.

옛날에는 상자 안에 왕겨를 채우고 그 속에 사과를 파묻어 두었다. 이렇게 두면 이듬해 햇과일이 날 때까지 먹을 수 있다. 덜 익고 알이 작고 흠집이 있는 것은 썰어서 여러 날 햇볕에 바짝 말려 두고 먹었다. 사과는 장을 튼튼하게 해 줘서 변비와 설사에 모두 좋다. 그대로 먹어도 되고 즙을 내거나 식초나 요구르트를 만들어 먹어도 좋다.

여러 가지 사과 우리가 먹는 사과에는 여러 가지가 있다. 서광, 추광, 홍로는 늦여름부터 초가을에 걸쳐서 난다. 추석에 먹는 사과가 이런 것들이다. 이렇게 빨리 익는 사과는 오래 두고 먹지 못한다. 물기가 빠져서 파삭파삭해지고 껍질도 쉽게 터지기 때문이다. 9월 하순에 익는 홍옥은 새큼하고 향기도 좋다. 또 부사는 10월 하순에 익는데 달고 갈무리해 두기도 좋아서 가장 많이 먹는다. 늦가을에 따는 국광은 바로 땄을 때는 신맛이 강하지만 한 달쯤 두었다 먹으면 제맛이 난다. 이듬해 초여름까지 두고 먹을 수 있다.

기르기 사과나무는 보통 능금나무나 야광나무에 접을 하여 기른다. 접붙이기는 음력 3월 하순에 하고 2~3년 뒤에 옮겨 심는다. 봄에는 경칩과 춘분 사이에, 가을에는 한로와 상강 사이에 심는다. 사과나무가 어느 정도 자라면 필요 없는 가지를 잘라 주어야 한다. 4월부터 꽃이 피기 시작하는데 꽃눈 하나에 대여섯 개씩 사과가 열린다. 한 달쯤 지나서 가장 큰 사과 한 알만 남기고 나머지는 다 따 준다.

1998년 5월, 강원도 원주

겨울에 잎이 지는 작은키나무다. 키는 10m까지 자란다. 밭에서 기르는 나무는 가지를 쳐 주어서 높이가 낮고 가지가 많지 않다. 어린 가지에 털이 있다. 나무 생김새도 품종에 따라 다르다.

꽃, 1998년 4월, 강원도 원주

1998년 8월, 강원도 원주

잎은 어긋나게 붙고 타원꼴이거나 달걀 모양이다. 가장자리에 톱니가 있고 잎자루가 길다. 꽃은 4~5월 사이에 핀다. 꽃과 잎이 같이 피거나 꽃이 잎보다 빨리 핀다. 꽃봉오리는 붉고 꽃은 연한 붉은색이다. 열매는 여름에 익는 것부터 10월 하순에 익는 것까지 다양하다. 빛깔과 크기도 품종에 따라 다르다.

사철나무

Euonymus japonicus

사철나무는 사철 잎이 지지 않고 푸르다. 우리나라 남부 지방에는 사철나무를 비롯하여 동백나무, 유자나무, 차나무, 치자나무 같은 늘푸른나무들이 많이 자라고 있다. 이 나무들은 소나무나 잣나무와 달리 넓은잎을 달고 있는 나무들이다.

제주도와 남해안에서는 어디서나 늘푸른나무가 숲을 이룬다. 육지에 들어서면 늘푸른나무보다 가을에 잎이 지는 나무가 많아진다. 더 북쪽으로 올라가 서울 언저리에 오면 늘푸른 넓은잎나무는 사철나무만 남는다. 사철나무는 늘푸른나무 중에서 추위에 가장 강한 나무다. 황해도처럼 추운 곳에서도 자란다. 추위에 잎이 얼어서 물에 삶은 것처럼 되어도 봄이 되면 언제 그랬느냐는 듯이 싱싱하게 다시 펴진다.

사철나무는 산기슭 양지바른 곳이나 바닷가 가까이에서 저절로 자란다. 공원이나 집 둘레에 심어 기르기도 한다. 공기 오염에도 강하고 가지치기를 해도 잘 자라서 울타리로도 가꾼다. 푸른 잎과 붉은 열매를 겨울 내내 볼 수 있다.

다른 이름 동청목, 들축나무, 겨우살이나무

사철나무와 줄사철나무 사철나무와 줄사철나무는 꽃이나 잎이 많이 닮았다. 하지만 사철나무는 줄기가 곧게 자라고 줄사철나무는 덩굴줄기를 가지고 다른 물체에 붙어서 자란다. 줄사철나무는 줄기에서 뿌리가 많이 나와서 다른 나무줄기나 바위나 벽에 찰싹 붙어서 자란다. 사철나무는 황해도까지 살지만 줄사철나무는 경상도나 전라도 같은 남녘땅에서 많이 산다.

약재 나무껍질을 약으로 쓴다. 봄에 나무껍질을 벗겨서 햇볕에 말린다. 기운이 나게 하고 힘줄과 뼈를 튼튼하게 한다. 껍질은 두충 대신 쓴다.

기르기 사철나무는 꺾꽂이로 심을 수 있다. 새 가지가 5월부터 자라기 시작하여 7월에 꽤 단단해진다. 7월 중순쯤에 새 가지를 끊어서 심으면 뿌리를 잘 내린다. 가지를 심은 뒤에는 햇볕에 데지 않도록 해 가리개를 쳐 준다. 이듬해 봄에 옮겨 심는다. 가지치기를 할 때는 4월 이전에 한다. 그러면 5월에 새잎이 돋았을 때 모양이 좋다. 사철나무는 햇빛이 잘 드는 곳에서 잘 자란다. 땅을 가리지 않고 모래땅이나 메마른 땅에서도 잘 자란다. 나쁜 공기와 소금기에 잘 견디고 옮겨 심어도 잘 산다.

2000년 11월, 전남 여수

겨울에도 잎이 지지 않는 늘푸른떨기나무다. 높이가 3m 된다. 줄기 밑에서부터 잔가지가 많이 뻗고 우거져서 나무가 단지 모양으로 보인다. 줄기는 둥글고 실하며 매끈하다. 어린 가지는 풀색이다가 나이가 들면서 어두운 잿빛으로 바뀐다.

꽃, 1998년 6월, 강원도 원주

1996년 2월, 충남 임천

잎은 마주나는데 긴 타원꼴이다. 두툼하고 윤이 나며 잎자루가 있다. 6~7월에 자잘한 꽃이 누런 풀색으로 핀다. 10월쯤에 둥근 열매가 여물면서 서너 조각으로 갈라진다. 붉은 껍질 속에 씨앗이 들어 있다. 씨앗은 중부 지방에서는 10월에 여물지만 남부 지방에서는 12월부터 이듬해 봄 사이에 여문다.

산딸기

Rubus crataegifolius

산딸기나무는 산어귀나 들판에서 저절로 자란다. 큰 나무가 없고 햇볕이 잘 드는 산밭 언저리에서 많이 자란다. 밭둑에서 자라다가 우거지면 밭으로 가지를 뻗어 오기도 한다. 산딸기나무는 잔가시가 많아서 맨손으로 잘못 만지면 손이 많이 긁힌다. 여름에 산딸기가 익으면 가시를 피해서 덤불을 헤치면서 살살 딴다. 산딸기는 쉽게 짓무르기 때문에 딴 것을 다른 그릇에 옮기지 않아야 오래간다. 쇠로 된 그릇보다 나무 그릇에 담는 것이 더 좋다. 산딸기는 산에 사는 새와 작은 들짐승도 좋아한다.

5월 말에서 6월 초 사이에 꽃이 하얗게 피기 시작해서 오랫동안 핀다. 꽃은 꿀이 많아서 벌을 치기에 좋다. 열매는 7월 중순부터 익기 시작해서 한 달 동안 차례로 익는다. 잘 익은 딸기는 빛깔이 붉고 향기가 짙다. 약간 신 듯하면서도 향긋하고 달다. 날로 먹고, 술이나 잼을 만들어 먹어도 좋다. 말려서 약으로도 쓴다. 어린잎과 줄기는 소나 염소를 먹인다.

다른 이름 산딸기나무[북], 나무딸기

여러 가지 딸기 산딸기를 복분자라고도 하는데 복분자딸기라는 나무가 따로 있다. 밭둑에서 나는 뱀딸기와는 아주 다르다. 뱀딸기는 나무가 아니라 풀이다. 이른 여름에 열매가 빨갛게 익는데 먹기도 한다. 산딸기처럼 달지는 않다.

약재 산딸기를 한약방에서는 '복분자'라고 한다. 반쯤 익은 것을 따서 볕에 말려 두었다가 술에 쪄서 쓴다. 기운이 나게 하고, 눈을 밝게 하고, 머리카락이 희어지지 않게 한다. 또 오줌이 잦은 것을 고친다. 차를 만들거나 즙을 내어 마신다.

기르기 가을에 뿌리를 캐서 움 속에 두었다가 봄에 한 뼘 길이로 잘라서 심는다. 가지를 눌러서 묻어도 뿌리를 잘 내린다. 포기를 갈라서 심기도 한다. 심은 지 2년이면 열매가 달리고 3년부터는 많이 딸 수 있다.

2000년 8월, 강원도 원주

겨울에 잎이 지는 떨기나무다. 나무 높이는 1~2m쯤 된다. 줄기에 갈고리같이 생긴 가시가 많이 돋고 줄기 껍질은 붉은 밤색이다.

꽃, 1998년 5월, 강원도 원주

열매, 1998년 7월, 강원도 원주

잎은 어긋나게 붙고 여러 갈래로 갈라졌다. 가장자리에는 톱니가 있다. 5월쯤에 흰 꽃이 가지 끝에서 2~6개씩 모여서 피기 시작한다. 여름에 열매가 붉게 익는다.

산사나무

Crataegus pinnatifida

산사나무는 산기슭이나 골짜기, 마을 둘레에서 자란다. 깊은 산골짜기에서 자라지만 마을 가까이 밭둑에서 저절로 자라기도 한다. 꽃과 열매가 아름다워서 마당이나 공원에서도 기르고, 꿀을 얻으려고 심기도 한다. 그늘진 곳에서는 잘 못 자란다.

장미과 나무답게 줄기에는 잔가지가 변한 날카로운 가시가 있다. 잎 모양은 국화 잎처럼 가장자리가 깊게 파여서 알아보기 쉽다. 봄에 배꽃 같은 작고 하얀 꽃이 몇 송이씩 뭉쳐서 핀다.

가을에는 열매가 붉게 익는데 자잘하게 하얀 반점이 나 있다. 열매는 어린 사과와 닮았다. 열매를 씹어 보면 사과처럼 새콤하고 달큰한 맛이 난다. 비타민C가 많이 들어 있다. '산사자'라고 하여 차로 달여 마시기도 한다. 떡이나 술이나 정과 같은 먹을거리를 만드는 데도 쓴다. 닭을 삶을 때 산사나무 열매 몇 알을 넣으면 부드러워진다. 산사나무 열매는 새들도 즐겨 먹는다.

서양에서는 5월에 하얀 꽃이 한창 피기 때문에 '메이플라워'라고 한다. 옛 로마에서는 산사나무 가지가 마귀를 쫓아낸다고 아기 요람에 얹어 두기도 했다. 우리나라 서북 지방이나 중국에서는 산사나무 가시가 귀신을 쫓는다고 집에 울타리로 많이 심었다.

다른 이름 찔광나무[북], 찔광이, 아가위나무, 아그배나무, 찔구배나무, 애광나무, 뚱광나무

여러 가지 산사나무 아광나무, 이노리나무, 넓은잎산사, 미국산사나무, 일월산사나무, 털산사 따위가 있다. 넓은잎산사는 잎이 크고 넓다. 털산사는 잎 뒷면에 털이 있다. 미국산사나무는 잎이 얕게 갈라지고 분홍색 꽃이 핀다.

약재 가을에 잘 익은 열매를 따서 약으로 쓴다. 잘게 썰거나 씨를 빼고 눌러서 햇볕에 말린다. 산사나무 열매는 위를 튼튼히 하고 소화를 도우며 장의 기능을 바르게 한다고 한다.

목재 산사나무는 나무질이 단단하고 촘촘하면서도 탄력이 있다. 여러 가지 공예품이나 다식판, 상자, 지팡이, 목침, 책상 따위를 만들 때 썼다. 불땀이 좋아 땔나무로도 많이 쓰였다.

기르기 씨를 심는 것보다 어린 나무를 심어야 더 잘 자란다. 봄이나 가을에 생장이 멎은 뒤에 심는다. 자라는 속도는 더디지만 옮겨 심어도 잘 자란다. 햇볕이 잘 들고 물이 잘 빠지는 곳이면 어디서든 잘 자란다. 뿌리 근처에서 새싹이 올라와 무리를 이루기도 한다.

2018년 9월, 서울 성미산

겨울에 잎이 지는 작은키나무다.
높이는 4~8m이다. 줄기에는 가시가 있고,
줄기 껍질은 잿빛이다.

열매, 2011년 10월, 서울 홍릉

꽃, 2011년 5월, 서울 홍릉

잎은 어긋나고 넓은 달걀꼴이나 삼각 모양 달걀꼴이다. 잎 가장자리가 5~9개의 깃 모양으로 깊게 갈라지는데 밑부분은 더 깊게 갈라진다. 가장자리에 뾰족하고 불규칙한 톱니가 있다. 꽃은 하얗거나 분홍빛이고 잎이 핀 다음 4~5월에 핀다. 열매는 9~10월에 빨갛게 또는 노랗게 익는다. 열매가 많이 달려 꽃 못지않게 아름답다. 씨가 3~5개씩 들어 있다.

산수유

Cornus officinalis

산수유나무는 이른 봄에 다른 나무보다 먼저 노랗고 향기로운 꽃을 피운다. 가을이면 가지마다 주렁주렁 달린 열매가 새빨갛게 익는다. 단풍은 노랗거나 빨갛게 드는데 나무마다 조금씩 빛깔이 다르다. 산기슭이나 산골짜기에서 저절로 자라는데 일부러 심기도 한다. 생김새가 보기 좋고 도시에서도 잘 자라서 요즘은 아파트나 공원에도 많이 심는다.

경기도 이천, 경상도 봉화와 하동, 전라도 구례는 산수유가 많이 나는 곳이다. 지리산 기슭에 있는 구례군 산동면과 산내면은 온 마을을 덮을 정도로 산수유나무가 많다.

산동면에서 나는 산수유는 살이 두텁고 시고 떫은맛이 두드러져서 더 좋게 친다. 산수유는 날로는 먹지 않고 말렸다가 약으로 쓰거나 차를 끓여 마신다. 술도 담가 먹는다. 산수유는 늦가을에 서리가 내린 뒤 나무 밑에 멍석을 깔고 나무를 털어서 딴다. 햇볕에 널어서 반쯤 말린 다음에 씨를 발라내고 다시 말린다. 씨는 먹으면 안 좋아서 반드시 발라낸다.

다른 이름 산수유나무[북], 산채황, 약조, 홍조피, 석조, 무등

산수유차 산수유 말린 것으로 차를 만들어 마신다. 산수유를 물에 넣고 약한 불로 한 시간쯤 달이면 불그레한 산수유 차가 된다. 설탕을 넣어서 마시기도 한다. 대추나 곶감, 계피, 감초, 오미자, 구기자 같은 것과 함께 달여 먹어도 좋다.

약재 잘 익은 열매를 따서 씨는 버리고 붉은 열매껍질을 바람이 잘 통하는 그늘에서 말린다. 술을 담갔다가 씨를 버리고 열매껍질을 그늘에서 말리기도 한다. 산수유는 콩팥을 튼튼하게 해 준다. 땀을 자주 흘리고 오줌을 지릴 때, 허리 아프고 달거리가 고르지 못할 때 약으로 쓴다.

기르기 늦가을이나 이듬해 봄에 씨앗을 뿌린다. 햇볕이 잘 들고 물이 잘 빠지는 곳에서 잘 자란다. 싹이 터서 2년쯤 지난 뒤에 알맞은 곳에 옮겨 심는다. 가지를 꺾어서 심으면 뿌리를 잘 내리지 못한다. 심은 지 7~8년이 지나면 열매를 딸 수 있다.

1998년 4월, 강원도 원주

겨울에 잎이 지는 작은키나무다. 높이 7m쯤 자라고 가지를 많이 친다. 나무껍질은 잿빛 갈색이고 조각조각 벗겨진다.

꽃, 1998년 3월, 강원도 원주

1998년 9월, 강원도 원주

잎은 마주 붙고 달걀 모양이다. 끝이 뾰족하고 가장자리는 매끈하다. 잎 앞면은 윤기가 나고 뒷면은 흰빛이 도는 푸른색이다. 3월쯤 잎보다 먼저 작고 노란 꽃이 20~30송이 모여서 핀다. 열매는 길쭉한데 처음에는 푸르다가 가을에 붉게 여문다.

산초나무

Zanthoxylum schinifolium

산초나무는 산기슭 양지바른 곳에서 드문드문 자란다. 잎을 따서 비비면 향긋한 냄새가 난다. 게다가 줄기에 가시가 있어서 쉽게 알아볼 수 있다.

산초나무와 초피나무는 이름을 섞어 쓴다. 제피나무니 젠피나무, 좀피나무라는 이름도 마찬가지다. 산초나무와 초피나무는 비슷하지만 서로 다른 나무다. 언뜻 봐서는 두 나무가 무척 비슷하다. 그런데 산초나무는 줄기에 가시가 어긋나게 달리고 초피나무는 가시가 두 개씩 마주 달린다. 산초나무 열매는 기름을 짜고 약으로 쓴다. 미꾸라짓국에 향을 보태려고 넣는 것은 초피나무 열매다.

산초나무 열매를 산초 또는 분디라고 한다. 늦여름에서 가을 사이에 열매를 따다가 그늘에서 말린다. 산초로 기름을 짜면 밤색이나 노란색 맑은 기름이 나온다. 산초 기름은 산초 향기가 난다. 전을 부치거나 나물을 무칠 때 쓰고 목화 실을 뽑는 물레에 치기도 했다.

다른 이름 분지나무[북], 분디나무, 상초, 상추나무, 산추나무

초피나무 초피나무 열매를 가루 낸 것을 초피, 제피, 젠피 또는 산초라고 한다. 초피 가루는 특이한 냄새가 나고 매운맛이 난다. 옛날부터 미꾸라짓국이나 고깃국을 끓일 때 넣어서 비린내와 누린내를 없앴다. 김치를 담글 때 초피 가루를 넣으면 김치가 빨리 시지 않는다. 음식에 초피 가루를 넣으면 잘 안 쉰다.

약재 열매껍질을 약으로 쓴다. 이른 가을에 익기 시작하는 열매를 따서 그늘에 말린 다음 씨를 발라낸다. 냄새는 향기롭고 맛은 맵다. 배가 차고 아프면서 설사가 날 때, 허리와 무릎이 시릴 때, 횟배 앓을 때 쓴다. 이가 아플 때 산초 열매껍질을 씹으면 마취가 되어 안 아프다.

기르기 보통 씨앗을 심는데 가지나 뿌리를 잘라서 심고, 접을 붙이기도 한다. 가을에 익은 열매를 따서 말려 두었다가 이른 봄에 심는다. 2년 동안 나무모를 길러서 옮겨 심는다. 열매가 많이 열리는 나무를 골라 뿌리나 줄기를 잘라 심어도 된다. 심은 지 5~6년이 지나면 열매가 달리기 시작해서 13~15년쯤 되면 가장 많이 달리고 20년이 넘으면 열매가 아주 적게 달린다.

2000년 9월, 강원도 원주

2006년 1월, 충북 충주

겨울에 잎이 지는 떨기나무다. 높이는 1~3m쯤 자란다. 가지에 가늘고 긴 가시가 어긋나게 붙는다. 햇가지는 진한 풀색이다가 점차 진한 밤색을 띠며 오래되면 잿빛이 도는 검은색으로 바뀐다.

1999년 10월, 강원도 원주

잎은 깃꼴겹잎인데 쪽잎이 13~21장 달려 있다. 이른 여름에 좁쌀 알 같은 누르스름한 풀색 꽃이 가지 끝에 모여서 핀다. 가을에 작고 둥근 열매가 여물면 저절로 터진다. 씨앗은 검고 윤기가 난다.

살구나무

Prunus armeniaca var. *ansu*

살구나무는 집 가까이에 많이 심는 과일나무다. 살구는 이른 여름에 따 먹는 올과일이다. 옛날에는 '밤, 복숭아, 대추, 매실, 살구'를 다섯 가지 과일로 중요하게 여겼다. 알이 잔 것은 물이 적고 맛도 씁쓰름하다. 굵은 것은 향이 좋고 달다. 거죽에는 솜털이 많고, 익으면 노랗게 된다. 익을수록 가지에서 잘 떨어지고 살이 물러진다.

열매 속에 든 단단한 씨는 약으로 쓴다. 보통 기름을 내어 약으로 먹는다. 살구씨는 가래가 끓거나 기침을 할 때 먹으면 좋다.

살구나무는 해가 잘 드는 곳이면 아무 데서나 잘 크고 빨리 자란다. 어지간히 가뭄이 들어도 잘 살고, 영하 30도까지는 견디기 때문에 우리나라 어디에서나 기를 수 있다. 하지만 꽃이 일찍 피기 때문에 늦서리를 맞을 수 있다. 심은 지 4~5년이 지나면 꽃이 피고 살구가 열린다. 보통 10년이 지나야 살구가 많이 열린다. 살구나무는 100년쯤 산다. 목재는 단단하고 무늬가 좋아서 가구나 조각재로 쓴다.

살구나무와 개살구나무 살구나무와 비슷한 것으로 개살구나무가 있다. 개살구나무는 산기슭 양지바른 곳에서 저절로 나서 자라는 나무다. 산살구나무라고도 한다. 개살구는 살구보다 작은데 매우 떫고 시다. 살구 속에 들어 있는 둥근 씨도 쓰다.

약재 살구씨나 개살구씨 모두 약으로 쓴다. 약재 이름은 '행인'이다. 살구에서 씨를 발라내어 딱딱한 씨 껍질을 까서 버리고 말린다. 살구씨는 침을 멎게 하고 가래를 삭이며 땀을 낸다. 살구씨와 도라지를 달여 하루에 세 번 나누어 먹으면 목 안이 붓고 아픈 데 좋다.

기르기 씨를 심거나 접을 붙여서 기른다. 굵고 맛이 좋은 살구를 따려면 개살구에 접을 붙여 심는다. 보통 가을에 심는데 늦어도 땅이 얼기 보름 전에는 끝내야 한다. 살구나무는 1월 중순이면 잠에서 깨어나 날씨가 며칠 동안만 따뜻해도 눈이 튼다. 이때 날씨가 추우면 꽃눈이 얼 수 있다. 그래서 겨울과 이른 봄에 석회물을 뿌려 주기도 한다. 이렇게 하면 꽃이 피는 때를 며칠 늦출 수 있다. 봄에 늦서리가 내릴 때는 나무 밑에 연기를 피워서 꽃이 얼지 않게 한다.

1998년 4월, 강원도 원주

겨울에 잎이 지는 작은키나무다.
키가 7m쯤 된다. 나무껍질은 검은 잿빛이나
검은 밤색이다.

꽃, 1998년 3월, 강원도 원주

잎은 어긋나게 붙고 달걀꼴이다. 가장자리에 톱니가 있다. 꽃은 옅은 분홍색인데 4월에 잎이 나기 전에 핀다. 열매는 6월에 익는다. 열매살은 두껍고 속에는 딱딱한 씨가 들어 있다. 씨는 열매살에서 잘 떨어진다.

상수리나무

Quercus acutissima

상수리나무는 마을 가까이에서 쉽게 볼 수 있는 참나무다. 굴참나무처럼 봄에 꽃이 피고 이듬해 가을에 도토리가 익는다. 상수리나무는 도토리가 많이 달리지 않는다. 그런데 도토리 알이 크고 가루가 많이 나온다. 산골 마을에서는 굴참나무에서 줄기 껍질을 벗기듯이 상수리나무 줄기 껍질도 벗겨서 쓴다.

상수리나무 목재는 무척 단단하고 잘 썩지 않는다. 다른 참나무처럼 아주 오래 전부터 목재로 써 왔다. 무량사 극락전 기둥과 완도 어두리 화물 운반선, 의창 다호리 가야 고분의 나무관은 상수리나무로 만든 것이라 한다. 곧게 잘 자란 나무는 목재로 쓰고, 그렇지 않은 것은 땔감으로 쓰거나 숯을 굽는다. 버섯을 기르는 나무로도 많이 쓴다. 속이 궁근 것은 파내고 벌통으로 쓴다.

다른 이름 참나무, 도토리나무, 보춤나무
염색 도토리와 도토리깍정이, 나무껍질로 물을 들일 수 있다. 도토리를 가마솥에서 삶아 낸 물에 옷을 담그면 누르스름한 갈색 물이 든다. 이렇게 물들인 것을 잿물에 빨면 검은 물이 든다. 나무껍질이나 도토리깍정이를 써도 된다. 도토리깍정이를 우린 물은 가죽을 이기는 데도 쓴다.
약재 도토리와 도토리깍정이를 약으로 쓴다. 도토리를 끓는 물에 삶아서 껍질을 벗기고 말린다. 도토리 깍정이도 따로 모아 햇볕에 말린다. 도토리는 묽은 설사를 잘 멎게 한다. 더구나 어린이들이 자주 설사할 때 좋다. 도토리를 약한 불에 볶아서 보드랍게 가루를 내어 더운 물에 타서 먹인다. 잇몸, 입속, 목구멍에 염증이 생겼을 때나 덴 자리에도 쓴다. 도토리깍정이는 부스럼과 이질에 쓴다.
기르기 씨앗을 심는다. 너무 마르면 싹이 잘 트지 않는다. 가을에 따서 바로 심거나 모래에 섞어 묻어 두었다가 심는다. 나무모는 봄에 옮겨 심는다. 싹이 튼 다음에는 햇볕이 바로 들지 않게 해 주는 것이 좋다. 줄기를 베고 난 그루터기 옆에서도 새순이 돋아난다. 이 새순은 씨앗에서 돋아난 새순보다 빨리 자라서 울창한 숲을 이룬다.

2000년 8월, 강원도 치악산

1997년 12월, 강원도 치악산

잎이 지는 큰키나무다. 줄기가 곧게 자라고 15m까지 자란다. 줄기 껍질은 검다. 잎은 가을에 단풍이 들고 마르지만 떨어지지 않고 겨울에도 나무에 붙어 있다.

1999년 8월, 강원도 원주

도토리

수꽃, 2000년 4월, 강원도 원주

잎은 어긋나게 붙고 좁고 긴 타원꼴이다. 잎 가장자리에 바늘 모양으로 톱니가 있다. 5월쯤에 꽃이 피는데 암수한그루다. 도토리는 이듬해 가을에 익는다. 도토리깍정이는 절반쯤까지 씌워져 있고 꼭지가 없다. 넓은 비늘쪽이 배게 붙어서 밖으로 젖혀져 있다.

생강나무

Lindera obtusiloba

생강나무는 잎과 가지에서 생강 냄새가 난다. 잎을 살짝 비비면 향긋한 생강 냄새가 난다. 그래서 이름도 생강나무다. 옛날에 생강이 들어오기 전에는 이 나무의 잎과 가지를 말려서 생강처럼 양념으로 쓰기도 했다.

생강나무는 산에서 자라는 나무다. 야트막한 산기슭에서 1000m가 넘는 높은 산 위까지 어디서든 잘 자란다. 이른 봄에 산속에서 가장 먼저 노란 꽃을 피운다. 열매는 기름을 짜서 쓰는데 동백기름과 비슷하다. 동백나무가 자라지 않는 추운 북부 지방에서는 생강나무를 동백나무라고 했다. 생강나무에서 짠 기름도 동백기름이라 하고 동백기름처럼 머리에 바르는데 흰 머리가 생기지 않는다고 한다. 등잔 기름으로도 쓴다.

산골 사람들에게 생강나무는 아주 소중한 나무다. 새순이나 어린잎은 나물로 먹고 잎은 말려서 차로 우려 마신다. 산을 오르다가 삐거나 다치면 생강나무 가지와 뿌리를 달여 마시고 상처에도 찧어서 바른다.

다른 이름 동백나무, 개동백나무, 산동백나무, 아귀나무, 단향매

잎 봄에 돋아난 새순과 어린잎을 나물로 무치거나 찹쌀가루에 묻혀 튀겨 먹는다. 어린순을 잘 말려 두었다가 두고두고 차처럼 달여 먹는다. 이 차를 작설차라 하기도 한다.

약재 가을에 가지를 잘라서 햇볕에 말린다. 한약방에서는 말린 생강나무 가지를 '황매목'이라고 한다. 배가 아플 때, 열이 날 때, 가래가 끓을 때 약으로 쓴다. 또 아기를 낳고 나서 찬 바람을 맞거나, 찬물에 씻어서 몸에 바람이 들었을 때 좋은 약이 된다. 생강나무를 구하기 쉬운 곳에서는 기침이 나고 열이 나는 것을 막기 위해 미리 잎과 싹을 차처럼 달여 마셨다.

생강나무와 산수유 생강나무는 이른 봄에 노란 꽃이 피는 게 산수유와 닮아서 가려내기 어려울 때가 있다. 자세히 보면 줄기 끝이 녹색이고 꽃자루가 짧은 건 생강나무고, 줄기 끝이 갈색이고 꽃자루가 긴 것은 산수유다. 또 생강나무는 산에서 자라는 나무고 산수유는 집 가까이에서 자라는 나무다. 이른 봄에 산에서 피는 노란 꽃은 생강나무, 뜰에서 피는 노란 꽃은 산수유라고 보면 된다.

2000년 7월, 경기도 국립수목원

2001년 1월, 경기도 국립수목원

겨울에 잎이 지는 작은키나무다. 키는 3m쯤 되며 가지는 드물게 갈라졌다. 줄기 껍질은 잿빛 갈색이고 매끄럽다. 작은 가지에는 털이 없다. 가을에 노랗게 단풍이 든다.

잎은 어긋나게 붙고 넓적하면서 두텁다. 얕게 세 갈래로 갈라진 것이 많고 가장자리는 밋밋하다. 잎과 가지에서 생강 냄새가 난다. 이른 봄에 잎이 나기 전에 노란 꽃이 핀다. 자잘한 꽃이 7~15개씩 모여서 피는데 보통 암수딴그루다. 꽃이 필 때 짙은 향내가 난다.가을에 둥근 열매가 검게 익는다.

서양측백나무

Thuja occidentalis

서양측백나무는 가까이 다가가거나 잎을 만지면 향긋한 냄새가 물씬 난다. 서양측백나무, 측백나무, 소나무 같은 나무가 우거진 곳에 들어가면 기분이 상쾌해진다. 그것은 나뭇잎이 김내기를 해서 습도가 높아서이고, 또 좋은 냄새를 풍기기 때문이다. 나무가 풍기는 냄새는 '정유'라고 하는 기름 냄새다. 나뭇잎을 쪄서 이때 나오는 김을 차게 하면 정유를 모을 수 있다. 정유는 약으로 쓴다.

서양측백나무는 미국에서 들여온 나무다. 우리나라 어디서나 심어 기를 수 있다. 공원에 한 그루씩 심어 두고 보기도 하고, 울타리를 만들거나, 바람을 막기 위해 줄지어 심기도 한다. 잎을 비비면 좋은 냄새가 나서 가지를 꺾어다 제단을 꾸민다. 재목은 집을 짓는 데 쓰고 땔감으로도 쓴다.

다른 이름 미국측백나무, 서양찝방나무

서양측백과 측백나무 서양측백나무는 측백나무와 닮았다. 서양측백나무는 미국에서 옮겨다 심은 나무고, 측백나무는 본디 우리나라에서 자라는 나무다. 측백나무는 가지가 위로 자라는데 서양측백나무는 사방으로 뻗는다. 측백나무는 씨앗에 날개가 없고 서양측백나무는 날개가 있다. 그리고 서양측백나무는 측백나무보다 잎이 더 넓고 뒷면이 연한 누런색이다. 서양측백나무 열매가 더 크고 길다.

기르기 씨앗을 심으면 잘 자란다. 가지를 끊어서 심어도 된다. 어릴 때는 해를 가려 주는 것이 좋다. 크게 자란 나무도 옮겨 심으면 잘 산다. 물이 잘 빠지는 땅을 좋아하고 오염된 공기에도 잘 견딘다. 나무가 크게 자라거나 빽빽이 서 있으면 밑가지가 없어지고 윗가지만 남는다.

1997년 7월, 강원도 원주

겨울에도 잎이 지지 않는 늘푸른 바늘잎나무다. 큰 것은 키가 20m쯤 된다. 가지를 수평으로 뻗어서 고깔 모양을 이룬다. 잎은 비늘잎이다. 앞면은 풀색이고, 뒷면은 누렇다. 향기가 진하다. 열매는 누런 갈색으로 익고 씨앗에 날개가 있다.

석류나무

Punica granatum

석류나무는 뜰이나 공원에 심어 기르는 나무다. 우리나라에는 500년쯤 전부터 심어 길렀다. 추위에 약해서 따뜻한 남부 지방에서 잘 자란다. 감나무가 사는 곳까지는 석류나무도 산다.

석류는 가을에 빨갛게 익는다. 잘 익으면 껍질이 툭 터지는데 속에는 붉고 투명한 알갱이가 가득하다. 이것을 먹는데 맛은 시고도 달다. 많이 신 것은 즙을 짜서 먹거나 약으로 먹고, 단것은 그냥 먹어도 맛있다. 입맛을 돋우고 소화가 잘 되게 한다. 목이 쉬거나 아플 때 석류를 달여 마시면 아픔이 가라앉고 입 냄새도 없애 준다. 껍질은 따로 말려 두었다가 비단을 검게 물들일 때 썼다.

옛날에는 뜰에 석류나무를 심으면 자손이 잘 살고 부자가 된다고 해서 많이 심었다. 그래서 혼인할 때 신부가 입는 옷에도 석류 무늬를 많이 그렸다. 열매를 맺지 않는 꽃석류나무는 주로 화분에 심어서 집 안에서 기른다.

열매와 잎 석류는 그냥 먹거나 껍질을 벗기고 알갱이만 눌러서 즙을 내 먹는다. 석류즙은 통증이 심할 때 따뜻한 물에 타 먹으면 좋다. 꿀을 타 먹어도 좋다. 잘 아물지 않는 상처에도 물에 탄 석류즙을 바르면 좋다. 즙으로 술을 담기도 한다. 잎은 편도선에 좋다. 잎을 달인 맑은 물로 입과 목구멍을 헹구어 내면 좋다.

약재 석류 껍질과 뿌리껍질을 약으로 쓴다. 석류를 쪼개어 속을 버리고 껍질을 햇볕에 말린다. 석류 껍질은 시고 떫은맛이 난다. 설사를 멎게 한다. 뿌리껍질은 봄과 가을에 뿌리를 캐서 껍질을 벗겨 햇볕에 말린다. 맛이 떫고 조금 쓰다. 기생충을 없애고 설사를 멎게 한다.

기르기 석류는 땅이 걸지 않아도 잘 자란다. 볕이 잘 들고 물이 잘 빠지는 곳에 심으면 된다. 씨앗을 심거나 꺾꽂이를 하는데 3년이면 열매를 맺기 시작하고 7년이면 많이 딸 수 있다. 다 자라면 잔가지가 우거지므로 가끔 가지를 쳐 준다. 열매를 많이 맺게 하려면 겨울 동안 거름을 넉넉히 준다.

2000년 10월, 충남 부여

겨울에 잎이 지는 작은키나무다. 높이는 2~7m이다. 줄기는 곧게 자란다. 잔가지는 네모나다. 가지에 털이 없고 짧은 가지는 가시가 되었다.

석류, 1999년 10월, 충남 부여

1999년 6월, 충남 부여

잎은 도톰한데 마주나거나 가지 끝에 모여난다. 긴 타원꼴이고 잎자루가 짧다. 붉은 꽃이 5~6월에 한 송이 또는 몇 송이씩 핀다. 열매는 9~10월에 여무는데 껍질이 두껍고 짙은 붉은색이다. 속에 씨앗이 많이 들어 있고 여물면 벌어진다. 씨앗은 투명한 살이 붙어 있고 연붉은색을 띤다.

소나무

Pinus densiflora

소나무는 우리나라 어디에서나 자란다. 모래땅이든 진흙땅이든 땅을 가리지 않고 잘 자란다. 다만 햇빛이 잘 드는 곳이어야 한다. 기름진 땅에서 볕을 알맞게 받으며 자란 소나무는 줄기도 굵고 곧게 자라서 기둥감으로 된다.

봄이 되면 소나무에 물이 오른다. 물오른 소나무 껍질을 벗기면 연한 속껍질이 나온다. 이것을 송기라고 한다. 송기를 씹어서 단물을 빨아 먹는다. 5월이 되면 수꽃의 꽃가루인 송화가 바람에 날린다. 송화를 모아 꿀과 설탕을 넣어 다식을 만든다. 솔잎도 먹는데 그냥 먹기도 하고 가루를 내어서 먹기도 한다. 추석에는 솔잎을 따다가 시루에 깔고 송편을 찐다.

다른 이름 적송, 육송, 솔, 솔나무, 암솔

여러 가지 소나무 우리나라에서 저절로 자라는 소나무에는 해송과 소나무가 있다. 지금 우리 산에는 외국에서 들여온 리기다소나무, 방크스소나무, 테에다소나무도 함께 자라고 있다. 이 소나무들은 보통 북미에서 들여왔기 때문에 두루 '미송'이라고 한다.

목재 소나무는 나무가 단단하고 잘 썩지 않는다. 벌레가 생기거나 휘거나 갈라지지도 않는다. 그래서 궁궐을 짓거나 절을 지을 때도 소나무를 썼다. 그중에서도 강송과 춘양목이 가장 좋다. 강송은 강원도에서 나는 소나무를 통틀어서 말한다. 춘양목은 경상북도 봉화군 춘양면에서 자라는 소나무를 말하는데, 재목감으로 좋은 소나무는 다른 지역에서 나도 춘양목이라고 한다. 춘양목은 줄기가 곧고 껍질이 얇고 나뭇결이 곱고 부드럽다. 켠 뒤에도 크게 굽거나 트지 않는다.

약재 솔잎과 송진을 약으로 쓴다. 솔잎은 아무 때나 싱싱할 때 따서 그대로 쓴다. 솔잎은 잇몸에서 피가 나고 상처가 잘 아물지 않을 때 쓴다. 또 신경통, 관절염, 신경쇠약증에 쓴다. 송진은 줄기에 흠집을 내어 흘러나오는 진을 받은 것이다. 송진은 고약이나 반창고를 만들 때 쓰는데 염증을 빨리 곪게 하고 고름을 빨아낸다. 소나무를 베어 내고 7~8년이 지나면 뿌리 둘레에 버섯이 생기는데 이것을 '복령'이라고 한다. 복령은 캐면 껍질을 벗기고 쪼개서 햇볕에 말린다. 입맛을 돋우고 구역질을 없애 준다. 마음과 정신을 안정시키고, 오줌을 잘 누게 한다.

2001년 1월, 충북 충주

겨울에도 잎이 지지 않는 늘푸른 바늘잎나무다. 키는 20~40m쯤 자란다. 줄기는 구불구불하기도 하고, 곧게 자라기도 한다. 나무껍질은 붉은 밤색이고 거북 등처럼 갈라지면서 떨어진다.

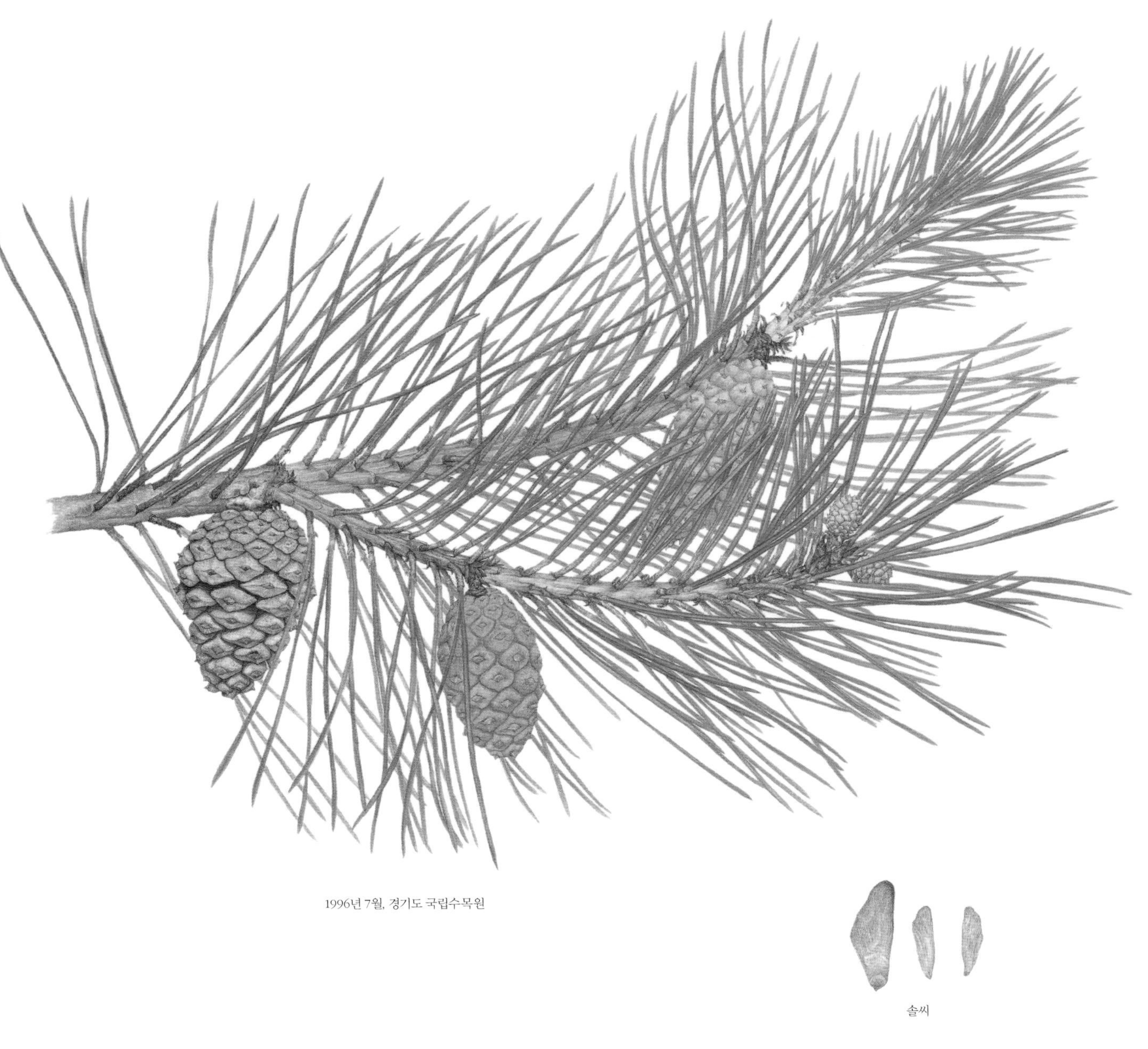

1996년 7월, 경기도 국립수목원

솔씨

바늘잎은 보통 두 개씩 모여서 난다. 어린 나무와 잘 자란 나무에서는 세 개씩 모여 나기도 한다. 5월 중순에 한 나무에서 암꽃과 수꽃이 햇가지에 핀다. 솔방울은 꽃이 핀 뒤 이듬해 가을에 여문다. 솔방울이 여물면 벌어지면서 씨앗이 떨어진다. 씨에는 날개가 있어서 바람에 날아간다.

솜대(분죽)

Phyllostachys nigra var. *henonis*

솜대는 전라남도 담양에서 많이 나는 대나무다. 왕대하고 닮았는데 대가 희다고 분죽이라고 한다. 자세히 보면 마디가 맹종죽보다는 길고 왕대보다는 짧다. 본디 중국에서 자라던 나무이고 줄기에 반점이 없다. 솜대 죽순은 5월에 올라온다. 다른 죽순보다 작지만 연하고 맛이 좋다.

솜대는 바구니를 엮기가 좋다. 잘 쪼개지고 단단하면서도 잘 휜다. 게다가 질겨서 뭐든 만들어 놓으면 오래간다. 여름에 솜대로 만든 도시락에 밥을 넣어 두면 밥이 쉬지 않고 꼬들꼬들하게 오래간다. 대자리도 솜대로 만든 것을 알아준다. 솜대로 만든 대자리는 빛깔이 흰데 쓰다 보면 밤색으로 바뀐다. 오래되어도 보풀이 일지 않고 되려 반들반들 윤이 난다. 겨울에는 따뜻하고 여름에는 시원해서 좋다.

다른 이름 분검정대, 담죽
죽물 대나무로 만든 물건을 죽물이라고 한다. 말석, 채반, 도시락, 용수, 광주리, 바구니 같은 것이 있다. 죽물을 만드는 데는 왕대보다 솜대를 많이 쓴다. 대가 올라온 지 3년이 넘으면 색이 안 좋고 물건을 해 놓아도 질기지 않다. 죽물은 보통 가을걷이를 한 뒤부터 봄에 농사를 시작하기 전까지 많이 만든다. 여름에 벤 대나무로 만들면 곰팡이가 슬고 하얗게 좀을 먹는다. 겨울에 벤 것으로 만들어야 한다. 겨울에 대를 베어 볕이 안 들고 비를 맞지 않는 곳에 잘 두었다가 여름에 만들기도 한다.
약재 잎을 달여서 먹는다. 한약방에서는 '죽엽'이라고 한다. 갓난아이가 밤에 보채고 울 때 죽엽 달인 물을 자주 먹인다. 이 물로 입가심을 하면 입에 염증이 안 생긴다. 또 겨드랑이를 씻어 주면 땀이 적게 나고 나쁜 냄새가 없어진다. 대나무 잎은 열을 내리고, 독을 풀어 주고, 피를 멎게 하는 약으로도 쓴다.
기르기 두 해 자란 대나무를 줄기를 잘라 낸 뒤 땅속에 있는 땅속줄기를 끊어서 옮겨 심는다. 땅속줄기가 옆으로 자라면서 거기에서 새로 죽순이 난다.

2000년 10월, 충북 충주

겨울에도 잎이 지지 않는 늘푸른나무다.
왕대나 죽순대보다 키가 작아서 10m를 조금 넘는다. 줄기는 처음에는 흰 가루를 뿌린 듯 털이 나지만 나중에 누런 풀빛으로 바뀐다.

1996년 7월, 충남 부여

죽순, 1997년 5월, 충남 부여

줄기, 1996년 7월, 충남 부여

길고 가느다란 잎은 4~5장씩 붙는다. 왕대보다 잎이 좁고 가늘다. 줄기 마디와 마디 사이가 왕대보다 짧다. 마디는 고리가 두 개 있다. 죽순은 껍질이 옅은 붉은색을 띠며 반점이 없다.

소나무과
소나무속

스트로브잣나무

Pinus strobus

스트로브잣나무는 본디 미국과 캐나다에서 자라는 나무다. 100년쯤 전에 우리나라에 심기 시작했다. 지금은 공원이나 아파트, 고속도로 옆에 많이 심는다. 스트로브잣나무는 우리나라 어디에나 심을 수 있다. 처음에는 느리게 자라지만 나중에는 빨리 자란다. 추위에 강하고 옮겨 심어도 잘 큰다.

미국에서는 스트로브잣나무가 키가 80m에 줄기 지름이 4m나 된다고 한다. 미국 사람들은 이 나무로 집을 짓고 다리를 놓고 배를 만든다. 목재를 수출하기도 한다.

다른 이름 가는잎소나무[북], 스트로브소나무

여러 가지 잣나무 바늘잎이 다섯 가닥씩 붙는 나무는 스트로브잣나무를 비롯하여 잣나무, 눈잣나무, 섬잣나무가 있다. 이 중에서 스트로브잣나무와 잣나무는 바늘잎이 길고 눈잣나무와 섬잣나무는 짧다. 스트로브잣나무는 잎이 잣나무보다 가늘고 부드럽다. 스트로브잣나무는 줄기가 맨질맨질하고 다른 나무들은 거칠거칠하다. 그리고 잣나무 열매는 크고 먹을 수가 있는데 스트로브잣나무는 아주 작고 못 먹는다.

목재 스트로브잣나무 목재는 흰빛을 띠어서 백송이라 한다. 잣나무는 붉은색을 띠어서 홍송이라고 한다. 백송은 재목이 아름답고 재질이 좋아서 집을 짓고 배를 만드는 데 쓴다. 가구를 만들어도 좋다. 종이도 만든다. 재질이 연해 칼을 잘 받아서 조각하는 데도 많이 쓴다. 나무가 곧고 높이 자라기 때문에 예전에는 돛대감으로 으뜸이었다고 한다.

기르기 씨앗을 심어서 기른다. 늦여름에 가늘고 길쭉한 열매가 익는데 익자마자 벌어져서 씨가 빠져 나온다. 벌어지기 전에 열매를 따서 씨를 받는다. 씨는 이듬해 봄까지 축축한 모래와 섞어서 둔다. 어린 나무는 그늘을 좋아해서 해 가리개를 쳐 주어야 잘 자란다.

2001년 1월, 강원도 원주

겨울에 잎이 지지 않는 늘푸른 바늘잎나무다. 키는 40~50m까지 자란다. 줄기는 잿빛을 띤 풀색이고 매끈하다. 오래된 나무는 줄기 껍질이 갈라지기도 한다. 줄기가 곧고 가지가 동서남북으로 고르게 돌려붙는다.

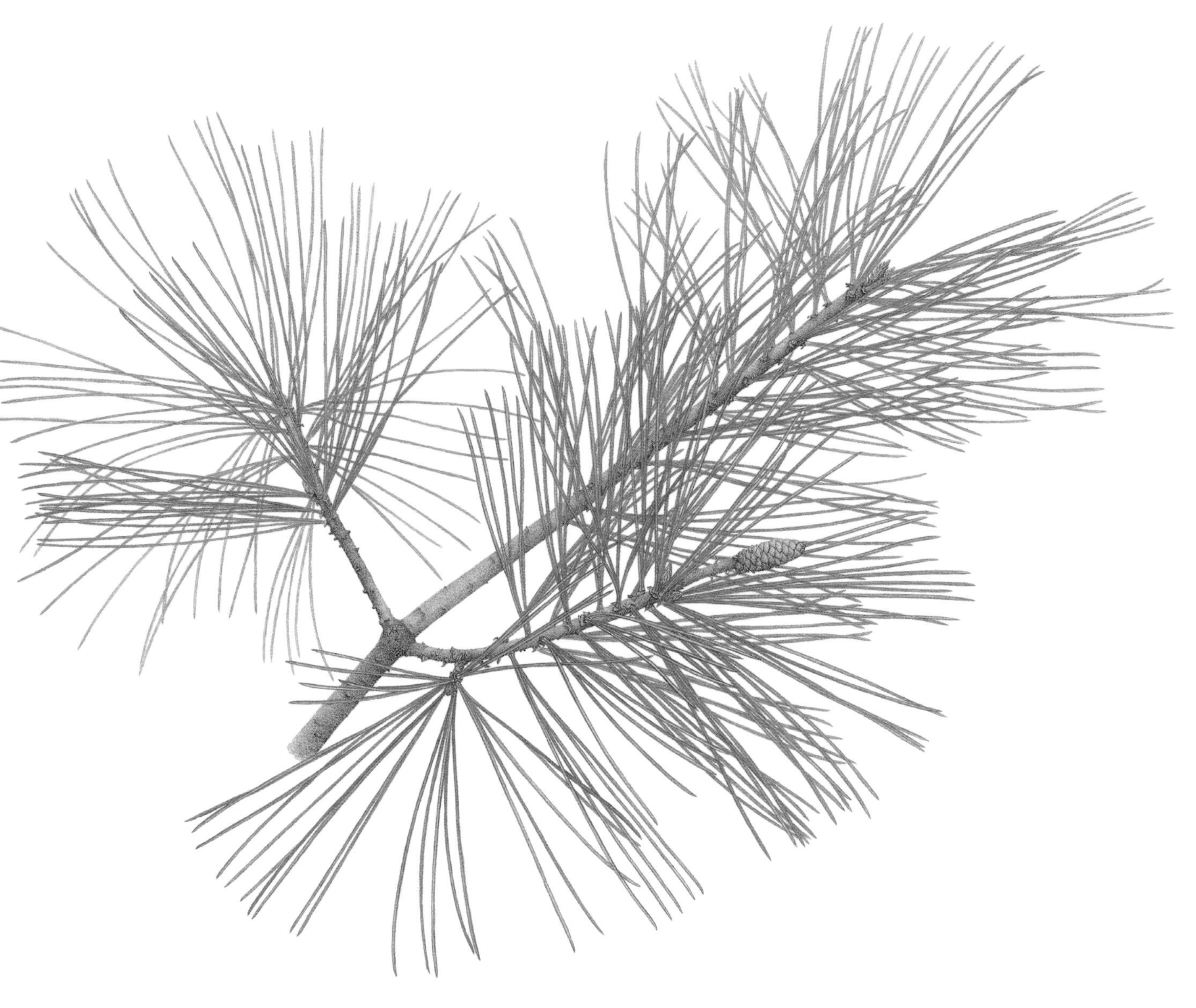

2000년 2월, 강원도 원주

바늘잎은 잿빛이 도는 풀색이고 다섯 개씩 모여 붙는다. 끝은 뾰족한데 만져도 따갑지 않다. 5월에 꽃이 핀다. 열매는 이듬해 가을에 연한 밤색으로 여문다. 여물면 벌어져서 씨앗이 떨어지고 빈 열매가 겨울까지 붙어 있다. 씨앗에는 날개가 있다.

신갈나무

Quercus mongolica

신갈나무는 우리나라 산에서 가장 흔하게 볼 수 있는 참나무다. 잎은 떡갈나무잎과 비슷하다. 신갈나무만 무리 지어 자라기도 하고, 다른 나무들과 섞여서 자라기도 한다. 추위에도 잘 견뎌서 높은 산에도 있고, 북쪽으로 올라가면서도 숲을 이루며 잘 자란다. 산등성이에서 만나는 참나무는 거의 다 신갈나무다. 서울 남산에는 신갈나무가 크게 무리를 지어 산다.

신갈나무는 다른 참나무보다 도토리가 일찍 열고 많이 달린다. 익어서 떨어진 것은 줍고 낮은 데 열린 것은 손으로 딴다. 햇도토리는 추석 무렵부터 딸 수 있다. 도토리는 껍질이 조금 두껍다. 삶아서 도토리밥을 해 먹거나 가루를 내어서 묵을 쒀 먹는다. 도토리를 삶을 때 나오는 검은 물로는 옷에 물을 들인다. 나무껍질로도 물을 들일 수 있다. 도토리는 다람쥐, 곰, 멧돼지 같은 산짐승들도 좋아한다. 집에서 기르는 소나 돼지에게도 먹인다. 돼지에게 먹이면 돼지가 살찐다.

다른 이름 돌참나무, 물가리나무, 재라리나무
목재 목재 가장자리는 누른 밤색이고 가운데는 검은 밤색이다. 결이 치밀하고 단단하며 윤기가 난다. 합판, 차바퀴, 배를 만드는 데 쓴다. 무늬가 아름다워서 가구를 만들기도 한다. 요즘은 줄기를 베어다가 표고를 기르는 나무로 많이 쓴다.
약재 나무껍질과 잎을 약으로 쓴다. 봄에 가지와 줄기를 잘라 말린다. 여름에 잎을 따서 그늘에서 말린다. 잎과 껍질은 달여서 피를 멎게 하고 설사를 멎게 하는 약으로 쓴다. 입안과 목구멍에 염증이 생겼을 때 잎과 껍질을 달인 물로 입을 헹구어 준다.
기르기 씨앗을 심어서 기를 수 있다. 씨앗이 떨어지면 싹이 잘 튼다. 가을에 바로 심어도 되고 모래에 섞어 묻어 두었다가 심어도 된다. 나무모를 길러서 옮겨 심을 때는 봄에 한다. 나무가 어릴 때는 해를 가려 주는 것이 좋다.

2000년 8월, 강원도 원주

2000년 12월, 충북 제천

겨울에 잎이 지는 큰키나무다.
높이는 20m쯤이다. 나무껍질은 딱딱하고 잿빛 밤색이고 거칠게 튼다.
굵은 가지를 많이 친다.

2000년 9월, 강원도 원주

도토리

잎은 가지 끝에 모여 붙고 타원꼴이다. 잎자루가 매우 짧다. 잎 가장자리는 물결 모양으로 얕게 갈라진다. 5~6월에 암꽃과 수꽃이 한 나무에 핀다. 상수리나무와 달리 꽃이 핀 그해 가을에 도토리가 여문다. 도토리는 둥그렇고 도토리깍정이는 종지 모양이다.

싸리

Lespedeza bicolor

싸리나무는 산에서 흔히 볼 수 있다. 키가 작고 가지를 많이 쳐서 떨기를 이룬다. 여름부터 자잘한 꽃이 피는데 꿀이 많아서 벌을 치기에 좋다. 잎은 소나 염소나 돼지가 다 잘 먹는다.

싸릿가지는 흔하게 나는데다가 잘 구부러지고 질겨서 무엇을 만들어 쓰기에 좋다. 가을이나 겨울에 줄기를 쳐 주면 이듬해에 햇가지가 나온다. 갈색 줄기 껍질을 벗기면 흰 속대가 나온다. 속대를 엮어서 광주리나 채반을 만든다. 껍질을 벗기지 않은 것은 발이나 발채를 만든다. 싸리발을 둘러 세워서 고구마 퉁가리를 만들기도 한다. 싸리는 대쪽이나 짚과 달리 굵고 억세다. 그래서 알이 잔 곡식을 담아 두거나 널어 말리기에는 덜 좋다. 하지만 바람이 잘 통하고 질겨서 채소나 과일을 널어 말리거나 담아 두면 좋다. 싸릿대를 엮어 비도 맨다. 집을 지을 때는 싸릿대를 엮어 세우고 그 위에 흙을 발라서 벽을 쳤다. 사립문이나 울타리도 싸릿대를 엮어서 쳤다.

다른 이름 풀싸리[북], 싸리나무, 싸리낭구, 싸리깨이, 삐울채, 챗가지

줄기와 껍질 한여름에 산에 가서 참싸리를 해다가 푹 삶아서 껍질을 벗겨 낸다. 껍질은 비사리라고 하는데 아주 질겨서 밧줄도 꼬고, 고삐도 만든다. 빛깔이 좋아서 짚으로 만든 물건에 무늬를 넣을 때도 쓴다.

약재 싸리나무 줄기에서 기름을 내어 약으로 쓴다. 한 해 묵은 싸리나무를 베어다가 짧게 잘라서 한 줌씩 불을 붙이면 타면서 기름이 나온다. 이 기름을 피부병이나 옴이 생긴 곳에 바르면 가렵지 않고 상처를 빨리 아물게 한다. 폐결핵이나 귓병에도 좋다. 오줌이 방울방울 떨어지면서 잘 나오지 않을 때 싸리 말린 것을 달여 먹는다.

기르기 포기를 나누어 심거나 가지를 잘라 심는다. 햇볕이 잘 드는 곳을 좋아한다. 싸리나무는 공해에도 강하고, 옮겨 심어도 잘 산다. 척박한 땅에서도 잘 자라서 금세 퍼진다. 산비탈이나 둑에 심으면 흙이 씻겨 내리는 것을 막을 수 있다.

참싸리, 2000년 8월, 경기도 국립수목원

싸리, 2006년 1월, 충북 충주

겨울에 잎이 지는 떨기나무다. 줄기는 곧게 자라고 가지를 많이 친다. 모서리가 있고 부드럽고 흰 털이 있다. 가을에 단풍이 노랗게 든다.

2000년 7월, 강원도 원주

참싸리 *L. cyrtobotrya*

잎은 쪽잎 석 장으로 이루어진 겹잎이다. 쪽잎은 타원꼴인데 끝이 오목하고 가장자리는 밋밋하다. 잎 앞면은 털이 없고 풀색이며 뒷면은 짧고 부드러운 털이 성글게 나 있다. 꽃은 초여름에 붉게 핀다. 꼬투리 열매가 가을에 여문다.

아까시나무

Robinia pseudoacacia

아까시나무는 이른 여름에 향기가 진한 흰 꽃이 핀다. 아까시나무 꽃은 먹는다. 송이째 따서 훑어 먹기도 하고 꽃지짐을 해 먹기도 한다. 얇고 넓적한 돌을 주워다가 불에 달구고, 그 위에 꽃을 놓고 돌로 눌러 놓으면 맛있는 꽃지짐이 된다. 아까시나무 꽃은 꿀이 많다. 꽃이 많이 피는 해에는 꿀도 풍년이 든다. 벌을 치는 사람들은 아까시나무 꽃이 피는 때에 맞춰서 옮겨 다닌다. 꽃을 따라서 남쪽에서 북쪽으로 올라오면서 벌통을 놓는다. 아까시나무 꿀은 맑고 달다.

1950년대에 우리나라 산에는 나무가 거의 없었다. 그래서 큰 비가 조금만 내려도 강이 넘쳐서 논밭과 집이 물에 잠기곤 했다. 이때 아까시나무를 리기다소나무, 족제비싸리, 사방오리나무와 함께 산에 심었다. 아까시나무는 나무가 없는 메마르고 거친 땅에서 잘 자라서 금세 산을 푸르게 했다. 잎은 토끼나 염소나 소를 먹이고 가지는 땔감으로 쓰고 나무는 단단해서 목재로 썼다.

아까시나무와 오리나무는 뿌리에 뿌리혹이 있어서 비료 없이도 잘 자란다. 햇빛이 잘 드는 곳에 저절로 자라나서 흙을 기름지게 해 준다. 그러다가 밑에서 천천히 자라 올라오는 참나무에게 자리를 내준다. 잘 보존된 숲에는 거의 없다.

다른 이름 아카시아나무[북], 아가시나무, 가시나무, 개아까시나무

아까시나무 꿀 아까시나무 꿀은 빛깔이 맑고 향기가 좋다. 꽃이 피는 5~6월에 날씨가 좋으면 좋은 꿀을 얻을 수 있다. 빛깔이 맑고 투명할수록 좋다.

목재 아까시나무는 목재로 좋다. 무겁고 단단하며 잘 안 썩는다. 마룻바닥이나 침목으로 많이 쓴다. 땅속에 박아 놓아도 오래가기 때문에 고추 버팀대나 말뚝으로 쓰기에도 좋다.

기르기 가지나 뿌리를 끊어서 심거나 씨앗을 뿌려 기른다. 옮겨 심어도 잘 산다. 아까시나무는 잘 퍼지고 금세 자란다. 무엇보다 뿌리가 튼튼하다. 땅도 가리지 않고 공해에도 잘 견딘다. 길을 내면서 깎아 낸 곳이나 도시 길가에 심어도 잘 산다.

1999년 5월, 강원도 원주

1997년 12월, 강원도 원주

겨울에 잎이 지는 큰키나무다. 큰 것은 20m가 넘도록 자라는 것도 있다. 줄기는 곧게 자란다. 줄기 껍질은 잿빛이 도는 검은 밤색인데 세로로 깊이 터진다. 어린 줄기와 가지에는 큰 가시가 있다.

1997년 5월, 강원도 원주

열매, 1998년 2월, 강원도 원주

잎은 어긋나게 붙는데 쪽잎 7~19장으로
이루어진 겹잎이다. 이른 여름에 향기가
진한 흰색 꽃이 많이 모여서 아래쪽으로 핀다.
열매 꼬투리 속에 씨가 여러 알 들어 있다.
씨는 초가을에 검은 밤색으로 여문다.

앵두나무(앵도나무)

Prunus tomentosa

앵두나무는 뜰이나 담 옆에 심어 기르는 과일나무다. 볕이 잘 드는 양지바른 산기슭에서 절로 자라기도 한다. 이른 봄에 꽃이 잎보다 먼저 피는데 무척 곱다. 흰색이나 연분홍색 작은 꽃이 묵은 가지에 소복하게 붙어서 핀다.

앵두는 유월쯤 익는 올과일이다. 보리가 한창 익을 무렵에 익는다. 나무가 작고 가지를 많이 쳐서 어린아이들도 쉽게 앵두를 따 먹을 수 있다. 조선 시대에는 나라 제사에 앵두를 올렸다. 보리, 죽순, 살구같이 이때쯤 나는 것과 함께 올렸다고 한다.

앵두는 굵어도 알이 버찌만 하다. 가지마다 촘촘히 붙어서 많이 달린다. 앵두는 익으면 빨갛게 되어 살이 물러진다. 그래서 오래 두고 먹지는 않는다. 맛은 새콤하면서도 달다. 물이 많아서 많이 먹다 보면 입이 붉어진다. 술을 담글 때는 무르기 전에 딴다. 앵두 술은 빛깔이 곱다.

약재 앵두는 독이 없어서 어지간히 먹어도 해롭지 않다. 다른 올과일과 달리 많이 먹어도 배탈이 나지 않는다. 앵두를 먹으면 속이 편하고 힘이 생기고 얼굴빛이 고와진다. 소주를 부어 약술을 만들기도 한다. 앵두 술은 오줌을 잘 누게 한다. 앵두 잎은 약으로 쓴다. 뱀에 물린 데 잎을 짓찧어 붙이고, 즙을 짜서 마시면 독이 몸속으로 퍼지는 것을 막아 준다. 앵두나무 뿌리도 약으로 쓴다. 봄에 뿌리를 캐어 껍질을 벗기고 햇볕에 말려서 회충약으로 쓴다.

기르기 씨앗을 심거나 포기를 갈라서 심는다. 봄에 비가 자주 올 때 손가락 굵기만 한 실한 가지를 끊어 땅에 꽂아 두면 뿌리를 잘 내린다. 다 큰 나무를 옮겨 심어도 잘 자라고 추위와 가뭄에도 잘 견뎌서 기르기가 수월하다. 앵두는 묵은 가지에 달리기 때문에 가지치기를 너무 많이 하면 안 좋다. 쌀뜨물을 자주 주면 알도 크고 일찍 익는다. 옮겨 심을 때 뿌리에 닭털을 많이 쓸어 넣으면 열매도 많이 달리고 알도 크다.

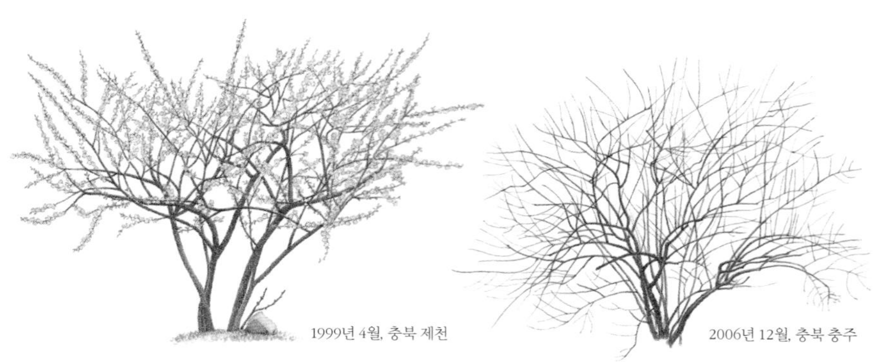
1999년 4월, 충북 제천
2006년 12월, 충북 충주

겨울에 잎이 지는 떨기나무다. 줄기는 높이 3m쯤 자라고 가지가 잘 벌어진다. 나무껍질은 검고 겉껍질이 고르지 않게 벗겨져서 거칠다. 가지에는 솜털이 많다.

꽃, 1998년 4월, 강원도 원주

1998년 6월, 강원도 원주

잎은 어긋나게 붙는다. 넓은 타원꼴이고 끝이 좁아진다. 가장자리에 톱니가 있고 앞뒤로 털이 있다. 꽃이 잎보다 먼저 핀다. 4월쯤 묵은 가지에 흰색이나 연분홍색 꽃이 한두 개씩 다닥다닥 붙어서 핀다. 6월이면 잘고 둥근 열매가 빨갛게 익는다. 열매 속에는 단단한 씨가 들어 있다. 씨는 갸름하게 생겼는데 끝이 뾰족하고 겉은 매끈하다.

오갈피나무

Eleutherococcus sessiliflorus

오갈피나무는 산골짜기나 산기슭에서 잘 자란다. 잎이 석 장이나 다섯 장씩 모여나기 때문에 쉽게 알아볼 수 있다. 잎 생김새 때문에 오갈피라는 이름이 붙었다. 옛날부터 약으로 쓰던 나무인데 지금도 약으로 쓰려고 밭에서 심어 기른다.

약으로 쓰려면 여름철에 뿌리와 줄기 껍질을 벗긴 뒤 겉껍질을 긁어내고 햇볕에 말린다. 오갈피 껍질은 기운이 나게 하고 힘줄과 뼈를 튼튼하게 한다. 다리를 잘 쓰지 못할 때, 허리와 무릎이 아플 때, 신경통이나 관절염에 좋은 약이 된다. 어린아이가 걸음마를 늦게 할 때도 약으로 쓴다.

오갈피나무는 쓸 데가 많다. 봄에 나무에서 새순이 올라오면 뜯어다가 데쳐서 나물을 해 먹는다. 껍질은 물에 넣고 끓여서 차처럼 마신다. 경상남도에서는 쌀가루에 오갈피 달인 물을 섞어서 빚은 오갈피술이 유명하다.

여러 가지 오갈피나무 지리산오갈피나무와 털오갈피나무는 우리나라 어디에서나 난다. 서울오갈피나무는 중부 지방에서 난다. 제주도에서는 섬오갈피나무가 자란다. 종류는 다 다르지만 모두 약으로 쓴다. 가늘고 긴 가시가 잎과 줄기에 많이 난 가시오갈피도 약으로 쓴다. 러시아에서는 가시오갈피를 우리나라 인삼처럼 귀하게 여긴다고 한다. 몸을 튼튼하게 하는 약으로 널리 쓴다.

약재 오갈피나무 껍질을 한약방에서는 '오가피'라고 한다. 오갈피나무 껍질은 간이 안 좋거나 뼈마디가 아플 때 좋다. 약으로 쓸 때는 껍질을 물에 넣고 달여서 마신다. 냄새는 향기롭고 맛은 조금 쓰고 떫다.

오갈피술 오갈피나무를 넣고 빚은 술이다. 몸을 튼튼하게 한다고 해서 옛날부터 즐겨 마셨던 약술이다. 누룩과 밥에 오갈피 달인 물을 섞어서 빚는 방법과 말린 오갈피 껍질에 죽과 누룩을 섞어서 빚는 방법이 있다. 아침 먹기 전에 데워 먹으면 팔다리가 저리거나 허리가 아플 때 좋고, 조금씩 오랫동안 마시면 오래 산다고 한다.

2000년 10월, 경기도 평택

겨울에 잎이 지는 떨기나무다. 높이는 3~5m이고 줄기는 가지를 많이 친다. 나무껍질은 잿빛을 띠며 줄기와 가지에는 가시가 있는 것도 있고 없는 것도 있다.

2000년 10월, 경기도 평택

잎은 3~5개의 쪽잎으로 된 겹잎이고 잎자루가 길다. 잎 앞면은 풀색이고 털이 없으며 뒷면은 연한 풀색이고 가운데 잎줄 위에 잔털이 있다. 8~9월쯤 가지 끝에서 푸른빛이 도는 누렇고 작은 꽃이 많이 모여서 핀다. 둥근 열매가 9~10월에 여무는데 익으면 검은색을 띤다.

오동나무

Paulownia coreana

오동나무는 목재로 쓰기 위해 집 가까이에서 일부러 가꾸는 나무다. 무척 빨리 자란다. 목재가 가볍고 무늬가 곱고 잘 썩지 않아서 가구나 악기를 만드는 데 좋다. 예전에는 딸을 낳으면 오동나무를 심었다. 딸이 시집갈 무렵이면 오동나무가 장롱을 짤 만큼 자라기 때문이다. 오동나무 껍질은 물감 원료로 쓰고 잎은 벌레를 없애는 데 쓴다. 변소 안에 오동나무 잎을 몇 장 넣어 두면 구더기가 생기지 않고 구린내도 덜 난다.

오동나무로 나막신을 만들어 신기도 했다. 오동나무 신은 가볍고 발에 땀이 잘 안 찬다. 잘 닳지도 않아서 오래 신을 수 있었다.

오동나무를 마당에 심으면 여러모로 좋다. 봄에는 큼직한 보랏빛 꽃이 피는데 향기가 참 좋다. 여름에는 잎이 넓어서 그늘이 좋다. 나무 생김새도 아름답다. 오동나무는 물이 잘 빠지는 기름진 땅을 좋아한다. 비탈진 곳에서도 잘 자란다. 울릉도에서는 산에서 저절로 자라는 큰 오동나무가 있다.

오동나무와 참오동나무 오동나무는 잎 뒤에 갈색 털이 있고, 참오동나무는 잎 뒤에 흰 털이 많다. 오동나무가 참오동나무보다 드물다. 울릉도에서는 참오동나무가 산에서 저절로 나서 굵게 자란다. 다른 곳에서는 심어서 기른다. 오동나무, 참오동나무 모두 좋은 목재가 된다.

목재 목재는 흰색이거나 불그스름한 흰색이다. 가벼운데도 틀어지는 일이 없다. 또 습기를 막고 잘 안 썩는다. 그래서 옷장, 책장, 그림 상자 들을 만든다. 악기를 만들면 소리가 곱고 맑게 울려서 거문고나 가야금, 장구통을 만드는 데 가장 좋은 나무로 친다. 재질이 치밀하여 잘 닳지도 않는다.

기르기 양지바른 산기슭이나 마을 가까이에 심어 기른다. 가을에 씨앗을 묻어 두었다가 봄에 심는다. 오동나무는 햇볕을 몹시 좋아하고 빨리 자란다. 2~3년 동안은 윗줄기를 잘라 주어야 한다. 추운 겨울에 윗줄기가 얼어 죽을 수 있기 때문이다. 추운 지방에서는 겨울에 줄기를 볏짚으로 싸 주어야 한다. 심어서 15~20년이면 베어서 쓸 수 있다.

참오동나무, 2000년 8월, 강원도 원주

참오동나무, 1998년 1월, 충남 부여

참오동나무는 겨울에 잎이 지는 큰키나무다. 키는 15m쯤 된다. 굵은 가지가 사방으로 고루 뻗는다. 나무껍질은 검은 잿빛이다.

1997년 9월, 강원도 원주

오동나무 겨울눈

꽃, 1998년 4월, 강원도 원주

열매, 1998년 6월, 강원도 원주

열매, 1996년 12월, 강원도 치악산

참오동나무 *P. tomentosa*

참오동나무는 잎이 아주 크고 넓적하다. 끝은 뾰족하고 가장자리는 매끈하다. 때로는 얕게 갈라지는 것도 있다. 뒷면에는 빽빽하게 솜털이 난다. 꽃은 5월에 가지 끝에 핀다. 종 모양이고 희거나 보랏빛이다. 둥근 열매가 가을에 익는다.

오리나무

Alnus japonica

오리나무는 산기슭이나 개울가, 골짜기 눅눅한 곳에서 자란다. 햇볕을 좋아하는 나무인데 어릴 때는 그늘에서 잘 자란다. 마을 가까이에서도 자란다. '십 리 절반 오리나무'라는 말이 있듯이 오 리마다 심었다고 오리나무란 이름이 붙었다. 논두렁 가까운 곳에 심어 두고 잎이 우거지면 가지를 쳐서 논에 넣었다. 거름으로 썼던 것이다.

오리나무는 빨리 자란다. 메마른 땅이라도 뿌리를 잘 내린다. 물오리나무, 사방오리나무도 거친 땅에서 잘 산다. 다른 나무는 살기 힘든 땅에 살면서 그 땅을 기름지게 만드는 재주가 있다. 흙이 쓸려 내리는 것을 막기 위해 산에 일부러 심기도 한다.

오리나무가 자라서 줄기가 굵어지면 목재로 쓴다. 오리나무는 천천히 말리면 갈라지지 않는다. 그릇이나 나막신이나 농사 연장을 만든다. 불땀이 좋아서 대장간에서는 오리나무로 숯불을 지폈다고 한다. 나무 열매와 껍질은 삶아서 옷감에 물을 들인다. 붉은색, 갈색, 검정색 물을 들일 수 있다. 그물을 물들이는 데도 썼다.

목재 오리나무 목재는 누른 밤색이다. 농사 연장이나 악기, 상자, 배를 만드는 데 쓴다. 나무 그릇으로 유명한 남원에서는 오리나무로 만든 제기와 그릇을 쉽게 볼 수 있다. 예전에는 오리나무로 나막신을 파서 오줌통에 담가 붉게 물을 들여 신었다. 조각 재료로도 쓴다. 톱밥은 버섯을 기를 때 넣기도 한다.

약재 껍질과 열매를 약으로 쓴다. 봄에 껍질을 벗겨 햇볕에 말린다. 열매는 잎이 떨어지기 전에 따서 말린다. 껍질을 달여 아기를 낳은 뒤 피가 안 멎을 때나 위장병에 약으로 쓴다. 목구멍에 염증이 났을 때 입가심을 하기도 한다.

기르기 씨앗을 심어 기른다. 가을에 열매가 아직 푸를 때 따서 며칠 말린다. 말린 열매를 막대기로 쳐서 씨앗을 턴 다음 자루에 넣어 바람이 잘 통하는 곳에 두었다가 이듬해 봄에 심는다. 오리나무는 옮겨 심어도 잘 산다. 추위에도 강하고 나쁜 공기에도 잘 견딘다.

2000년 7월, 경기도 국립수목원

2001년 1월, 경기도 국립수목원

겨울에 잎이 지는 큰키나무다. 키가 10~20m쯤 자란다. 나무껍질은 잿빛 갈색이고 갈라진다. 햇가지는 매끈하며 붉은색을 띤다.

2000년 10월, 강원도 원주

꽃, 1997년 12월, 강원도 원주

잎은 어긋나게 붙고 긴 타원꼴이다.
끝이 뾰족하고 가장자리에 잔 톱니가 있다.
이른 봄에 꽃이 피며 암꽃과 수꽃이 한 그루에
같이 핀다. 잎은 꽃이 질 무렵에 난다.
열매는 10월쯤 익는다. 달걀 모양인데
처음에는 풀색이다가 점점 어두운 밤색으로
바뀐다.

오미자

Schisandra chinensis

오미자는 열매가 다섯 가지 맛이 난다. 시고, 달고, 쓰고, 맵고, 짠 다섯 가지 맛이 다 난다고 이름도 오미자다. 신맛이 가장 강하지만 다른 맛들도 어울려 오미자만의 맛을 낸다. 잘 익은 오미자를 따서 물에 넣고 하룻밤을 재우면 새콤달콤한 붉은 물이 우러난다. 그 물에 설탕이나 꿀을 타면 맛있는 차가 된다.

오미자는 작고 둥근 열매가 포도송이처럼 가지에 달린다. 열매는 가을이 되면 빨갛게 익는다. 익은 열매는 따서 말린 뒤 약으로 쓴다. 기운을 북돋우고 피로를 없애 주며 심장을 튼튼하게 해 준다. 더구나 오미자는 순하고 독이 없어서 많이 먹어도 탈이 없다. 그래서 마음 놓고 쓸 수 있는 아주 좋은 약재다. 산골 사람들은 오미자가 익기 시작하면 허리춤에 바구니를 끼고 산으로 올라간다. 오미자를 따서 장에 내다 팔기도 하고, 아껴 두었다가 먹거나 약으로 쓴다.

오미자는 낮은 산기슭에서 자란다. 그늘이 지거나 돌이 많은 비탈길에서도 덩굴이 잘 뻗는다. 덩굴은 굵고 억세다. 으름덩굴이나 다래나무처럼 봇줄이나 새끼를 꼬아 쓴다. 봇줄은 말과 소한테 써레나 쟁기를 맬 때 쓰는 줄이다. 제주도에는 열매가 검고 가지를 자르면 소나무 냄새가 나는 흑오미자도 있다.

잎 봄에 어린싹을 나물로 무쳐 먹는다. 그냥 먹으면 쓰고 떫으니까 잘 우려낸 뒤에 먹는다. 잎이나 열매 껍질은 차를 끓여 마신다. 향기가 좋고 밥맛을 돋워 주며 소화가 잘 되게 해 준다. 가루를 내어 양념으로 쓰기도 한다.

약재 가을에 잘 익은 열매를 따서 햇볕에 말렸다가 다시 그늘에 말려서 약으로 쓴다. 몸이 약하고 피로할 때, 갈증이 나고 답답할 때, 열이 나거나 기침이 날 때 달이거나 가루를 내어 먹는다. 더위를 먹었을 때도 좋다. 결핵균을 없애 준다고 해서 결핵 환자를 치료하는 병동에 오미자를 심기도 했다. 차를 끓이거나 물을 우려낸 오미자는 버리지 않고 씨앗만 따로 빼 그늘에 말려 약으로 쓴다. 오미자 씨는 눈을 밝게 해 준다. 씨앗에서 짠 기름은 천식에 좋다.

오미자로 만든 음식 오미자는 빛깔이 붉고 고와서 쓸 데가 많다. 가장 흔하게는 물을 우려내 오미자차나 오미자 화채를 만든다. 오미자차는 여름에는 차게, 겨울에는 따뜻하게 해서 먹어야 제맛이 난다. 오미자로 술을 담그면 빛깔도 곱고 약효도 좋다. 옛날에는 오미자즙에 녹두 녹말을 넣고 끓여서 먹기도 했다. 이것을 '오미자응이'라고 한다.

2000년 7월, 강원도 원주

열매

겨울에 잎이 지는 덩굴나무다. 덩굴줄기는 오른쪽으로 감기는데 가지를 많이 치면서 서로 엉킨다. 껍질은 갈색이고 얇게 벗겨진다. 잎은 어긋나게 붙고 타원형이다. 두텁고 끝이 뾰족하고 잎자루가 길다. 5~7월에 노란빛이 도는 흰 꽃이 아래로 드리우면서 여러 송이 핀다. 꽃은 향기가 있다. 열매는 포도송이처럼 달리는데 8~9월에 붉게 익는다.

옻나무

Rhus verniciflua

옻나무는 옻을 받으려고 심어 기르는 나무다. 산에서 마주치는 옻나무는 기르던 옻나무가 퍼진 것이다. 옻은 옻나무 줄기에서 나오는 잿빛 진을 말하는데 가구나 나무 그릇에 칠한다. 옻칠을 하면 색이 진해지고 반들반들해져서 보기가 좋다. 또 뜨거운 열에 잘 견디고, 물에 젖어서 썩는 것을 막아 준다. 우리나라는 신라 시대 이전부터 옻나무를 귀하게 여겨서 여러 지방에서 길러 왔다. 지금은 강원도 원주에서 나는 옻을 최고로 친다. 원주칠이라고 해서 질도 좋고 양도 가장 많다.

옻나무에는 독이 있어서 잘못 만지면 옻이 오른다. 옻을 심하게 타는 사람은 옻나무를 보기만 해도 옻이 오른다고 한다. 옻이 오르면 살이 가렵고 얼굴이 부어오르고 온몸에 옻독이 돋는다. 옻나무하고 비슷하게 생긴 개옻나무도 만지면 옻이 오른다. 봄에 옻나무 새순을 따서 나물로 먹는데 옻을 타는 사람은 못 먹는다.

다른 이름 칠목, 칠순채, 오지나물

옻 진 내기 옻은 6월 초부터 10월 중순 사이에 날이 맑고 더운 날에 받는다. 4~5년쯤 된 옻나무 줄기에 상처를 내고 옻이 흘러나오면 대나무 칼로 긁어모은다. 처음 나오는 옻은 잿빛인데 마르면 어두운 갈색이 되고 끈끈해진다. 진한 냄새가 난다.

약재 옻은 나무에도 바르지만 말려서 약으로도 쓴다. 마른 옻을 한약방에서는 '건칠'이라고 한다. 회충이 있거나 배가 아프고 똥이 잘 안 나올 때 쓴다.

기르기 옻 열매는 겉껍질이 무척 딱딱해서 그대로 심으면 싹이 트지 않는다. 가을에 열매를 따서 그늘에 말린 다음 절구에 넣고 살살 찧어서 껍질을 벗긴다. 그리고 다시 씨껍질을 얇게 갈아서 이듬해 봄에 밭에 뿌린다. 옻나무는 바람이 센 곳에 심으면 옻이 적게 나온다. 그래서 바람을 막을 수 있는 동남쪽 산등성이나 밭둑에 심는다.

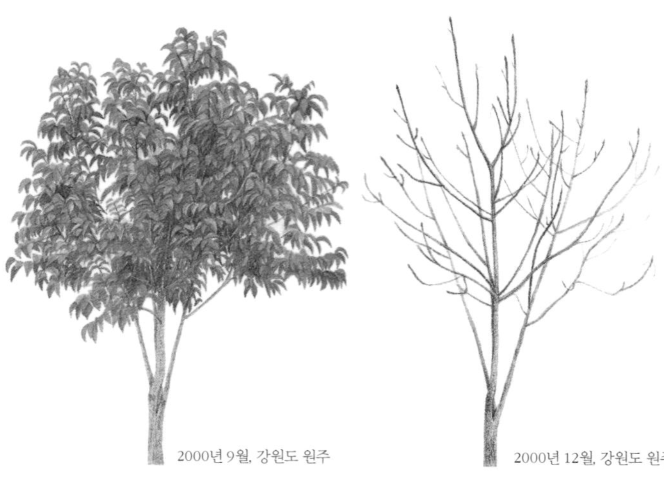

2000년 9월, 강원도 원주

2000년 12월, 강원도 원주

겨울에 잎이 지는 작은키나무다. 키는 7m쯤 자란다. 작은 가지는 굵고 잿빛이 도는 누런색이며 어릴 때 털이 있다가 곧 없어진다.

2000년 5월, 강원도 원주

열매, 2000년 9월, 강원도 원주

잎은 가지 끝에 어긋나게 붙고 쪽잎 9~11장으로 된 깃꼴겹잎이다. 6월쯤 누르스름한 풀색이 도는 작은 꽃이 많이 모여서 핀다. 열매는 9~10월에 여문다. 가을이면 붉나무나 개옻나무처럼 잎이 새빨갛게 단풍이 든다.

왕대

Phyllostachys bambusoides

왕대는 대나무 가운데 가장 키가 크다. 남쪽 지방에서 많이 심는다. 대나무는 잎보다는 줄기를 보고 알아본다. 왕대는 줄기가 시퍼렇고 거뭇거뭇한 점이 있다. 마디에 쌍가락지처럼 고리가 두 개 있고, 마디 길이가 솜대나 맹종죽보다 길다.

왕대 죽순은 맹종죽이나 솜대 죽순이 나오고 나서 6월쯤에야 올라온다. 삶아서 초고추장에 찍어 먹고 밥에 넣어 먹기도 한다. 조금 쓴맛이 난다. 독이 있어서 반드시 익혀 먹어야 한다. 죽순은 캔 지 오래 되면 질겨지기 때문에 바로 음식을 해 먹는다.

왕대는 결이 곧고 쉽게 쪼개지며 잘 휜다. 얇게 쪼개서 키나 삿갓, 대자리를 엮는다. 솜대보다는 덜 질겨서 바구니 같은 것은 못 짠다. 대가 연해서 참빗을 만들 때는 꼭 왕대로 만든다. 참빗을 만들어 놓으면 쪼개지지 않고 오래간다. 바다에서 김을 기를 때, 고추나 오이 버팀대를 세울 때도 왕대를 많이 쓴다.

다른 이름 참대[북], 늦죽

약재 잎과 줄기 껍질, 줄기 기름과 즙, 죽황을 약으로 쓴다. 잎은 뜯어서 말린다. 줄기는 푸른 겉껍질을 벗겨 내고 안쪽에 있는 얇은 흰 껍질을 뜯어서 말린 것이다. 줄기 기름은 줄기를 태워서 나오는 기름을 모은 것이다. 즙은 이른 봄에 줄기 끝을 잘라서 받는다. '죽황'은 줄기에 병이 나서 흙처럼 누렇게 뭉친 것이다. '천죽황'이라고도 한다. 대나무 약재는 열을 내리고 기침을 멈추고 가래를 삭이는 작용을 한다. 그중에서도 줄기 껍질은 어린아이가 토하거나 설사할 때, 코피가 날 때, 산모가 아이를 낳고 피가 멎지 않을 때 약으로 쓴다. 죽황은 열이 올라 정신이 흐릿하고 중풍으로 말을 못할 때 쓴다. 잎을 달인 물로 자주 입가심을 하면 입에 염증이 안 생긴다.

기르기 대나무를 옮겨 심을 때는 밑으로 세 가지만 남기고 윗줄기를 잘라 준다. 땅속줄기도 양 옆으로 조금씩 남기고 잘라서 옮겨 심는다. 이렇게 옮겨 심은 뒤 이삼 년 지나면 죽순이 올라온다. 땅속줄기가 뻗어 가면서 해마다 봄이면 새로 죽순이 나서 대나무로 자란다.

2000년 10월, 전남 지리산

겨울에도 잎이 지지 않는 늘푸른나무다.
키는 10~20m에 이른다. 줄기는 매끈하고
곧게 자란다. 짙은 녹색이며 윤기가 난다.
마디는 고리가 두 개 있고 나무속은 비었다.

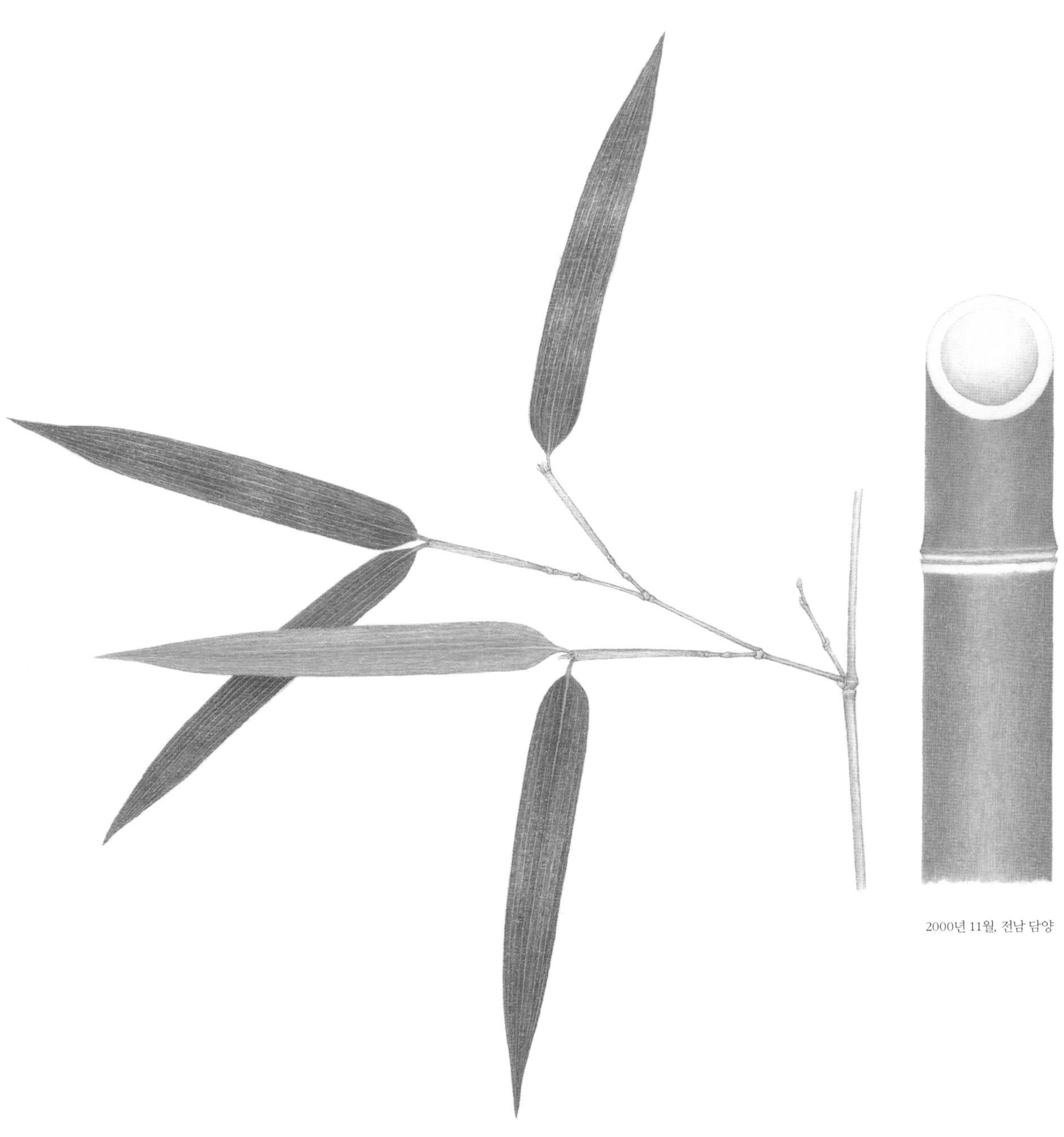

2000년 11월, 전남 담양

잎은 가늘고 길쭉하고 얇다. 뒷면은 연한 흰빛을 띤다. 5~6월에 땅속줄기에서 죽순이 올라온다. 죽순 잎에 검은 자줏빛 점이 있다. 잎은 2~5장씩 붙는다. 꽃은 60~120년에 한 번 피는데 꽃이 피면 대나무는 말라 죽는다.

유자나무

Citrus junos

유자나무는 전라남도, 경상남도, 제주도에서 많이 난다. 남쪽 지방에서는 치자나무, 비자나무와 함께 유자나무를 특산물로 꼽는다. 전라남도 고흥, 완도와 경상남도 거제, 통영 같은 곳에서 나는 유자는 맛과 향이 좋다.

유자는 가을에 귤보다 큰 열매가 연노란색으로 익는다. 열매를 쪼개면 짙은 향이 난다. 열매 속은 쪽이 열두 개 있고 쪽마다 씨앗이 두세 개 들어 있다. 신맛과 쓴맛이 강해서 날로는 못 먹는다. 껍질째 썰어서 꿀이나 설탕에 재워 두고 차를 끓여 마신다.

유자로 된장도 만들어 먹었다. 유자를 둘로 쪼개어 속을 긁어내고 들기름으로 버무린 된장을 채운다. 다시 두 쪽을 붙여서 불에 얹어 굽는다. 다 구워지면 속에 든 된장을 밥에 비벼 먹는다. 유자된장은 밥맛을 돋워 주고 소화도 잘 되게 하며 맛도 좋다.

열매와 껍질 유자는 사람 몸에 참 좋다. 가래를 삭이고 내장을 튼튼하게 해 준다. 감기 몸살에도 좋다. 술을 많이 마신 뒤에 먹어도 좋다. 가늘게 채썰어 화채를 만들거나 차를 끓여 마신다. 껍질째 잘라 소주를 부어서 만든 유자술은 가래가 끓는 기침에 좋다. 즙을 우려낸 껍질은 버리지 않고 모았다가 목욕물에 넣으면 몸이 따뜻해지고 손발이 잘 트지 않는다.

씨 유자씨는 따로 모아 햇볕에 말려 쓴다. 씨앗을 태워서 가루를 내어 두면 쓸모가 많다. 곪거나 상처가 난 데, 가시를 뺀 자리에 바르면 좋다. 가루와 밥알을 잘 비벼서 상처에 바르고 반창고를 붙여 두면 된다. 신경통에는 가루를 그냥 먹어도 좋다고 한다. 유자씨에 소주를 부어서 얼굴에 바르면 살갗이 촉촉해진다.

기르기 씨앗을 심어 기른다. 여름과 겨울에 비가 많이 오는 곳이 좋다. 가뭄에 약해서 늦가을과 겨울에라도 비가 안 올 때는 물을 충분히 주어야 한다. 남쪽 지방에서는 유자나무가 잘 돼서 집집마다 유자나무 몇 그루씩 심어 놓고 있다. 유자나무 모는 귤나무 접그루로 쓰기도 한다. 유자나무는 귤나무와 달리 좀 쌀쌀한 곳에서도 잘 자란다.

2000년 11월, 전남 순천

겨울에도 잎이 지지 않는 늘푸른떨기나무다.
키는 4~6m쯤 된다. 가지는 가늘고 길다.
가지에는 길고 뾰족한 가시가 있다.
개량종은 가시가 없다.

1998년 11월, 전남 목포

잎은 타원꼴이나 긴 타원꼴이다. 윗부분은 뾰족하고 가장자리에는 물결 모양 잔 톱니가 있다. 잎자루에 날개가 있다. 5~6월에 흰 꽃이 피고 둥글넓적한 열매가 가을에 익는다. 껍질은 노랗고 울퉁불퉁하다.

으름덩굴

Akebia quinata

으름덩굴은 산기슭이나 숲에서 저절로 자라는 덩굴나무다. 열매가 달고 맛있다. 가을에 열매가 여물면 배가 갈라지고 희고 맑은 속살 덩어리가 드러난다. 속살에는 씨가 많이 들어 있지만 딱딱하지 않아서 씨째 먹는다. 으름은 쉽게 상하거나 짓무르지 않는다. 그래서 덩굴째 끊어다 방에 걸어 놓고 두고두고 아껴 먹을 수 있다. 속에 든 검은 씨앗은 기름을 짜서 쓸 수 있다.

옛날에는 으름으로 반찬을 만들어 먹기도 했다. 덜 익은 열매껍질을 얇게 썰어서 무쳐 먹거나 볶아 먹는다. 어린잎과 줄기와 꽃을 그대로 삶거나 쪄서 국을 끓여 먹고, 간장과 소금으로 간을 맞춰 지져 먹기도 했다.

으름덩굴은 강원도 아래 따뜻한 지방에서 잘 자란다. 낮은 산과 산기슭, 나무가 우거진 곳에 많다. 덩굴줄기가 다른 나무를 타고 올라간다. 덩굴이 굵고 질겨서 봇줄을 꼬아 썼다. 봇줄은 소나 말에게 쟁기나 멍에를 맬 때 쓰는 줄이다. 으름덩굴로 짠 봇줄은 질기고 튼튼해서 십 년도 넘게 썼다. 덩굴을 쓰려면 서리가 오기 전에 걷는 것이 좋다.

서리가 내린 뒤에는 덩굴이 약해져서 못 쓴다. 줄기에서 껍질을 벗겨 낸 뒤 바구니를 짜고 공예품을 만든다.

다른 이름 어름, 유름, 어름나무넌출, 목통, 연복자, 통초

여러 가지 으름덩굴 으름덩굴은 보통 쪽잎이 다섯 개인데 쪽잎이 여덟 개인 여덟잎으름이 있다. 황해도 장산곶과 안면도, 속리산에서 볼 수 있다.

잎 봄에 나는 새순을 나물로 무쳐 먹는다. 조금 쌉쌀한 맛이 있어서 끓는 물에 데쳐서 먹는 것이 좋다. 데친 순을 초고추장에 찍어 먹거나 무쳐 먹는다. 잎도 나물로 해 먹거나 말려 두었다가 차를 끓여 마신다.

약재 말린 으름 줄기를 약으로 쓴다. 한약방에서는 '목통'이라고 한다. 봄과 가을에 줄기를 걷어서 잎과 가지를 다듬어 내고 햇볕에 잘 말려서 쓴다. 열을 내리고 오줌이 잘 나오게 하고 젖이 잘 돌게 한다.

수꽃, 1999년 5월, 충북 수안보

암꽃, 2000년 6월, 강원도 치악산

으름, 1999년 9월, 충북 충주

겨울에 잎이 지는 덩굴나무다. 줄기를 길게 뻗으면서 다른 나무를 감고 자란다. 가지는 털이 없고 갈색이다. 잎은 새 가지에서는 어긋나게 붙고 오래된 가지에서는 모여난다. 쪽잎은 다섯 개로 길쭉하다. 털이 없고 가장자리가 밋밋하다. 봄에 연한 보랏빛 꽃이 핀다. 가을에 보랏빛을 띤 누런 열매가 1~4개씩 달린다. 씨앗은 검은색이다.

은행나무

Ginkgo biloba

은행나무는 아주 오래 전부터 집 가까이나 절에 심어 길렀다. 요즘은 은행나무를 길가나 공원에 많이 심는다. 은행나무는 먼지가 많은 곳이나 공기 오염이 심한 곳에서도 잘 자란다. 키가 너무 크게 자라지도 않고, 다른 나무보다 병도 덜 들고 벌레도 잘 안 먹어서 가꾸기가 쉽다. 가을에 단풍이 노랗게 들고, 암나무에서는 은행도 딸 수 있다. 은행나무는 오래 산다. 경기도 양평 용문사에 있는 은행나무는 1000년이 넘었다. 키가 60m가 넘는다.

은행은 가을에 딴다. 노란 열매껍질은 냄새가 나고 독이 있다. 잘못 만지면 가렵고 두드러기가 나면서 옻이 오른다. 열매껍질을 벗기려면 은행을 따서 한데 모아 놓고 거적을 덮어 둔다. 이렇게 며칠 지나면 열매껍질이 썩는다. 이것을 물에 씻으면 흰 씨앗을 얻을 수 있다. 은행은 구워 먹거나 삶아 먹는다. 은행을 날로 먹거나 익은 것이라도 너무 많이 먹으면 탈이 나기 쉽다. 어지럽고 토하거나 설사를 할 수 있다.

목재 은행나무 목재는 붉은빛이 도는 누런색이고 윤기가 난다. 가벼우면서도 다듬기가 쉽고 마른 뒤에도 잘 뒤틀리지 않는다. 가구에 들어가는 널판이나 밥상, 그릇, 바둑판, 불상을 만든다. 은행나무로 만든 작은 밥상은 행자반이라고 한다. 전라도 나주에서는 옛날부터 은행나무로 밥상을 많이 만들었다. 나주반이라고 하는 이 밥상은 찍어도 자국이 나지 않고 옻이 잘 벗겨지지 않는다.
약재 은행과 잎을 약으로 쓴다. 은행은 기침이 나면서 숨이 차고 가래가 많을 때 약으로 쓴다. 오줌이 잦을 때도 먹는다. 그런데 독이 있어서 너무 많이 먹지는 말아야 한다. 잎은 여름에 따서 그늘에 말려 두었다가 쓴다. 심장을 튼튼하게 하고 피를 맑게 해 준다. 손발이 저릴 때 먹으면 좋다.
기르기 씨앗을 심거나 가지를 끊어서 심는다. 양지바른 곳에서 잘 자란다. 씨앗을 뿌려서 자란 나무가 가지를 심어서 기른 나무보다 빨리 자란다. 10년이 지나면 열매를 맺기 시작한다.

2000년 8월, 강원도 원주

1997년 2월, 충북 충주

겨울에 잎이 지는 큰키나무다. 높이는 보통 25~30m까지 자란다. 줄기 껍질은 잿빛이고 세로로 갈라진다. 긴 가지와 짧은 가지가 있다. 가을에 단풍이 노랗게 든다. 긴 가지에는 잎이 어긋나게 붙고 짧은 가지에는 여러 개가 모여난다.

1996년 9월, 경기도 고양

은행

암꽃, 1999년 4월, 강원도 횡성

수꽃, 1999년 4월, 강원도 횡성

잎은 부채꼴이고 끝이 갈라졌다. 4~5월 쯤에 꽃이 피며 암나무와 수나무가 따로 있다. 둥근 열매가 가을에 누렇게 익는다. 열매는 물렁물렁하고 독한 냄새가 난다. 속에 씨앗이 들어 있다. 씨앗 껍질은 단단하다.

음나무(엄나무)

Kalopanax septemlobus

음나무는 산기슭이나 산골짜기 양지바른 곳이면 어디서나 잘 자란다. 봄에 새순을 따 먹는데 두릅처럼 맛이 있다고 개두릅나무라고도 한다. 음나무 순은 쌉싸름하면서도 향이 좋다. 살짝 데친 뒤에 초고추장에 찍어 먹는다. 음나무 가지는 여름에 닭을 삶을 때 넣는다. 맛도 좋고 뼈마디나 허리가 아픈 데에 좋다. 다른 이름인 엄나무로 더 알려져 있다.

음나무는 키가 크고 가시가 많다. 옛날에는 음나무 가시가 귀신을 쫓는다고 해서 문설주 위에 걸어 놓았다. 귀신이 음나무를 무서워하고, 집 안으로 들어오려다가도 가시에 옷자락이 걸려 못 들어올 거라고 믿었다.

음나무는 빨리 자라고 오래 산다. 나무도 크다. 그래서 마을 사람들은 오래된 음나무가 마을을 지켜 준다고 믿었다. 해마다 정월이면 음나무에 제사를 올리면서 마을에 돌림병이 돌지 않고 나쁜 일이 없기를 빌었다. 나무를 해치면 큰 벌을 받는다 하여 나무를 극진히 보살폈다.

다른 이름 엄나무[북], 개두릅나무, 자동

목재 목재는 결은 좀 거칠지만 윤기가 나고 가느다란 줄무늬가 있어 가구를 만드는 데 많이 쓴다. 알맞게 물러서 다루기가 쉽다. 넓게 켜서 널빤지를 내어 쓰기에 좋다. 나막신을 만들면 가볍고 물을 먹지 않아서 오래 신을 수 있다. 절에서 쓰는 그릇이나 악기를 만드는 데도 쓴다.

약재 음나무 껍질을 약으로 쓴다. 한약방에서는 '해동피'라고 한다. 봄과 여름에 줄기 껍질을 벗겨 겉껍질은 버리고 속껍질만 햇볕에 말려서 쓴다. 기침과 가래를 삭이며, 아픔을 멎게 하고, 신경통에도 좋다. 꾸준히 먹으면 중풍을 막아 준다고 한다.

천연 기념물 전라북도 무주군 설천면 심곡리, 경상남도 창원시 신방리, 충청북도 청원군 강외면 공북리에는 아주 오래된 음나무가 있다. 천연 기념물로 정해서 보호하는 나무들이다. 강원도 삼척시 근덕면 선홍 마을에는 나이가 1000살이나 된 음나무가 있다.

2000년 7월, 경기도 국립수목원

2001년 1월, 경기도 국립수목원

겨울에 잎이 지는 큰키나무다. 키가 크게 자라며 가지에는 굵고 억센 가시가 있다. 나무가 오래되어 늙으면 가시가 거의 없어진다. 어릴 때는 곁가지를 거의 치지 않고 곧게 자란다. 나무껍질은 어두운 잿빛이 도는 밤색이다.

2000년 8월, 강원도 원주

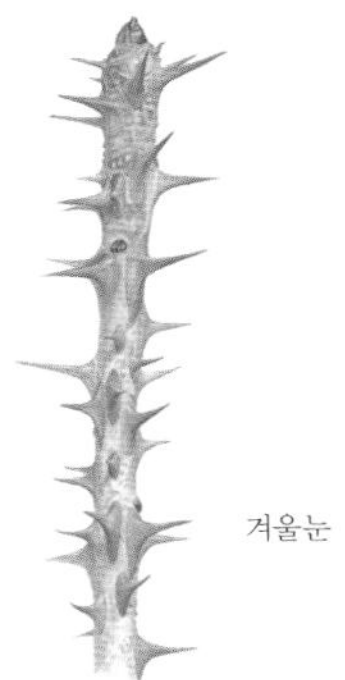

겨울눈

잎은 마주나고 잎자루가 길다. 큰 잎은 손바닥처럼 생겼고 5~7갈래로 갈라졌다. 가지 끝에서는 모여서 난다. 꽃은 여름에 햇가지 끝에 모여서 핀다. 콩알 같은 열매가 가을에 검게 익는다.

이스라지

Prunus japonica var. *nakaii*

이스라지는 우리나라 토박이 나무다. 우리나라 산과 들, 어디에서나 볼 수 있다. 요즘은 꽃과 열매가 아름답고, 메마른 땅에서도 잘 자라서 마당이나 뜰을 꾸미려고 많이 심어 기른다. 추위에는 강하지만 그늘진 곳에서는 잘 못 자란다.

이스라지는 벚나무 종류 가운데 잎도 가장 작고, 키도 가장 작다. 봄에 잎보다 꽃이 먼저 피거나 같이 핀다. 빛깔은 희거나 분홍빛이고 꽃잎 다섯 개가 가지마다 핀다. 나무 생김새나 열매가 앵두와 꼭 닮아서 흔히 산앵두라고 부른다. 이스라지나무는 본디 '이스랒나무'이고, '이스랒'은 앵두의 옛말이라고 한다. 《동의보감》에서도 앵두는 '이스라지', 이스라지는 '멧이스라지'라고 했다. 앵두와 이스라지는 사는 곳이 산과 들로 나뉠 뿐 같은 나무라고 여긴 것으로 보인다.

이스라지 씨 속에 들어있는 알맹이는 '욱리인'이라고 한다. '욱리인'은 약으로 쓴다. 꽃과 열매는 작아도 냄새가 좋다는 뜻을 담고 있다. 열매는 7~8월에 앵두처럼 빨갛게 익는데 털은 없다. 맛은 떫지만 먹을 만하고, 잼이나 술을 담가 먹는다.

다른 이름 산앵도나무[북], 물앵두, 오얏, 유스라지나무

여러 가지 이스라지나무 털이스라지, 산이스라지, 옥매, 홍매 따위가 있다. 털이스라지는 잎맥에 털이 많다. 산이스라지는 씨방에 갈색 털이 촘촘하게 난다. 옥매는 경기도와 황해도에 나고, 꽃은 흰색이고 열매는 안 달린다. 홍매는 경기도에서 주로 나고 꽃은 홍색이고 열매는 안 달린다.

약재 씨 알맹이만 따로 꺼내 햇볕에 말려서 쓴다. 약으로 쓸 때는 달여 먹거나 가루를 내어 먹는다. 대장 소장에 탈이 났을 때 좋다. 치통이나 부기를 뺄 때, 열을 내리고 오줌이 잘 안 나올 때 쓴다. 열매는 독이 없지만 '욱리인'이라고 하는 씨 알맹이는 독이 있어서 너무 많이 먹지 않는다.

기르기 씨를 저온 저장을 하였다가 가을이나 봄에 뿌린다. 여름에 거둔 씨를 겨울에 맨땅에 묻었다가 이듬해 봄에 뿌리기도 한다. 접붙이기보다는 꺾꽂이하면 더 잘 자란다.

2012년 7월, 한국도로공사수목원

겨울에 잎이 지는 떨기나무다. 높이는 1~2m로 사람 키보다 낮게 자란다. 줄기는 회색빛을 띤 갈색이며 잿빛 띠가 있다.

2012년 4월, 한국도로공사수목원

꽃과 열매

잎은 어긋나게 붙고 달걀꼴 또는 타원꼴이다. 끝이 길고 뾰족하며 가장자리에 자잘한 겹톱니가 있다. 앞면에는 털이 없고 뒷면 맥 위에 잔털이 촘촘히 나 있다. 5월에 잎보다 먼저 또는 잎과 함께 연분홍 꽃이 핀다. 꽃잎은 다섯 장이고 2~4개씩 가지 끝에 모여 핀다. 7~8월에 둥근 열매가 붉게 익는다.

인동덩굴

Lonicera japonica

인동덩굴은 겨우살이덩굴이라고도 한다. 따뜻한 남녘에서는 겨울에도 잎이 지지 않기 때문이다. 잎과 줄기만 따로 인동이라 하고, 꽃은 금은화라고 하는 곳도 있다. 여름에 노란 꽃과 흰 꽃이 한 가지에 나란히 붙어서 핀다. 노란 꽃은 금화, 흰 꽃은 은화라고 '금은화'라 한다. 처음부터 흰 꽃, 노란 꽃이 따로 피는 것은 아니다. 꽃이 처음 필 때는 하얗다가 시들면서 점점 노랗게 변한다. 인동 꽃은 향기도 좋고 꿀도 많다.

인동덩굴은 양지바른 밭둑이나 골짜기에서 자란다. 덩굴이 지기 때문에 다른 나무를 감으면서 자란다. 덩굴은 붉은 밤색인데 삶아서 껍질을 벗기면 하얗고 보들보들해진다. 바구니를 짜면 때깔이 고우면서도 질겨서 좋다.

약재로 쓸 때는 꽃, 잎, 덩굴, 어디 하나 버리지 않고 다 쓴다. 옛날에는 감기가 들었을 때도 산과 들로 나가 인동덩굴을 걷어다가 달여 먹었다. 그만큼 구하기도 쉽고 약효도 좋아서 많이 썼던 약초다.

다른 이름 금은화, 능박나무, 겨우살이덩굴
꽃 인동 꽃은 이른 여름에 따서 바람이 잘 통하는 그늘에 말렸다가 약으로 쓴다. 열을 내리고, 독을 풀며, 피를 맑게 한다. 노랗게 변한 꽃잎을 따다 그늘에 말려 두었다가 뜨거운 물에 우려내 차로 먹을 수도 있다. 인동 꽃 삶은 물로 식혜를 만들어 먹기도 한다. 꽃으로는 물도 들이는데 연둣빛, 누른빛, 녹두 빛이 난다.
잎과 줄기 약으로 쓸 때는 늦은 여름부터 가을 사이에 덩굴을 걷어서 햇볕에 말렸다가 쓰는 것이 좋다. 여름에는 말리지 않고 그대로 써도 좋다. 오줌이 잘 나오게 하고 독을 풀어 준다. 술을 담가 먹어도 좋다. 피부병이 있을 때는 인동덩굴을 삶은 물에 목욕을 하면 잘 낫는다. 불에 덴 자리도 이 물로 찜질을 하면 상처가 가라앉고 새살이 돋는다. 옴이나 곪은 데에도 좋다.
기르기 씨앗을 뿌리거나 가지를 끊어서 심거나 포기를 갈라서 심는다. 씨앗은 물에 담갔다가 모래에서 싹을 틔워 심고 모가 자라면 옮겨 심는다. 가지를 심을 때는 한두 해 지난 가지를 팔뚝만큼 잘라서 심는다. 언제 심어도 뿌리를 잘 내린다. 덩굴이 축축한 땅에 닿기만 해도 그곳에서 뿌리가 난다. 두 해째부터 받침대를 세워서 울타리에 올려 주면 좋다.

2000년 6월, 강원도 원주

겨울에 잎이 지는 떨기나무다. 줄기는 덩굴지며 옆에서 자라는 나무나 울타리를 타고 자란다. 줄기는 붉은색이고, 어린 가지에는 연한 밤색 털이 있다. 잎은 마주나고 타원꼴이다. 앞면은 풀색이고 뒷면은 연한 풀색이다. 꽃은 늦은 봄과 여름 사이에 피는데 한 자리에서 두 개씩 난다. 처음 필 때는 흰빛이다가 조금씩 누른빛으로 바뀐다. 둥그스름한 열매가 가을에 붉은빛이나 검은빛으로 여문다.

자귀나무

Albizia julibrissin

자귀나무는 따뜻하고 볕이 잘 드는 산기슭이나 숲 가장자리에서 자란다. 깊은 산속에서는 자라지 않는다. 집이나 공원, 길가에 심기도 한다. 따뜻한 날씨를 좋아해서 우리나라 중부 지방 아래쪽에서 잘 자란다.

자귀나무는 5월쯤 되면 가지에서 잎이 돋는다. 기다란 잎자루에 새 깃털처럼 생긴 자잘한 쪽잎 40~60개가 마주 보고 달린다. 쪽잎은 꼭 짝수로 마주 달리는데, 해거름이나 비가 오면 미모사 잎처럼 잎들이 서로 맞붙고 축 처진다. 해가 나면 다시 마주 붙은 잎들이 활짝 펴진다. 중국에서는 잎이 서로 접혀 붙는 모습을 보고 '합환수'라고 한다. 자귀나무 잎은 소가 아주 잘 먹는다. 그래서 자귀나무를 '소쌀나무'라고도 한다.

6~7월이 되면 연분홍빛 꽃이 피고, 두 달쯤 줄곧 핀다. 하루 중에는 해 질 무렵에 핀다. 꽃은 부채처럼 활짝 피는데 실처럼 가늘게 뻗은 것은 꽃잎이 아니고 수술이다. 꽃 생김새가 여느 나무와 사뭇 달라서 다른 나라에서 들여온 나무로 여기기도 한다. 하지만 자귀나무는 아주 오래전부터 우리나라에서 자라는 나무다. 가을이 되면 콩꼬투리 같은 열매가 가지마다 다닥다닥 달려 늘어진다. 꼬투리 안에는 작은 씨가 들어 있다. 잎이 다 떨어지는 겨울에도 안 떨어지고 달려 있다. 바람이 불면 열매끼리 서로 부딪혀 달그락달그락 소리를 낸다.

자귀나무는 줄기 껍질을 약으로 쓴다. 목재는 가구나 손으로 간단히 만드는 공예 재료로 쓴다.

다른 이름 자괴나무, 소쌀나무, 합환수, 짜굿대, 자구낭

약재 자귀나무는 줄기 껍질을 약으로 쓴다. 약재 이름으로는 '합환피'라고 한다. 봄부터 여름 사이에 껍질을 벗겨 햇볕에 잘 말렸다가 알맞게 잘라 물에 달여 먹거나 가루를 내어 먹는다. 여름철에 꽃을 따서 햇볕에 말려 쓰기도 한다. 건망증이나 우울증, 마음을 가라앉히거나 걱정 때문에 잠을 못 이루는 데 쓰면 좋다. 염증을 없애고, 부러진 뼈를 잘 붙게 한다.

기르기 씨앗을 심어서 기른다. 가을에 여문 씨앗을 모아 땅에 심어 두었다가 이듬해 뿌린다. 여느 나무보다 빨리 자란다.

2018년 9월, 인천 강화도

2006년 1월, 충북 충주

겨울에 잎이 지는 작은키나무다. 높이는 3~8m이다. 줄기는 굽거나 비스듬하게 자란다. 나뭇가지는 옆으로 퍼지면서 자란다.

2011년 6월, 인천 강화도

열매, 2011년 10월, 인천 강화도

잎은 어긋나게 붙는데 쪽잎 40~60개로 이루어진 겹잎이다. 쪽잎은 새 깃 모양이다. 6~7월이 되면 가지 끝에 난 꽃대에서 연분홍빛 꽃이 핀다. 꼬투리 열매는 납작하고 털이 없으며 속에 작은 씨가 들어 있다.

자두나무

Prunus salicina

자두나무는 자두를 따 먹으려고 심어 기른다. 자두는 시면서도 즙이 많고 달다. 신맛 때문에 자두라는 말만 들어도 저절로 눈이 찡긋해지고 입안에 침이 고인다. 요즘에는 맛이 달고 알이 굵은 자두가 나오기도 한다. 속살이 수박처럼 빨간 자두도 나온다. 이름도 수박자두 또는 피자두라고 한다.

자두나무는 우리나라 어디서나 잘 자란다. 북부 지방이나 강원도 산기슭에서 저절로 자라기도 하지만 주로 집 가까이에 심어 기른다. 나무가 튼튼하고 추운 곳에서도 잘 자란다. 그러나 꽃이 일찍 피기 때문에 늦추위에 꽃과 어린 열매가 해를 입을 수 있다. 자두나무는 꽃다발처럼 무리 지어 피는 꽃이 고와서 뜰에 심기도 한다. 밭둑이나 마당에 심어 두었다가 여름에 열매가 빨갛게 익으면 따 먹는다.

다른 이름 추리나무, 오얏나무

꽃 자두나무 꽃은 봄에 잎이 나기 전에 하얀 꽃이 탐스럽게 핀다. 살구나무나 복숭아나무처럼 자두나무도 봄에 꿀을 딸 수 있다.

열매 자두는 날로 먹는다. 설탕을 넣고 졸여서 잼을 만들 수도 있다. 서양에서는 통조림을 만들거나 말렸다가 오래 두고 먹는다. 조금 단단한 자두를 따로 모아 소주를 부어 두면 빛깔이 좋은 자두 술이 된다.

약재 씨앗을 깨뜨려서 알만 모아 햇볕에 말렸다가 약으로 쓴다. 오줌이 잘 나오게 하고 기침을 멎게 하며 뼈가 부러져 아픈 데나 살이 상한 데에 좋다.

기르기 자두나무 모나 복숭아나무 모에 접을 붙여서 기른다. 흙이 깊고 물이 잘 빠지는 땅에 심으면 잘 자란다. 열매가 묵은 가지에 달리기 때문에 함부로 가지를 자르면 열매가 잘 열리지 않는다. 나무가 놀라지 않도록 가지를 솎아 주는 정도로만 치는 게 좋다. 심은 뒤 3~4년부터 열매가 달린다. 20~30년 동안 열매를 딸 수 있고 70년 넘게 산다.

1998년 4월, 충북 제천

겨울에 잎이 지는 작은키나무다. 높이는 3~10m이다. 나무껍질은 검고 거칠다. 짧은 가지는 매끈하고 밤색이다. 이른 봄에 꽃이 잎보다 먼저 핀다. 흰 꽃이 묵은 가지에서 피는데 한군데서 두세 송이씩 핀다.

1998년 7월, 강원도 원주

겨울눈

꽃, 1998년 4월, 충북 제천

잎은 길쭉하고 뾰족하며 가장자리에 톱니가 있다. 여름에 열매가 익는데 품종에 따라 빛깔과 맛이 다르다.

자작나무

Betula platyphylla var. *japonica*

자작나무는 춥고 깊은 산에서 자란다. 백두산 같은 높은 산에서는 숲을 이룬다. 따뜻한 남쪽 지방에서는 보기 어렵다. 자작나무 껍질은 하얗고 윤이 나며 종이처럼 얇게 벗겨진다. 북부 지방에서는 자작나무 껍질로 지붕을 이었다. '기와가 백 년을 가면 자작나무 껍질은 천 년을 간다.' 고 할 만큼 오래간다. 껍질에 기름기가 많아서 불이 아주 잘 붙는다. 이른 봄 산에 나물을 하러 갔다가 갑자기 비를 만나면 자작나무 껍질을 벗겨서 불을 피우고 손을 녹였다. 하얀 자작나무 껍질은 비를 맞아도 잘 탄다.

북부 지방에서는 자작나무를 보티나무나 봇나무라고 한다. '보티나무에 살고 보티나무에 죽는다.'는 속담이 있다. 자작나무로 이은 지붕 밑에서 태어나서 자작나무를 때서 밥을 해 먹고 구들을 덥힌다. 그러다 죽으면 관 대신 자작나무 껍질에 싸여 묻히기 때문이다.

다른 이름 봇나무, 보티나무

껍질 옛날에는 자작나무 껍질에 그림을 그리고 글씨를 썼다. 1000년도 더 된 천마총 그림도 자작나무 껍질에 그린 것이다. 껍질을 태워 숯을 만들어서 그림을 그리고 가죽을 물들이기도 했다. 한약방에서는 자작나무 껍질을 '황목피'라고 한다. 봄이나 여름에 껍질을 벗겨 햇볕에 말렸다가 쓴다. 열을 내리거나 독을 푸는 데 좋고, 황달이나 홍역에도 쓴다.

나무즙 자작나무도 고로쇠나무처럼 나무즙을 내어 마신다. 곡우 때 줄기에 상처를 내서 그 물을 받아 마시면 온갖 병에 좋고 오래 산다고 한다.

목재 자작나무는 단단하고 결이 고와서 가구도 만들고 조각도 한다. 자작나무는 벌레를 잘 먹지 않고 나무가 잘 썩지 않고 오래간다. 해인사에 있는 고려대장경 경판을 만들 때도 자작나무 종류를 썼다고 한다. 절이나 정자에 거는 현판을 만드는 데도 많이 쓴다.

2000년 8월, 경기도 국립수목원

2001년 1월, 경기도 국립수목원

겨울에 잎이 지는 큰키나무다. 줄기는 곧고 20m가 넘게 자란다. 나무껍질은 희고 윤이 나며 종이처럼 얇게 벗겨진다. 가지는 붉은 밤색이고 점이 있다.

2000년 4월, 강원도 원주

잎은 어긋나게 붙고 세모에 가까운 달걀꼴이다. 종이처럼 얇다. 암수한그루이고 꽃은 4~5월에 아래로 드리워지면서 핀다. 열매도 아래로 드리우면서 달리고 9~10월에 여문다.

잣나무

Pinus koraiensis

잣나무는 높은 산이나 추운 곳에서 많이 자란다. 산에서도 흙이 많고 축축한 골짜기에서 잘 자란다. 북쪽에서는 압록강 가까이에 가장 많다. 남쪽에서는 경기도 가평, 양평, 강원도 홍천에 잣나무가 많다. 잣은 보통 9~10월에 딴다. 나무 꼭대기 가까이에 열매가 달리기 때문에 잣을 따려면 나무에 올라가야 한다.

잣송이를 무더기로 쌓아 두고 며칠이 지나면 송진이 없어지고 잣송이가 삭아서 허벅허벅해진다. 이때 잣송이를 낫등으로 두드리거나 발로 비비면 잣이 송이에서 잘 빠져 나온다. 잣송이 하나에는 잣이 80~90개쯤 들어 있다. 우리가 먹는 노르스름한 잣은 딱딱한 겉껍질을 깨고 다시 얇은 갈색 속껍질을 털어 낸 것이다. 잣은 기름이 많아서 고소하다. 음식에 곁들이기도 하고 죽도 끓여 먹는다. 잣죽은 잣과 찹쌀가루를 섞어서 끓이는데 양분이 많고 소화가 잘 된다. 병든 사람이나 노인에게 좋다. 정월 대보름에는 잣을 가지고 잣불 놀이를 한다. 잣 열두 알을 바늘이나 솔잎에 하나씩 꿰고 불을 붙여서 열두 달 운수를 점쳤다.

다른 이름 오엽송

목재 잣나무 목재는 빛깔이 붉고 무척 아름답다. 게다가 나무가 가볍고 향기가 있다. 나뭇결이 곧고 다듬기가 수월하고 마른 뒤에도 뒤틀리지가 않아서 관을 짜거나 가구를 만든다. 집을 짓고 배를 만드는 데도 쓴다.

약재 잣을 말려 두고 약으로 쓴다. 잣은 몸이 약하거나 똥을 못 누고 뒤가 잘 굳는 사람이 먹으면 좋다. 마른기침에도 좋다. 기운이 없을 때 먹으면 힘이 난다. 하지만 기름기가 많아서 설사를 잘 하는 사람은 먹지 않는 게 좋다.

기르기 잣나무는 산에 저절로 나서 자라지만 많이 심기도 한다. 1950년대부터 헐벗은 산을 푸르게 하고, 잣도 따려고 많이 심었다. 가을에 거둔 잣을 땅에 묻어 두었다가 봄에 심어서 나무모를 길러서 심는다. 잣나무는 20년은 자라야 열매가 제대로 달린다.

1997년 2월, 강원도 원주

겨울에도 잎이 지지 않는 늘푸른나무다. 키는 20~30m에 이른다. 줄기는 굽는 일이 거의 없이 곧게 자라고 곁가지를 고루 사방으로 뻗는다. 줄기 껍질은 잿빛이 도는 밤색이며 비늘 조각처럼 떨어진다.

1997년 6월, 강원도 홍천

수꽃, 1999년 5월, 강원도 원주

잣

잎은 다섯 개씩 뭉쳐나고 뒷면은 흰색을 띤다. 새로 난 잎은 3~4년 동안 붙어 있다가 떨어진다. 봄에 노란빛이 도는 분홍빛 수꽃이 새로 난 가지 밑에 피고, 암꽃은 새로 난 가지 끝에 핀다. 꽃이 핀 이듬해 10월에 잣송이가 여문다.

전나무

Abies holophylla

전나무는 높은 산에서 자라는 나무다. 오대산이나 설악산, 백두산이나 금강산처럼 높은 산에는 하늘을 찌를 듯이 높이 자라난 아름드리 전나무 숲이 많다. 줄기는 곧게 뻗고 가지는 우산을 펼친 듯 뻗어 나간다. 오래 자라면 가지가 거의 없이 미끈해진다. 강원도 오대산 월정사 어귀에는 잘 자란 전나무가 숲을 이루고 있다.

전나무는 기둥이나 대들보로 많이 썼다. 가을에 푸른빛을 띤 밤색 솔방울이 맺히는데 열매가 땅을 내려다보지 않고 하늘을 보고 달린다.

전나무는 오래 전부터 길렀다. 가야산 해인사에는 두 아름이 넘는 커다란 전나무가 있는데 1000년도 더 됐다고 한다. 신라 시대 학자 최치원이 쓰던 지팡이가 뿌리를 내려서 자란 나무라는 이야기도 있다.

다른 이름 젓나무, 저수리, 삼송, 즛나무

목재 전나무는 나무질이 연하고 부드러우며 흰빛을 띤다. 기둥이나 대들보로도 쓰고 반닫이나 상자, 이남박으로도 만들었다. 가볍고 결이 고운데다 뒤틀리지 않아서 창틀이나 문살을 짜는 데 아주 좋다. 다루기가 쉽고 나무 향기가 좋아서 칠기를 만들어도 좋다. 통일신라 시대 칠기는 거의 전나무로 만들었다. 섬유질이 많아서 종이나 옷감을 만들어 쓰기도 한다.

약재 전나무는 아무 때나 잎이 붙은 가지를 잘라 그대로 약으로 쓴다. 감기가 들었거나 관절염이 있을 때 전나무 잎과 가지를 끓인 물에 목욕을 하면 좋다. 괴혈병에도 달여 마신다. 전나무 줄기에 상처를 내면 송진이 흐르는데 모아 두었다가 약으로 쓴다. 피를 멎게 하고 상처를 아물게 한다. 부스럼이나 종기 난 데나 다친 자리에 발라도 좋다. 고약도 만든다.

1997년 12월, 강원도 원주

늘푸른 바늘잎나무다. 키가 40m가 넘도록 아주 크게 자라는 나무다. 줄기가 곧게 자라고 가지는 아래로 처지지 않고 옆이나 위로 뻗는다. 나무껍질은 어릴 때는 벗겨지지만 오래되면 세로로 얕게 터진다. 빛깔도 어릴 때는 희뿌연 밤색이다가 오래되면 더 어두워진다.

2000년 1월, 충북 충주

바늘잎은 뾰족하고 솔잎보다 짧다. 앞면은 짙은 풀색이고 뒷면은 좀 희다. 잎은 3~6년쯤 붙어 있다. 꽃은 봄에 피는데 암꽃과 수꽃이 한 그루에 핀다. 열매는 둥근 통 모양인데 가을에 여문다. 겉이 송진으로 덮여 있는 것이 많다.

조릿대

Sasa borealis

조릿대는 산에서 자라는 대나무다. 아주 흔하고 겨울에도 잎이 푸르러서 산에 눈이 오면 눈에 더 잘 띈다. 조리를 만드는 대나무라고 이름도 조릿대다. 예전에는 쌀이나 보리를 방아로 찧을 때 따로 돌을 골라낼 수 없었다. 그래서 밥을 짓기 전에는 꼭 조리로 쌀이나 보리를 일어야 했다.

조릿대로는 채반이나 바구니도 만든다. 네 쪽이나 여섯 쪽으로 쪼개서 연살을 만들어 붙이기도 한다. 담뱃대나 화살도 만든다. 조릿대 잎은 몸에 열이 났을 때 다른 약재와 함께 달여 마신다.

조릿대는 몇 년마다 한 번씩 꽃을 피우고 열매를 맺는다. 조릿대 열매를 죽미, 죽실, 연실이라고 한다. 죽미는 흉년이 들어서 먹을 것이 떨어졌을 때 먹었다. 밀알처럼 생겼는데 밥을 해 먹고, 떡이나 국수로 만들어 먹었다. 죽미는 들쥐가 좋아하는 먹이다. 그래서 조릿대가 꽃 핀 이듬해에는 들쥐 수가 많이 늘어난다. 그렇지만 조릿대 꽃이 피지 않은 해에는 수가 다시 줄어든다.

다른 이름 산죽, 갓대

여러 가지 대나무 산에서 자라는 대나무에는 조릿대, 이대, 제주조릿대가 있다. 모두 가늘고 키가 작다. 키는 제주조릿대가 가장 작고, 조릿대, 이대 순으로 키가 크다. 이들은 죽순이 돋아날 때 감싸고 나오는 껍질을 떼 버리지 않고 오랫동안 남겨 놓는다. 왕대나 솜대, 죽순대는 조릿대보다 훨씬 굵고 키가 크며, 죽순이 돋으면서 껍질을 바로 떼어 버린다. 조릿대와 이대, 제주조릿대는 산이나 언덕에서 저절로 자란다. 왕대와 솜대, 죽순대는 사람들이 일부러 대밭을 만들어 가꾼다.

약재 잎을 약으로 쓴다. 아무 때나 잎을 따서 그늘에 말린다. 기침을 멎게 하고 가래를 삭이며 열을 내리는 데 쓴다. 오줌을 잘 누게 하고 피를 멎게 한다. 눈병이나 덴 데, 부스럼을 낫게 하는 데도 쓴다. 줄기 속껍질도 열을 내리고 피를 멈추는 약으로 쓴다. 고혈압, 중풍에도 효과가 있다. 이대와 제주조릿대도 약으로 쓰기는 마찬가지다.

땅위줄기와 땅속줄기 조릿대는 땅 위에 곧게 선 땅위줄기와 땅 밑에서 옆으로 뻗는 땅속줄기가 있다. 이들 줄기에는 마디가 있고 마디마다 눈이 달린다. 땅위줄기 눈에서는 가지가 나오고 땅속줄기 눈에서는 죽순이 돋고, 뿌리가 붙는다.

2000년 12월, 경기도 국립수목원

겨울에도 잎이 지지 않는 늘푸른떨기나무다. 높이는 1~2m쯤 자란다. 어린 나무는 털이 조금 있지만 오래된 것은 털이 없고 매끈하며 윤기가 난다. 죽순이 자라도 껍질이 3~4년 동안 떨어지지 않고 남아 있다.

2000년 11월, 강원도 치악산

잎은 어긋나게 붙고 길쭉하다. 끝은 뾰족하고 밑은 둥글며 가장자리에 가시 같은 톱니가 있다. 앞면은 풀색이고 윤기가 난다. 꽃은 가지 끝에서 핀다. 보통 여름에 이삭이 핀다. 열매는 가을에 여문다.

조팝나무

Spiraea prunifolia f. *simpliciflora*

조팝나무는 봄이 되면 들판이나 철둑길, 밭둑에서 가지가 휘도록 하얗게 꽃이 핀다. 가느다란 줄기에 작고 하얀 꽃들이 빽빽이 피어나 줄기가 하얀 꽃방망이같이 보인다. 산이나 들에서 저절로 자라지만 산울타리로도 많이 심는다. 이른 봄에 돋아나는 새순은 뜯어다 나물로 무쳐 먹는다. 꽃은 향기가 진하고 꿀이 많다. 꽃이 탐스러워서 꺾어다가 꽃병에 꽂아 두면 금세 꽃이 지고 잎이 올라온다.

경기도에는 '조팝나무 꽃 필 때 콩을 심는다.'는 말이 있다. 조팝나무 꽃이 피는 5월 초순이 콩을 심기에 알맞은 때이기 때문이다. 전라도에서는 조팝나무를 튀밥꽃이라고 한다. 싸래기꽃, 싸래기튀밥꽃이라고도 한다. 조팝이란 이름도 꽃 모양이 꼭 튀긴 좁쌀 같다고 해서 붙었다. 뜰에 심기도 하는데 꽃집에서 파는 것은 외국에서 들여온 것이 많다. 서양 조팝나무는 꽃도 크고 빛깔도 여러 가지지만 하얗고 탐스럽기로는 우리 조팝나무만 못하다.

다른 이름 조밥나무, 튀밥꽃, 싸래기꽃, 싸래기튀밥꽃

여러 가지 조팝나무 당조팝나무, 좀조팝나무, 꼬리조팝나무, 산조팝나무 들이 있다. 당조팝나무는 잎 뒷면에 밤색 털이 있다. 털조팝나무라고도 한다. 좀조팝나무는 애기조팝나무라고도 하는데 붉은 꽃이 피기도 한다. 꼬리조팝나무는 붉은 꽃이 피어서 분홍조팝나무라고도 한다. 산조팝나무는 꽃이 가지 끝에 둥글게 모여서 피고 잎이 5~6갈래로 갈라졌다.

약재 조팝나무 뿌리는 열을 내리고 가래를 삭이는 약으로 쓴다. 한약방에서는 '목상산'이라고 한다. 가을에 뿌리를 캐어 햇볕에 말렸다가 쓴다. 목이 붓고 아플 때, 가래가 나오면서 기침이 날 때 먹는다. 조팝나무 잎은 달여서 회충약으로 쓴다. 외국에서는 조팝나무에 아스피린을 만드는 성분이 있다고 해서 연구를 많이 한다고 한다.

기르기 조팝나무는 씨앗을 뿌리거나 가지를 심거나 포기를 나눠서 기른다. 보통 가지를 심는데 두 해가 지난 가지를 한 뼘쯤 잘라 물에 서너 시간 담가 두었다가 묻는다. 가지를 꺾어서 묻어 두면 금세 큰 포기로 자라난다. 포기를 나누어서 불려도 좋다. 추위에 잘 견디고, 메마른 곳보다는 축축한 곳을 더 좋아한다.

1998년 3월, 강원도 홍천

겨울에 잎이 지는 떨기나무다.
땅속에서 줄기가 많이 올라와서 큰 포기로 자란다. 가지는 어릴 때 연한 털이 있으나 점차 없어진다.

초평조팝나무 *S. pubescens f. leiocarpa*
1998년 4월, 강원도 원주

1999년 4월, 강원도 원주

봄에 가지마다 잎보다 먼저 흰 꽃이 가득 달린다. 작은 꽃들은 4~5송이씩 줄기에 붙어서 핀다. 꽃이 지기 시작하면서 잎이 돋아난다. 잎은 톱니가 있는 달걀꼴이다. 여름부터 가을 사이에 열매가 여물어서 저절로 터진다.

졸참나무

Quercus serrata

졸참나무는 축축하고 그늘진 산기슭이나 골짜기에 많이 난다. 졸참나무 도토리는 대추 씨보다 조금 크다. 워낙 잘아서 도토리를 줍다 보면 손가락 사이로 잘 빠져 나간다. 가을에 다른 참나무보다 늦게 도토리가 떨어진다. 졸참나무 도토리는 껍질이 얇아서 가루가 많이 난다. 도토리를 한 말 하면 가루도 한 말 나온다고 할 정도다. 또 가루 맛이 좋다. 그래서 도토리는 작을수록 맛이 좋다는 말이 있다. 강원도에서는 졸참나무 도토리를 재량밤이라고 한다.

졸참나무는 잎사귀도 작다. 참나무 중에 가장 작다. 잎은 작지만 나무는 다른 참나무 못지않게 굵고 크게 자란다. 졸참나무에 저절로 자라는 표고버섯은 다른 참나무에서 올라온 것보다 작다. 졸참나무도 다른 참나무처럼 쓸모가 많다. 나무를 잘라다가 표고버섯을 기른다. 나무껍질은 물을 들이는 데 쓰고, 잎은 거름으로 쓰고, 도토리는 사람도 먹고 산에 사는 다람쥐나 청설모, 멧돼지, 곰도 먹는다.

다른 이름 재리알, 재잘나무, 재량나무, 침도로나무, 굴밤나무, 속소리나무, 소리나무
참나무에 나는 버섯 표고, 능이버섯, 영지버섯, 뽕나무버섯, 노루궁뎅이, 참나무버섯 들이 돋는다. 표고는 쓰러진 참나무에서 봄과 가을에 돋는다. 버섯 겉은 갈색이고 속은 희다. 표고는 기를 수도 있다. 노루궁뎅이도 오래된 참나무에 돋는다. 국이나 찌개를 해 먹는다.
목재 목재는 붉은 밤색이다. 나무가 단단하고 향기가 조금 있다. 창틀, 계단 난간, 농기구 자루, 노, 악기를 만드는 데 쓴다. 철길 침목이나 합판으로도 쓴다. 버섯 기르는 나무와 땔나무로도 좋다.
기르기 씨앗을 심어서 기른다. 산 아래 양지바른 곳에 심는다. 어릴 때는 매우 약해서 심어 기르려면 늦서리를 맞지 않도록 해야 한다.

2000년 7월, 경기도 국립수목원

2001년 1월, 경기도 국립수목원

겨울에 잎이 지는 큰키나무다. 높이가 15m쯤 되는데 크게 자라면 20m를 넘기도 한다. 나무껍질은 붉은빛이 도는 검은색인데 겉에 연한 풀색 무늬가 있다. 처음에는 매끈하지만 차츰 세로로 얕게 터지면서 거칠어진다.

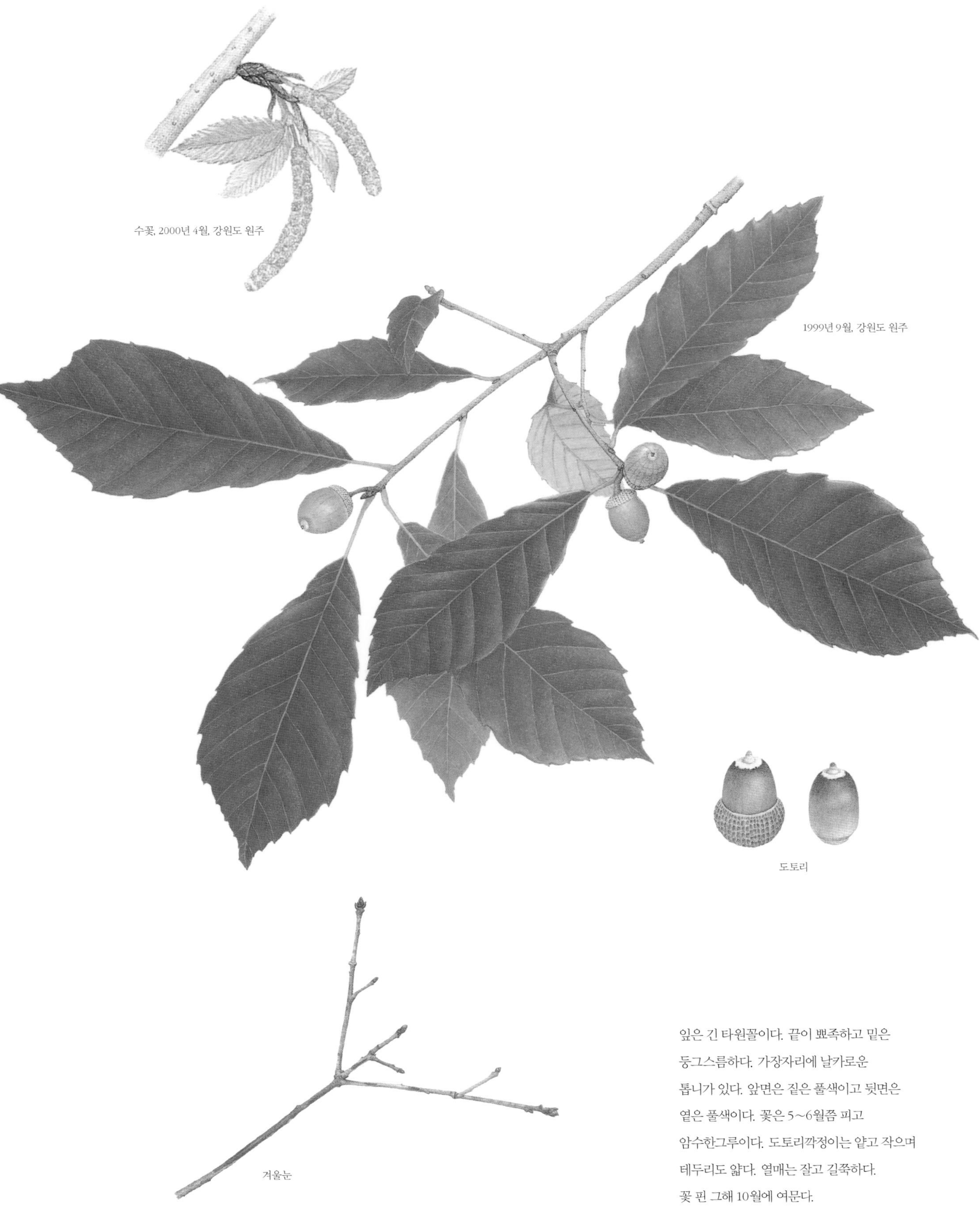

잎은 긴 타원꼴이다. 끝이 뾰족하고 밑은 둥그스름하다. 가장자리에 날카로운 톱니가 있다. 앞면은 짙은 풀색이고 뒷면은 옅은 풀색이다. 꽃은 5~6월쯤 피고 암수한그루이다. 도토리깍정이는 얕고 작으며 테두리도 얇다. 열매는 잘고 길쭉하다. 꽃 핀 그해 10월에 여문다.

주목

Taxus cuspidata

주목은 높은 산에서 자라는 나무다. 나무껍질이 붉어서 주목이라고 한다. 잎은 짙푸른 바늘잎이다. 어린 가지는 처음에는 풀빛이지만 자라면서 차츰 붉어진다. 다 자란 가지는 물감을 뽑아 쓸 수 있을 만큼 붉다. 뜰이나 공원, 절에 많이 심는다.

주목은 가을에 앵두처럼 동그란 열매가 빨갛게 익는다. 열매 끝이 열려 있어서 안으로 검은 씨앗이 들여다보인다. 열매는 맛이 달아서 그냥 먹어도 된다. 하지만 씨앗은 독이 있어서 먹으면 안 된다. 새가 주목 열매를 먹으면 씨앗이 똥과 함께 나온다.

주목은 추운 곳에서 잘 자란다. 소백산이나 태백산, 오대산, 설악산처럼 1000m가 넘는 높은 산 북쪽 골짜기에 모여 자란다. 어릴 때는 큰 나무 밑에서 틈새로 떨어지는 햇빛을 알뜰하게 받아서 조금씩 자라난다. 어릴 때는 무척 더디 자라서 십 년을 자라도 일 미터쯤밖에 안 자란다. 하지만 그렇게 조금씩 꾸준히 자라서 몇십 년, 몇백 년 뒤에는 아주 커다란 아름드리나무가 된다. 소백산 비로봉에 있는 오래된 주목나무 숲은 200살이 넘는 나무들로 이루어져 있다. 이곳은 천연 기념물로 정해서 보호하고 있다.

다른 이름 적목, 경목, 노가리낭, 적벽, 정목
목재 주목 목재는 향나무보다 더 붉다. 빛깔이 좋고, 결이 곱고 매끄러운데다 향기가 있어서 조각재로 많이 쓴다. 불상이나 불교 용품을 만들기도 하고, 나무 벼루를 만들어 쓰기도 한다. 관도 짠다.
잎과 가지 주목 잎과 가지는 말려서 약으로 쓴다. 오줌을 잘 누게 하고 달거리를 잘하게 한다. 껍질은 기침이나 신경통을 고치는 데 좋다. 아무 때나 줄기와 굵은 가지에서 껍질을 벗겨 겉껍질은 벗겨 버리고 속껍질만 햇볕에 말려 쓴다. 잎은 회충약으로 쓴다.

2000년 9월, 강원도 원주

겨울에도 잎이 지지 않는 늘푸른 바늘잎나무다. 가지는 사방으로 뻗고 큰 가지와 줄기는 붉은빛이다. 나무껍질은 세로로 갈라지면서 얇게 조각조각 떨어진다. 햇가지는 풀빛이다가 점점 붉은빛이 된다.

1996년 3월, 서울 창동

열매, 1998년 10월, 강원도 원주

바늘잎은 좁고 긴데 손으로 만져도 따갑지 않다. 앞면은 진한 풀빛이고, 뒷면은 누런 풀빛이다. 암수딴그루이고 4~5월에 꽃이 핀다. 열매는 처음에는 풀색이다가 가을에 여물면 붉은빛이 된다. 열매 속에는 둥글고 딱딱한 씨앗이 하나 들어 있다.

쥐똥나무

Ligustrum obtusifolium

쥐똥나무는 열매가 꼭 쥐똥 같다고 해서 쥐똥나무다. 콩알 같은 열매가 가을이면 까맣게 익는다. 함경도나 평안도에서는 '검정알나무'라고 한다. 5월쯤에 자잘한 꽃이 하얗게 모여 핀다. 꽃은 초롱같이 생겼는데 끝이 십자꼴로 갈라져 있다. 향기가 좋아서 설탕과 함께 재워 술을 담가 먹기도 한다. 열매는 약으로 쓴다.

쥐똥나무는 산울타리로 많이 심는다. 어디서나 잘 자라는데다가 가지치기도 쉽고, 잘라 놓은 대로 반듯하게 푸른 벽을 이뤄서 그대로 울타리가 되기 때문이다. 키도 울타리를 할 만큼 자란다. 공원이나 길가에 많이 심는다. 닭이나 개들이 못 들어가도록 텃밭에 울타리로 많이 심었다.

쥐똥나무 가지는 새총을 만들기에 딱 좋다. 가지가 Y 꼴로 갈라지고, 굵기가 알맞아서 새총을 만들기 쉽다. 잘 부러지지도 않는다. 그래서 새총나무라고도 한다.

다른 이름 털광나무[북], 검정알나무, 백랍나무

약재 쥐똥나무 열매는 따서 햇볕에 말렸다가 약으로 달여 마신다. 몸을 튼튼하게 하고 피를 멎게 한다. 몸이 허약할 때나 식은땀이 날 때 달여 먹어도 좋다. 꽃은 술을 담는데 반년쯤 묵힌 술은 몸을 튼튼하게 하고 피로를 풀어 준다.

목재 쥐똥나무는 아주 단단해서 공업용 목재로 많이 쓴다. 껍질을 살짝 벗긴 쥐똥나무 가지를 불에 살짝 구우면 놋쇠처럼 단단해진다. 노간주나무가 귀한 곳에서는 쥐똥나무로 코뚜레를 만들어 쓰기도 했다.

쥐똥나무와 백랍 쥐똥나무에는 '백랍'이라는 벌레가 산다. 백랍은 쥐똥나무나 물푸레나무, 광나무 같은 나무에 붙어사는 벌레다. 수컷 애벌레가 늦은 봄에 흰 가루를 내면서 가지에 집을 짓는다. 가을이 되면 벌레는 날아가고 고치만 남는다. 이것을 뜯어 말린 것을 백랍이라고 한다. 백랍은 고약이나 양초를 만들어 쓴다. 나무로 만든 살림살이에 윤기를 낼 때도 좋다. 피를 멎게 하는 약으로도 쓴다.

2000년 8월, 경기도 국립수목원

2001년 1월, 경기도 국립수목원

겨울에 잎이 지는 떨기나무다. 줄기는 곧게 자라며 가지를 많이 친다. 묵은 가지에는 털이 없고 햇가지에는 짧고 부드러운 털이 배게 있다.

1998년 5월, 강원도 원주

잎은 마주나고 타원꼴이다. 가장자리는 매끈하다. 5~6월에 햇가지 끝에 희고 작은 꽃이 모여서 핀다. 9월에 까맣고 둥근 열매가 여문다.

진달래

Rhododendron mucronulatum

진달래는 봄에 양지바른 산기슭이나 소나무 숲 아래서 무더기로 피어난다. 잎보다 먼저 꽃이 피기 때문에 한창 필 때는 산자락이 붉게 보인다. 공원이나 마당에 심어 기르기도 한다.

진달래꽃은 먹을 수 있다. 한 움큼 따서 입 안 가득 넣으면 향긋하고 쌉싸름한 맛이 난다. 많이 먹으면 입이 푸르게 물이 든다. 진달래꽃으로 꽃싸움도 한다. 꽃 속에 있는 가장 긴 꽃살을 뽑아서 서로 걸고 잡아당기면서 누구 것이 끊어지는가 보는 것이다.

진달래꽃은 먹을 수가 있어서 참꽃이라고 한다. 철쭉은 꽃은 비슷하게 생겼어도 먹을 수 없다고 개꽃이라 한다. 철쭉꽃에는 독이 있어서 먹으면 안 된다. 진달래꽃을 너무 많이 먹으면 배앓이를 하니까 조심해야 한다. 진달래 줄기를 태운 재로 잿물을 내어 옷감에 물을 들이기도 한다.

다른 이름 진달래나무[북], 참꽃나무, 진달리, 두견화

약재 잎을 약으로 쓴다. 여름에 잎을 따서 그늘에 말린다. 가래를 삭이고 기침을 멈추며 천식을 낫게 한다. 기관지염, 고혈압, 감기에도 약으로 쓴다. 달여 먹거나 술을 담가 먹는다. 이른 봄에 꽃 피기 전에 가지를 꺾어 말려 두었다가 고혈압에 약으로 쓴다.

진달래로 만든 음식 진달래술은 진달래꽃을 설탕에 재어 삭혀서 만든 약술이다. 관절염에 쓴다. 화전은 음력 삼월 삼짇날에 지져 먹는다. 찹쌀가루로 만든 반죽에 진달래꽃을 얹어 굽는다. 붉은 오미자 물에 진달래꽃을 띄워서 화채를 만들어 먹기도 한다.

2000년 4월, 강원도 원주

겨울에 잎이 지는 떨기나무다. 가지를 많이 친다. 줄기는 잿빛이고 가지는 풀빛이다. 이른 봄에 꽃이 잎보다 먼저 핀다. 가지 끝에서 두세 송이씩 모여서 핀다. 한 송이만 피기도 한다.

1996년 4월, 서울 창동

잎은 어긋나게 붙고 타원꼴이다.
꽃은 윗부분이 다섯 갈래로 갈라졌다.
꽃이 다 피고 나서 잎이 나기 시작한다.
가을에 열매가 검은 밤색으로 여문다.
열매가 여물면 다섯 조각으로 벌어진다.

쪽동백나무

Styrax obassia

쪽동백나무는 산에서 자라는 작은 나무다. 흔하지는 않고 어쩌다 산길에서 만날 수 있다. 나무 크기에 대면 나뭇잎은 꽤 크다. 큰 것은 길이나 넓이가 20㎝쯤 된다. 그래서 산에서 만났을 때 잎을 보고 쉽게 알아볼 수 있다.

이른 여름에 꽃이 핀다. 흰 꽃인데 때죽나무처럼 아래쪽으로 달린다. 꽃은 향기가 좋다. 가을에 여무는 열매에서는 기름을 짠다. 쪽동백나무 기름으로 등잔에 불을 밝히고 양초를 만든다. 나무 모양이 곱고 꽃향기가 좋아서 마당이나 공원에 심으면 좋다.

쪽동백나무 목재는 옅은 누런색이다. 결이 치밀해서 가구를 만들거나 조각을 할 때 쓴다. 나무가 크게 자라지 않아서 장기알, 바가지, 성냥대 같은 작은 물건을 만들 때 쓴다.

다른 이름 정나무, 산아주까리나무, 개동백나무, 쪽나무, 넉죽나무

쪽동백나무와 때죽나무 쪽동백나무는 때죽나무와 가까운 나무다. 쪽동백나무와 때죽나무는 생김새도 닮았지만 쓰임새도 비슷하다. 둘 다 가을에 여무는 씨앗을 모아서 기름을 짠다. 기름으로는 양초나 비누를 만든다. 목재는 치밀하고 다루기가 쉽다. 가구와 장난감을 만들고 조각을 한다. 때죽나무가 쪽동백나무보다 크게 자라서 목재로 쓰기는 더 낫다. 때죽나무 열매에는 독이 있다. 예전에 아이들은 때죽나무 열매를 돌로 찧어 시냇물에 풀었다. 열매 속에 든 독으로 물고기를 마취시켜 잡았다.

기르기 씨앗을 심어 기른다. 씨앗을 젖은 모래와 섞어 겨울을 난 다음 이듬해 봄에 심는다. 심어서 5~6년이 지나면 열매를 맺는다. 쪽동백나무는 햇빛을 좋아하는 나무다. 약간 습하고 비탈진 땅에서 잘 자란다.

2000년 8월, 경기도 국립수목원

2001년 1월, 경기도 국립수목원

겨울에 잎이 지는 작은키나무다. 키는 10m에 이른다. 줄기는 곧게 서고 가지를 많이 친다. 묵은 가지 껍질은 매끈하고 윤이 난다. 햇가지에는 털이 배게 나 있다.

1999년 7월, 강원도 원주

잎은 어긋나게 붙는다. 끝이 뾰족하고 잎자루가 있다. 앞면은 진한 풀색이고 뒷면에는 털이 많이 나서 희게 보인다. 5~6월에 흰 꽃 여러 송이가 모여서 핀다. 열매는 9~10월에 여문다. 열매껍질에 털이 빽빽이 나 있다. 열매가 마르면 터지면서 씨앗이 나온다.

찔레나무

Rosa multiflora

찔레나무는 산기슭이나 골짜기, 볕이 잘 드는 냇가에서 덤불을 이루며 자란다. 이름처럼 가지에 날카로운 가시가 많아서 '가시나무'라고도 한다. 들에서 나는 장미라고 '들장미'라 하기도 한다. 도시에서는 집 뜰이나 공원에도 많이 심는다.

나무에 한창 물이 오르는 봄이면 찔레나무에서 새순이 올라온다. 찔레 순은 물기가 많고 연한데다 맛이 달큼해서 아이들이 많이 꺾어 먹는다. 껍질을 벗겨서 그냥 씹어 먹는다. 시원하고 달착지근한 물이 나온다. 찔레 순에도 가시가 있지만 물러서 따갑지 않다. 껍질을 벗기면 가시째로 잘 벗겨진다. 아이들끼리 찔레 순을 따다가 불을 피우고 쪄 먹기도 한다. 이것을 '찔레꾸지'라고 한다.

경기도에는 "찔레꽃이 필 때 비가 세 번 오면 풍년이 든다."는 말이 있다. 찔레꽃이 피는 5월 하순은 모내기에 알맞은 때다. 이때 비가 오면 논에 물을 대고 제때 모내기를 할 수 있어서 풍년이 든다는 것이다.

다른 이름 가시나무, 질누나무, 질꾸나무, 찔루나무, 들장미

꽃 찔레꽃은 향기가 좋아서 향수나 화장품을 만들 때 잘 쓴다. 옛날에는 꽃잎을 따서 말린 다음 향주머니에 넣고 다녔다. 또 베갯속에 넣고 자면 밤새 은은한 향기를 맡을 수 있다. 아가씨들은 꽃잎을 비벼서 얼굴을 씻기도 했다.

약재 찔레나무는 가을에 작고 둥근 열매가 빨갛게 익는다. 열매가 여물었을 때 따서 햇볕에 말려 두었다가 설사가 나거나 배가 아플 때, 오줌이 잘 안 나올 때 약으로 쓴다. 말린 열매를 달여 먹거나 가루를 내서 먹는다. 열매로 술을 담가 석 달이 지난 뒤에 조금씩 마셔도 좋다. 꽃은 말려 두었다가 설사가 나거나 목이 말라 물이 자꾸 먹힐 때 달여 마시면 좋다.

여러 가지 찔레 찔레나무는 생김새에 따라 몇 가지로 나뉜다. 잎과 꽃이 작은 좀찔레, 잎과 줄기에 털이 많은 털찔레, 잎 가장자리가 밋밋하고 암술에 털이 있는 제주찔레, 제주찔레와 비슷하지만 꽃이 붉은 국경찔레가 있다. 제주찔레는 제주도에서 나고 국경찔레는 압록강 언저리에서 자란다.

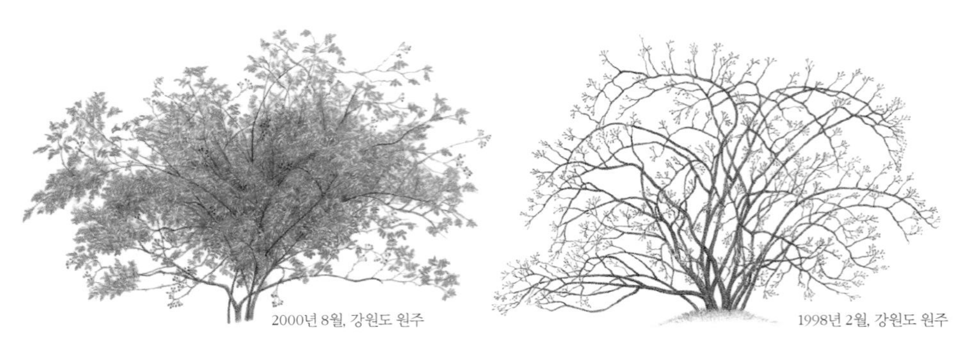

2000년 8월, 강원도 원주

1998년 2월, 강원도 원주

겨울에 잎이 지는 떨기나무다.
덩굴나무는 아니지만 긴 줄기가
활처럼 휘어서 덤불을 이룬다.
가지에는 날카로운 가시가 많다.

열매

1996년 5월, 경기도 감악산

잎은 어긋나게 붙고 쪽잎 5~9개로 이루어진 깃꼴겹잎이다. 가장자리에 톱니가 있고, 뒷면에 잔털이 있다. 5월에 새로 난 가지 끝에서 향기가 좋은 흰 꽃이 핀다. 꽃잎은 다섯 장이고 수술이 샛노랗다. 가을에 둥근 열매가 붉게 익는다.

차나무

Camellia sinensis

차나무는 찻잎을 따는 나무다. 우리가 마시는 녹차나 홍차가 모두 차나무 잎으로 만든 것이다. 요즘에는 차를 마시는 사람이 늘어나면서 차밭을 크게 만들어 가꾼다. 차나무는 병이 잘 안 들고 벌레를 잘 안 먹어서 기르기가 좋다. 따뜻하고 비가 많이 오는 전라남도 보성, 광양, 경상남도 하동, 제주도에서 많이 기른다. 지리산에는 차나무가 저절로 자란다.

차나무는 봄에 새 가지가 나면서 잎이 많이 돋아난다. 새 가지에 난 잎을 한 해에 서너 번 따서 차를 만든다. 차는 잎이 아직 연할 때 따서 만들어야 맛있다. 4월 중순 곡우 무렵에 따는 게 가장 좋다. 뜨겁게 달군 가마솥에 찻잎을 여러 번 볶아서 말린다. 차는 너무 뜨거운 물에 우려내면 맛이 떫어진다. 미지근할 정도로 따뜻한 물에 우려야 향이 좋고 맛이 고소하다. 찻잎은 세 번쯤 우려내도 맛이 좋다. 다 우려낸 찻잎도 버리지 않고 화분이나 나무 밑에 놓아두면 좋은 거름이 된다. 가렵거나 벌레 물린 데에는 찻물을 바르면 좋다. 줄기로는 고급 단추를 만들고 열매는 기름을 짜서 쓴다. 기름을 짜고 남은 찌꺼기는 비료로 쓰거나 짐승을 먹인다. 비누 대신 쓰기도 한다. 또 차나무 열매는 동글동글하고 단단해서 구슬치기를 할 수 있다.

약재 찻잎을 약으로 쓴다. 녹차나 홍차를 우려서 먹거나 가루를 내어 먹는다. 열을 내리고 소화를 돕고 오줌을 잘 누게 한다. 정신이 희미해질 때 차를 마시면 머리가 맑아진다. 이가 썩는 것도 막아 준다. 하지만 너무 많이 마시면 속이 쓰릴 수도 있다. 하루에 두세 잔쯤 마시는 게 알맞다.

기르기 가을에 씨앗을 받아 그늘에 말려 두었다가 이듬해 봄에 심는다. 또는 봄철에 눈이 틀 때나 6~8월에 가지를 손가락만큼 잘라서 심는다. 일 년 동안 모를 길러 이듬해 봄에 움트기 전에 옮겨 심는다. 차나무는 뿌리가 곧고 길기 때문에 다 자란 것은 옮겨 심을 수가 없다. 옮겨 심으면 곧바로 죽고 만다. 차나무는 따뜻하고 비가 많이 오는 곳에서 잘 자란다. 겨울과 봄 사이에 비가 오면 잎이 많이 돋아난다. 자갈이 섞이고 물이 잘 빠지는 땅이 좋다.

2000년 10월, 전북 전주수목원

겨울에도 잎이 지지 않는 떨기나무다. 키는 6~8m까지 자란다. 보통 사람이 기르는 것은 가지 끝을 해마다 잘라 줘서 사람 키보다 작다. 가지는 가늘고 많이 갈라진다. 햇가지는 갈색이고 잔털이 있으나 점점 털도 없어지고 잿빛이 된다.

2000년 11월, 전북 전주수목원

잎은 어긋나게 붙고 길쭉하며 톱니가 있다.
짙은 풀색이고 윤이 난다. 가을에서 겨울에
걸쳐 흰 꽃이 아래를 보고 핀다. 꽃은 향기가
있다. 열매는 이듬해 가을에 여문다.
갈색으로 여물면서 세 쪽으로 벌어진다.
그 안에 짙은 갈색 씨앗이 세 개 들어 있다.
씨앗은 둥글고 껍질이 딱딱하다.

참나무

Quercus

도토리가 열리는 나무를 두루 참나무라고 한다. 상수리나무를 참나무라 하는 곳도 있다. 도토리는 쌀이 귀하던 때 밥 대신 먹었다. 옛날에는 가을이 되면 산골 사람들이 몇 가마니씩 도토리를 주워 모았다. 일 년 내내 양식 삼아 먹기 위해서였다. 도토리를 껍데기째 큰 가마솥에 넣어서 삶는다. 물을 열두 번은 갈아 줘야 먹을 수 있다. 이렇게 삶아서 바짝 말려 두면 벌레가 나지 않고, 1년이고 2년이고 두고 먹을 수가 있다. 요즘은 묵을 쑤거나 국수를 만들어서 많이 먹는다. 묵을 해 먹으려면 삶지 않고 껍질만 까서 그냥 말린다.

참나무는 목재도 좋고 숯도 좋다. 예전에는 어린순과 잎도 뜯어다가 나물로 먹었다. 참나무숯은 무겁고 잘 부서지지 않아서 으뜸으로 친다. 불을 피우고 장독에도 넣는다. 장을 담글 때 숯을 띄우면 장맛이 변하지 않고 나쁜 냄새도 빨아들인다. 요즘은 참나무 줄기를 베어다가 표고를 기르는 데 많이 쓴다.

다른 이름 도토리나무, 굴밤나무, 상수리나무, 가둑나무

여러 가지 참나무 참나무에는 상수리나무, 졸참나무, 신갈나무, 떡갈나무, 굴참나무, 갈참나무 들이 있다. 나무마다 생김새와 사는 곳이 조금씩 다르다. 상수리나무는 마을 가까이에 많고, 산에는 신갈나무, 굴참나무, 졸참나무, 떡갈나무가 많다. 상수리나무와 굴참나무는 잎이 밤 잎처럼 길쭉하고 떡갈나무 잎은 넓적하고 크다. 우리나라 산 어디서나 참나무를 흔하게 볼 수 있다.

도토리묵 도토리를 주워다가 햇볕이 잘 드는 데 널어 두면 껍질이 마르면서 깨진다. 껍질을 까서 방아에 빻는다. 빻은 도토리에 물을 부으면 붉은 물이 우러나온다. 물이 맑아질 때까지 몇 번이고 갈아 주면서 떫은맛을 우려낸다. 떫은맛이 빠지면 웃물을 따라 내고 가라앉은 앙금을 말려서 가루를 만든다. 이 가루로 도토리묵을 쒀 먹는다. 상수리나무가 많은 남쪽 지방에서는 도토리묵보다 상수리묵이라는 말을 더 많이 쓴다.

목재 참나무 목재는 무척 단단하고 무겁다. 톱질을 해 보면 소나무를 썰 때보다 힘이 더 든다. 참나무로 가구를 만들면 잘 휘지 않고 모양이 변하지 않는다. 가구와 마룻바닥을 까는 데 많이 쓴다. 나뭇결이 무척 아름다워 가구를 만들 때는 무늬를 살려서 만든다. 참나무는 결을 따라 쪼개기가 쉽다. 그래서 도끼를 대고 쳐서 널판을 만들어 지붕을 이기도 했다. 이런 집을 너와집이라고 한다.

떡갈나무 *Quercus dentata*

신갈나무 *Quercus mongolica*

굴참나무 *Quercus variabilis*

갈참나무 *Quercus aliena*

졸참나무 *Quercus serrata*

상수리나무 *Quercus acutissima*

참죽나무

Cedrela sinensis

참죽나무는 키가 큰 나무다. 잔가지가 없이 곧고 빠르게 자라서 집 지을 때 기둥으로 쓴다. 전라도에서는 집집이 참죽나무를 한두 그루씩 심었다. 울타리 옆이나 뒤뜰에 몇 그루씩 심기도 했다. 나무가 향기롭고 아름다워서 보기에도 좋다. 봄이면 새순을 뜯어 나물로 무쳐 먹는다. 새순이 많이 나면 장터에 가져가서 팔기도 한다. 가까운 곳에 있는 순은 장대에 낫을 묶어서 따고, 높은 곳은 사다리를 놓고 올라가서 딴다.

참죽나무와 닮은 나무로 가죽나무가 있다. 생긴 것도 많이 닮고 이름도 비슷하다. 참죽나무 목재는 속이 단단하지만 가죽나무는 속이 성글어서 목재로 쓰지 못한다. 또 참죽나무는 잎이 향기로워서 맛있지만 가죽나무는 노린내가 나서 먹을 수 없다.

다른 이름 참중나무[북], 쭉나무

나물 참죽나무 새순과 잎은 날로 무쳐 먹는다. 데쳐서 말렸다가 오래 두고 먹을 수도 있다. 찹쌀가루를 묻혀 기름에 살짝 튀겨 먹기도 한다. 참죽 부각은 맛이 좋다. 참죽나무만의 향기가 있어서 참죽 부각은 썩어도 파리가 꼬이지 않는다고 한다. 참죽 부각은 절에서 많이 먹는다. 그래서 참죽나무를 중나무라고도 한다. 참죽나무 잎을 살짝 데쳐서 고추장에 박아서 참죽 장아찌를 만들기도 한다.

약재 참죽나무는 봄과 가을에 뿌리껍질을 벗겨 햇볕에 말려서 약으로 쓴다. 설사를 멎게 하는 데 좋다. 또한 아이들이 얼굴이 누렇게 되고 배가 부르며 설사를 자주 할 때 먹이면 잘 듣는다. 헌데나 옴에는 잎을 달여 그 물로 씻으면 좋다.

목재 참죽나무는 곧고 크게 자라기 때문에 기둥감으로 많이 쓴다. 결이 아름답고 단단하다. 분홍빛이 나고 윤기가 있어서 가구를 만들어도 좋다. 책상이나 장을 만들면 뒤틀리지 않고 오래 쓸 수 있다.

2000년 9월, 경기도 평택

2000년 11월, 경기도 평택

겨울에 잎이 지는 큰키나무다. 가지는 위로 뻗는다. 줄기 끝에 가지가 많이 나고 잎이 달린다. 줄기 중간이나 아래는 가지가 적고 밋밋하다.

2000년 6월, 강원도 원주

잎은 어긋나게 붙는데 깃꼴겹잎이다. 쪽잎은 10~20장이다. 잎 앞면은 윤이 나고 뒷면은 옅은 풀색이다. 6월 중순쯤에 희고 자잘한 꽃이 가지 끝에 모여서 핀다. 높은 곳에 피어서 보기가 힘들다. 열매는 가을에 익고, 익으면 갈라진다.

철쭉

Rhododendron schlippenbachii

철쭉은 산기슭이나 개울가에서 저절로 자라는 나무다. 꽃이 진달래와 비슷하지만 따 먹으면 안 된다. 독이 있어서 먹으면 떼굴떼굴 구를 만큼 배가 아프기 때문이다. 그러면 얼른 쌀뜨물을 먹이고 병원에 가야 한다. 이처럼 철쭉꽃은 먹을 수 없는 꽃이라고 개꽃이라고 한다. 경상남도 밀양에서는 진달래꽃이 진 뒤에 연달아 핀다고 '연달래'라고도 한다.

철쭉은 꽃이 아주 예쁘다. 5월이면 산자락마다 무더기로 피어나 산이 붉게 보인다. 철쭉이 많이 피는 지리산이나 소백산, 설악산 같은 큰 산에서는 해마다 철쭉제가 열린다.

도시에서는 뜰이나 공원에 많이 심는다. 화분에 심어 가꾸기도 한다. 꽃집에서 화분에 심어 파는 철쭉은 산에 나는 것이 아니라 일본에서 들여온 왜철쭉이 많다. 왜철쭉은 빛깔이 물감으로 칠한 듯 붉고 진해서 꼭 만든 꽃처럼 보인다. 우리나라 철쭉은 좀 더 부드러운 분홍빛을 띤다. 철쭉은 나무가 단단하고 결이 아름답다. 나무 조각을 할 때 쓴다.

다른 이름 철죽나무[북], 철죽, 척촉, 연달래

철쭉과 진달래 철쭉과 진달래는 생김새가 비슷해서 헷갈리기 쉽다. 하지만 피는 때가 다르다. 진달래는 이른 봄에, 철쭉은 봄이 한참 무르익은 늦은 봄에 피어난다. 또 진달래는 꽃이 먼저 피고 나중에 잎이 나지만 철쭉은 꽃과 잎이 함께 난다. 그리고 철쭉은 꽃이 크고 꽃잎에 자줏빛 점이 있다.

약재 철쭉은 잎과 꽃을 약으로 쓴다. 봄에 잎과 꽃을 뜯어서 그늘에서 말린다. 잎과 꽃 모두 혈압을 낮추는 약으로 쓴다. 상처가 났을 때 철쭉꽃을 짓찧어서 붙이면 아픈 것이 가라앉는다.

기르기 철쭉은 씨를 뿌리거나 가지를 묻거나 포기를 나눠서 늘릴 수 있다. 기름진 땅에 심되 거름을 너무 많이 하지 않는 것이 좋다. 뿌리가 가늘고 부드러워서 공기가 잘 안 통하면 썩을 수도 있다. 바람이 잘 들고 물이 잘 빠지는 곳에 심어야 한다. 그늘이 지는 곳에 심으면 가지가 가늘고 길게 자라 나무 모양이 흩어진다. 되도록 볕이 잘 드는 곳에 심는 것이 좋다.

겨울에 잎이 지는 떨기나무다. 키는 2~5m이다. 줄기는 곧게 자라며 가지를 많이 친다. 가지는 어릴 때는 풀빛이었다가 점점 잿빛으로 바뀐다.

1998년 4월, 강원도 원주

겨울눈, 1996년 12월, 강원도 강릉

봄에 잎과 꽃이 함께 난다. 잎은 가지 끝에 다섯 장쯤 모여서 난다. 둥글고 넓으며 달걀꼴이다. 꽃은 한 가지 끝에 2~5송이가 모여 달린다. 꽃잎 끝이 다섯 갈래로 벌어진 통꽃이다. 꽃잎 안쪽에 자줏빛 점이 있다. 여름과 가을 사이에 열매가 여문다.

측백나무

Thuja orientalis

측백나무는 공원이나 뜰에 많이 심는다. 바닷가에서는 측백나무 숲을 가꿔 바닷바람을 막았다. 측백나무는 추위와 가뭄, 공해에도 끄떡없을 만큼 튼튼해서 기르기가 쉽다. 가지치기도 쉽고 새 가지도 잘 돋아나서 산울타리로 꾸미기에 좋다. '신선이 되는 나무'라고 해서 절이나 정자나 무덤 옆에도 많이 심었다. 측백나무 잎과 열매가 몸에 아주 좋기 때문이다. 중국에는 측백나무 잎과 열매를 먹고 신선이 되었다거나 몇백 년을 살았다거나 빠진 이가 다시 나오고 머리가 검어졌다는 이야기가 많다.

'측백'은 잎이 납작하고 옆으로 뻗기 때문에 붙은 이름이다. 측백나무 잎은 편백, 화백과 아주 닮았다. 하지만 잎이 겹치는 생김새가 조금씩 다르다.

그동안 측백나무는 중국에서 옮겨다 심은 나무라고들 했다. 하지만 우리나라에도 저절로 자라는 측백나무 숲이 있어서 토박이 나무라고도 한다. 대구시 달성군 도동 마을 향산에는 깎아지른 절벽에 측백나무가 다른 나무들과 어우러져 자라고 있다. 이 측백나무는 우리나라 천연 기념물 제1호다. 경상북도 영양과 안동, 충청북도 단양 같은 곳에도 오래된 측백나무 숲이 있다.

목재 측백나무 목재는 안쪽은 밤색이고 가장자리는 흰색이다. 단단하고 윤기가 나면서 대패질이 잘되기 때문에 가구를 만들고 공예품을 만들기 좋다. 옛날에는 관을 짜는 나무로 썼다. 배를 만들거나 집을 만들 때도 많이 쓴다.

약재 여름에 잎이 붙은 가지를 베어 그늘에 말려서 약으로 쓴다. 피를 잘 멎게 하기 때문에 코피가 나거나 피를 토할 때 먹는다. 머리카락이 빠지거나 희어질 때 가루를 내어 기름에 개어 발라도 좋다. 아홉 번 쪄서 말린 측백 잎은 온갖 병에 다 좋다고 한다. 측백나무 씨앗은 한약방에서 '백자인'이라고 한다. 가을에 익은 열매를 따서 햇볕에 말린 다음 씨앗만 빼내고 다시 그늘에 말려서 쓴다. 기침을 멎게 하고 가래를 삭이며 변비에도 좋다. 잠을 잘 못 자거나 꿈을 많이 꿀 때, 괜히 가슴이 두근거릴 때 쓰면 잘 듣는다.

2000년 11월, 강원도 원주

겨울에도 잎이 지지 않는 늘푸른 바늘잎나무다.
키가 20m까지 자란다. 줄기는 곧게 위로
자라는데 때로는 떨기나무처럼 여러 갈래로
갈라져서 자라기도 한다. 나무껍질은 어두운
밤색이고 세로로 터지면서 길고 얇게 벗겨진다.
햇가지는 풀색인데 점점 밤색이 된다.

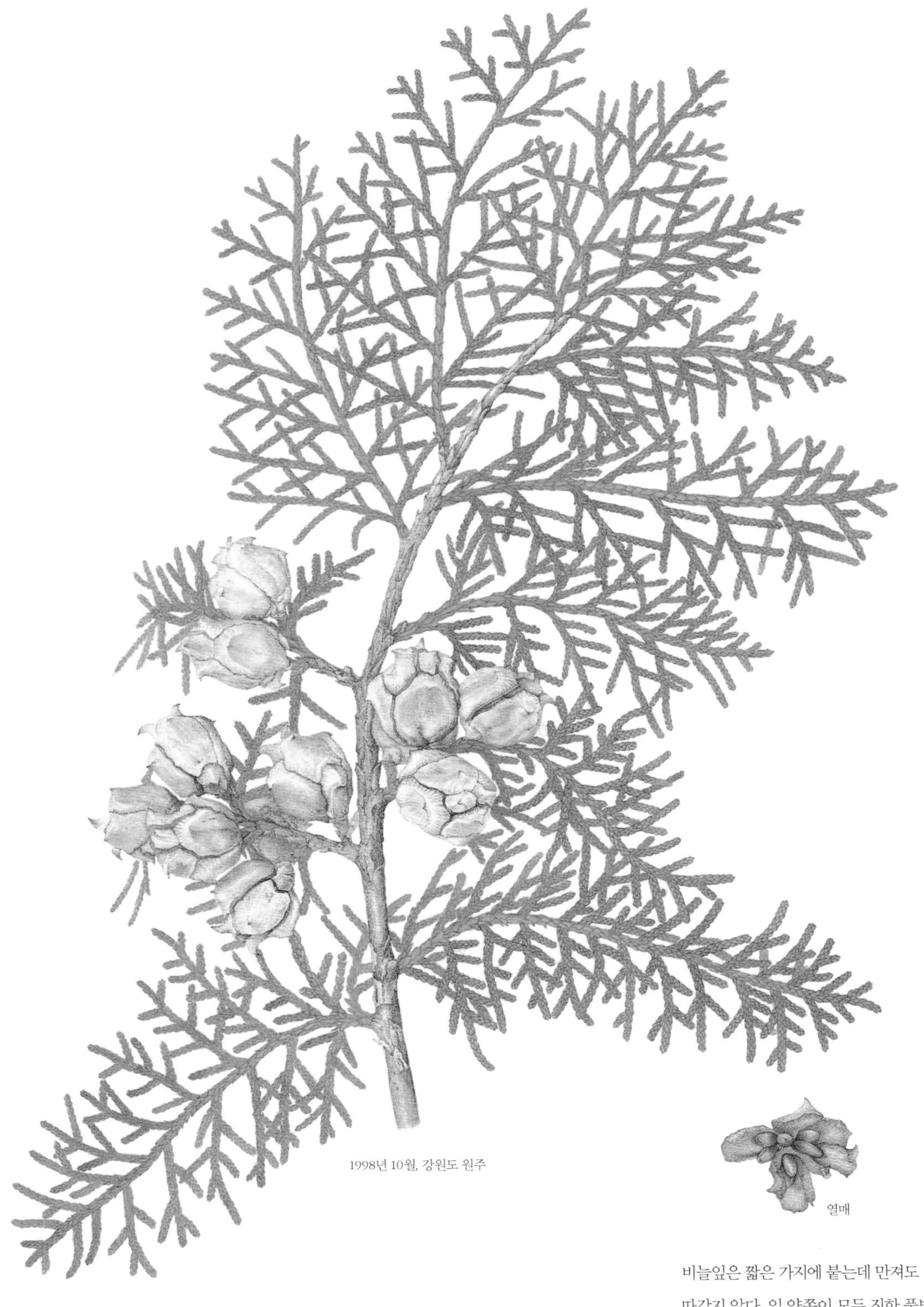

비늘잎은 짧은 가지에 붙는데 만져도 따갑지 않다. 잎 양쪽이 모두 진한 풀빛이다. 2~3년 동안 붙어 있다가 말라 버린다. 봄에 꽃이 피며 암수한그루이다. 열매는 그해 가을에 밤색으로 여무는데 여물면 떨어진다.

층층나무

Cornus controversa

층층나무는 가지가 해마다 한 층씩 돌려나서 여러 층을 이룬다. 그래서 이름도 층층나무다. 산 중턱이나 골짜기에서 다른 나무와 어우러져 자란다. 이른 여름에 흰 꽃이 나무를 가득 덮은 것처럼 핀다. 산딸나무도 층층나무처럼 희고 자잘한 꽃이 나무 가득 달린다. 층층나무나 산딸나무는 여럿이 무리를 지어 숲을 만드는 일은 없다. 한참씩 멀리 떨어져서 어쩌다 한 그루씩 자라나곤 한다.

층층나무는 우리나라 어디서나 볼 수 있다. 제주도에서 함경북도 백두산까지 자란다. 함경남도는 층층나무가 유난히 많이 난다. 층층나무는 우리나라뿐만 아니라 일본이나 중국, 만주, 히말라야에서도 자라는 나무다. 나무 생김이 남다르고 여름에 피는 꽃이 아름다워서 뜰이나 길옆에 심는다. 꽃은 벌을 칠 수 있고, 나무는 농기구나 양산 자루를 만들고, 나무껍질은 옷감에 검은 갈색 물을 들인다.

다른 이름 물깨금나무, 말채나무, 꺼그렁나무

층층나무와 산딸나무 층층나무와 산딸나무는 가지가 층을 이루며 옆으로 퍼진다. 잎도 비슷하게 생기고 둘 다 흰 꽃이 핀다. 산딸나무는 박달나무, 쇠박달나무라고도 한다. 가을에 빨갛게 익은 열매를 먹을 수 있다. 열매는 물이 많고 맛이 좋다. 층층나무 열매는 새가 즐겨 먹는다. 층층나무와 산딸나무 모두 좋은 목재가 된다.

목재 층층나무 목재는 희거나 누런빛이 돈다. 결이 치밀하고 고르며 연하여 다루기가 쉽다. 농기구 자루와 양산 자루, 참빗, 지팡이, 젓가락, 나막신 같은 것을 만든다. 집을 짓고 조각을 하고 땔감으로도 쓴다.

기르기 씨앗을 심어서 기른다. 가을에 씨앗이 떨어지면 저절로 나무 아래에서 어린 나무가 자라기도 한다. 씨앗을 겨울 동안 모래에 묻어 두었다가 봄에 뿌리면 뿌리를 잘 내린다. 가을에 뿌려도 된다. 흙이 깊고 기름진 땅에서 빨리 자란다.

2000년 8월, 강원도 치악산

2000년 12월, 강원도 원주

겨울에 잎이 떨어지는 큰키나무다. 키는 20m에 이른다. 나무껍질은 어두운 잿빛을 띠고 잘 벗겨지지 않는다. 늙은 나무껍질은 세로로 얕게 갈라진다. 가지는 마디마다 돌려붙는데 고르게 층을 이룬다.

잎은 어긋나게 붙고 타원꼴이다. 잎자루가 있고 잎 가장자리는 밋밋하다. 잎 양면에 털이 살짝 난다. 5월쯤에 햇가지 끝에 흰 꽃이 모여서 핀다. 열매는 가을에 검게 익는다.

치자나무

Gardenia jasminoides

치자나무는 꽃을 보고 열매를 쓰려고 심어 기르는 나무다. 따뜻한 남부 지방에서 잘 자란다. 치자 꽃은 크고 향기가 좋다. 옛날 사람들은 술에 치자 꽃을 띄워 마시기도 했다. 열매는 약으로 쓰고 노란 물을 들이는 데 쓴다.

치자나무 열매를 치자라고 한다. 치자는 아주 옛날부터 물을 들였다. 잘 마른 치자를 반으로 쪼개어 물에 띄우면 노란 물이 누에실처럼 번져 나가는 것을 볼 수 있다. 그 물에 결 고운 모시를 담그면 노란 물이 올올이 곱게 든다.

옷감뿐만 아니라 음식에도 물을 들였다. 잔치 때나 제사 때 만들어 먹는 부침개에 노란 물을 들인다. 녹두전을 할 때도 치자를 녹두와 함께 갈아서 반죽을 한다. 단무지를 노랗게 물들일 때도 치자를 쓴다. 옛날에는 집집이 치자 열매를 실에 꿰어 방에 말려 두고 썼다.

다른 이름 좀치자나무[북]

여러 가지 치자나무 치자나무는 열매가 둥근 산치자와 열매가 긴 수치자, 열매 빛깔이 붉은 홍치자와 노란 황치자로 나눈다. 꽃 생김새에 따라 겹치자, 얼룩치자, 꽃치자가 있다. 꽃치자는 도시에서도 화분에 심어 기른다.

꽃 치자 꽃은 향기가 좋아서 향수를 만들 때 쓴다. 꿀도 많다. 치자나무에서 딴 꿀은 맛과 향이 아주 좋다. 치자 꽃으로 술을 담그면 향기도 좋고 빛깔도 맑은 술이 된다. 조선 시대에는 치자 꽃으로 식혜를 만들어 먹었다. '담복식혜'라고 한다. 맛이 좋고 아주 향기롭다고 한다.

약재 치자를 말려서 약으로도 쓴다. 늦가을에 치자를 따서 그늘에 말려 두었다가 열이 나고 가슴이 답답할 때 달여 먹는다. 몸이 붓거나 입이 마를 때 먹어도 좋다. 동상에 걸렸을 때 열매를 으깨어 즙을 발라도 좋다. 허리가 결리거나 관절염이 있을 때 치자를 으깨서 식초와 밀가루, 달걀흰자를 섞어 바르면 곧 낫는다. 손목이나 발목이 삐었을 때도 쓴다.

2000년 11월, 전남 순천

겨울에도 잎이 지지 않는 떨기나무다.
나무 높이는 1~2m이고 가지를 많이 친다.
나무껍질은 밤색이 도는 잿빛이다.
어린 가지에는 짧은 털이 있다.

2000년 11월, 전남 순천

잎은 마주나는데 긴 타원꼴이고 끝이 뾰족하다. 두툼하면서 윤기가 나고 가장자리는 매끈하다. 여름에 향기가 진한 흰 꽃이 핀다. 가을에 열매가 노르스름하면서 붉게 익는다.

칡

Pueraria lobata

칡은 볕이 잘 드는 곳이면 어디서든지 잘 자란다. 긴 줄기가 땅을 기다가 감을 것이 있으면 타고 올라간다. 무척 잘 자라서 나무를 온통 뒤덮어 버리기도 한다. 산기슭이 깎인 곳에 심으면 흙이 빗물에 씻겨 내리는 것을 막을 수 있다.

칡 줄기는 질겨서 쓸모가 많다. 껍질을 벗겨서 말려 두었다가 신을 삼아 신고, 꼬아서 고삐도 만든다. 강원도에서는 설피를 묶을 때나 도리깨를 묶을 때도 썼다. 잘 마른 칡을 물에 며칠 담가 두었다가 도리깨를 바싹 매 놓으면 단단히 묶여서 헐거워지지 않는다.

이른 봄 새순이 올라오기 전이나 늦가을에 칡뿌리를 캐서 먹는다. 칡뿌리를 떡메로 두들긴 다음 물에 빨면 앙금이 가라앉는다. 이 앙금을 말려서 떡도 해 먹고 수제비도 해 먹는다. 칡가루는 부드럽고 속이 편해서 곡식이 모자랄 때에 밥 대신 먹었다. 아이들은 산에서 칡뿌리를 캐서 껍질을 벗기고 단물을 빨아 먹는다. 칡뿌리는 냄새도 좋고 맛도 달콤하다. 즙을 내어 먹거나 차로 끓여 마시기도 한다.

다른 이름 츩, 칡기, 칡덤불, 칡덩굴, 갈, 록관, 황근
잎 칡 잎에는 영양분이 많다. 어린잎을 뜯어다 나물을 해 먹고, 잎으로 떡을 싸서 쪄 먹기도 했다. 집짐승에게 먹이면 살이 찌고 빨리 자란다. 산에서 넘어져서 피가 날 때 칡 잎을 부벼서 바르면 피가 멎는다.
줄기 껍질 여름에 칡을 해다가 삶아서 껍질을 벗겨 낸다. 껍질에서 겉껍질을 훑어 내면 희고 반짝거리는 속껍질이 나오는데 이것을 청올치라고 한다. 청올치를 가늘게 가른 다음 꼬아서 신을 삼고 돗자리를 만들었다. 옷감을 짜기도 했다. 청올치로 짠 옷감을 갈포라고 한다. 지금은 청올치로 벽지를 만든다.
약재 꽃과 뿌리를 약으로 쓴다. 꽃은 늦여름에 피기 시작할 때 뜯어서 햇볕에 말려 두었다가 쓴다. 갈증이 날 때, 입맛이 없고 소화가 안 될 때 약으로 쓴다. 뿌리는 봄이나 가을에 캐서 겉껍질을 벗긴 뒤 햇볕에 말린다. 홍역이나 설사, 이질에 쓴다.

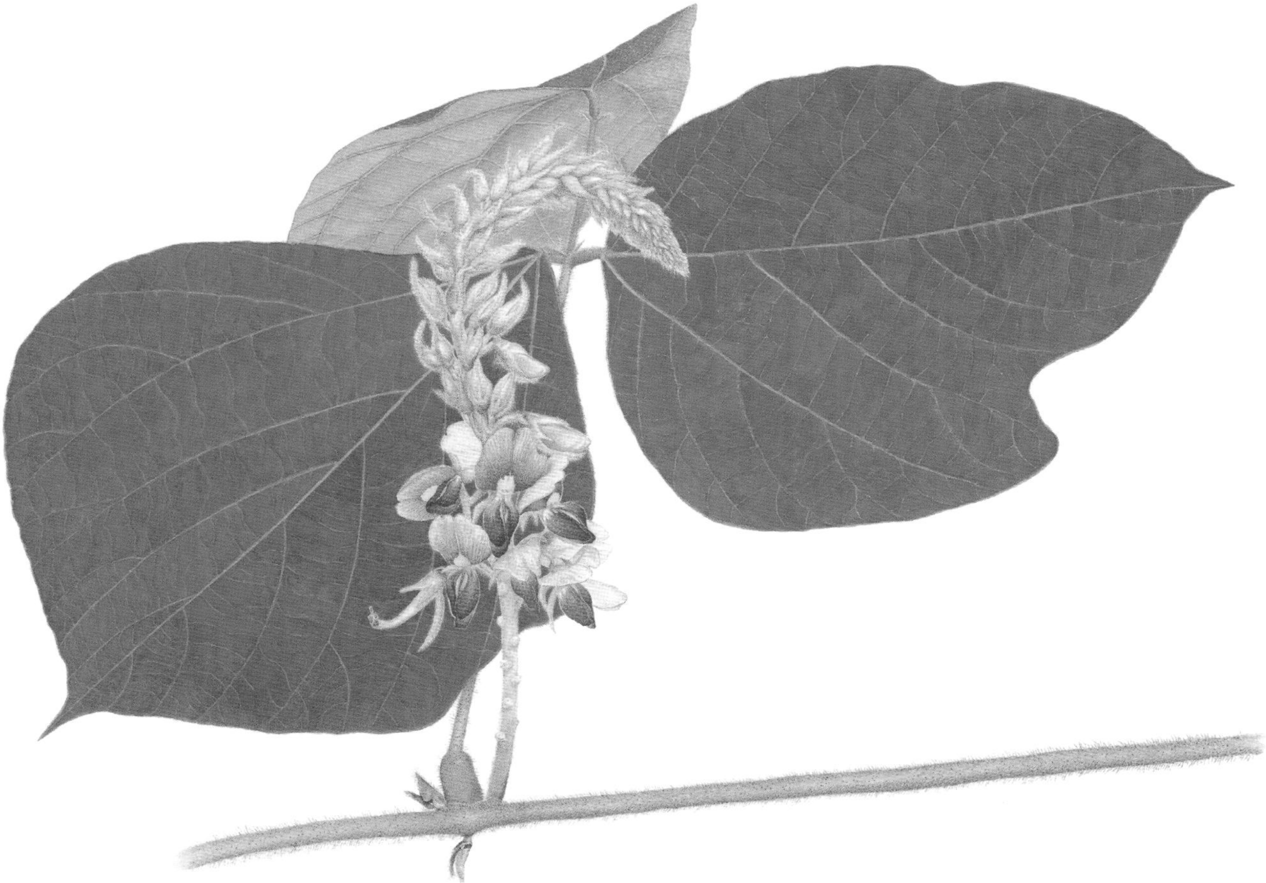

꽃, 1996년 8월, 강원도 춘천

덩굴줄기

열매

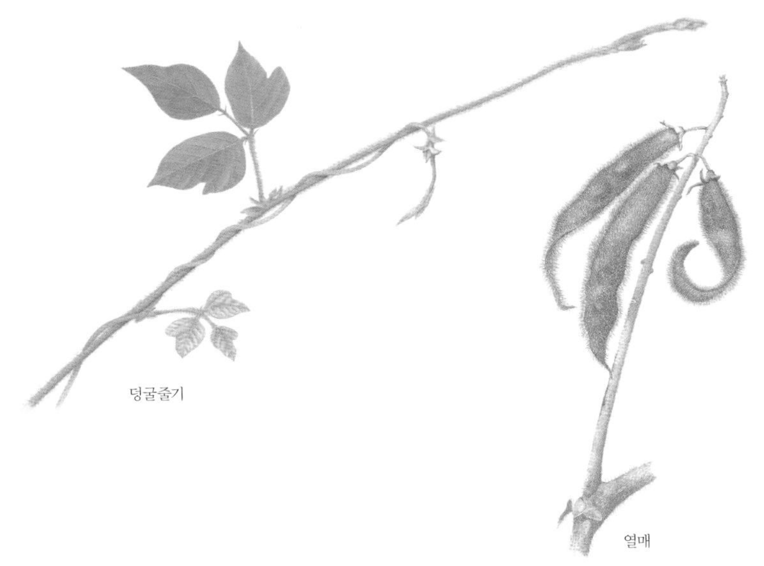

겨울에 잎이 지는 덩굴나무다. 줄기가 땅 위를 기거나 나무를 감고 자란다. 줄기 끝은 겨울이면 말라 죽는다. 줄기와 잎에 털이 많다. 잎은 쪽잎 세 장으로 이루어진 겹잎이다. 여름에 보랏빛 꽃이 여러 송이 모여서 핀다. 꽃이 지고 나서 씨가 3~7개 들어 있는 꼬투리 열매가 달린다.

탱자나무

Poncirus trifoliata

탱자나무는 산울타리로 많이 심는 나무다. 양지바른 산기슭이나 들판에서 저절로 자라기도 한다. 따뜻한 곳을 좋아해서 강화도보다 더 북쪽에서는 살지 못한다. 탱자나무는 여러모로 울타리를 하기에 좋다. 나무가 다 자라도 나지막하고 가시가 억세고 날카롭다. 봄에는 향기로운 흰 꽃이 피어서 보기 좋고, 가을에는 탱자가 누렇게 익는다.

탱자는 귤과 비슷하게 생겼는데 알은 귤보다 잘고 단단하다. 겉에는 보드라운 솜털이 있고 향이 아주 좋다. 탱자는 맛이 시고 써서 날로 먹지는 못한다. 말려서 약으로 쓴다.

탱자나무는 가시가 아주 많다. "탱자나무 울타리는 귀신도 뚫지 못한다."는 말이 있을 정도로 가지가 빽빽하고, 가지마다 억세고 날카로운 가시가 있다. 옛날에는 마을에 돌림병이 돌면 탱자나무 가지를 잘라서 문 위에 걸어 두었다. 탱자나무 가지가 병을 옮기는 귀신을 쫓아 준다고 믿었기 때문이다.

다른 이름 구귤, 지귤
약재 아직 덜 익은 탱자를 두세 쪽으로 쪼개 햇볕에 말린 것을 '지실'이라고 한다. 다 익은 열매를 따서 껍질을 말린 것은 '지각'이라고 한다. 소화가 잘 되게 하거나 가래를 삭이는 데 좋다. 위가 약한 사람이나 임산부에게는 쓰지 않는다. 목이 부었을 때는 잎을 달여 마시면 좋다.
기르기 탱자나무는 귤나무 접그루로 쓴다. 탱자나무에 접붙인 귤나무는 빨리 자란다. 열매도 빨리 맺고 맛도 좋다. 탱자나무는 씨앗으로도 잘 크고 2~3년 된 나무모를 심어도 잘 자란다. 건조한 것을 싫어해서 다른 나무들과 달리 장마철에 심어야 한다.
천연 기념물 강화도에는 오래된 탱자나무가 많다. 병자호란을 겪고 나서 성 밑에 탱자나무를 많이 심었기 때문이다. 강화읍 갑곶리에는 400년쯤 된 탱자나무가 있다. 강화군 화도면 사기리에도 천연 기념물로 정한 탱자나무가 있다. 이 나무도 400년쯤 되었다.

2000년 10월, 충남 부여

겨울에 잎이 지는 떨기나무다.
줄기는 모가 나고 넓적하며 풀색이고
털이 없다. 줄기에 길고 넓적한 가시가
어긋나게 붙는다.

1999년 10월, 충남 부여

잎은 어긋나게 붙는다. 쪽잎 석 장으로 이루어진 겹잎이다. 잎자루에 날개가 있다. 5월쯤 잎이 나기 앞서 꽃이 핀다. 꽃 빛깔은 희고 향기가 좋다. 둥근 열매가 처음에는 푸르다가 가을이면 누렇게 익는다. 냄새가 좋고 겉에 솜털이 있다.

팽나무

Celtis sinensis

팽나무는 우리나라 어디에서나 잘 자란다. 땅이 깊고 평평한 곳을 좋아한다. 팽나무는 오래 살고 크게 자란다. 500살에서 많게는 1000살까지 산다. 한곳에 뿌리를 내리면 우뚝하게 자라나 오래도록 마을을 지키는 정자나무가 된다. 정자나무는 동구 밖이나 동네 마당, 길옆에서 자라는 큰 나무를 말한다.

봄에 팽나무에 새순이 돋으면 따서 나물로 먹는다. 물에 여러 번 우려내야 먹을 수 있다. 여름에는 넓은 그늘 밑에서 더위를 식히고 낮잠을 자기도 한다. 가을에 팽이 붉게 익으면 따 먹는다. 팽은 팽나무에 열리는 콩알만 한 열매다. 살이 많지는 않아도 맛이 달다. 기름도 짠다.

팽나무가 크면 통째로 베어다 속을 파서 통나무배를 만들었다. 이 배는 강이나 호수, 또 가까운 바다에서 고기를 잡을 때나 강을 건널 때 두루 탔다. 이런 배를 '마상이'라고 했다.

다른 이름 달주나무, 매태나무, 폭나무

여러 가지 팽나무 잎과 열매가 조금씩 다르게 생긴 여러 가지 팽나무가 있다. 잎이 둥근 둥근잎팽나무, 열매가 검은 검팽나무, 잎 끝에 둔한 톱니가 있고 열매가 노란 산팽나무, 산팽나무와 비슷하지만 열매가 검은 왕팽나무, 잎이 둥글고 잎 끝까지 톱니가 있는 장수팽나무 들이다.

약재 팽나무 잔가지는 피를 잘 돌게 하고 요통이나 관절염, 습진과 종기를 다스리는 약으로 쓴다. 달여 먹거나 소주에 담가 오래 묵혔다가 먹으면 된다.

목재 팽나무 목재는 단단하고 잘 갈라지지 않는다. 가구를 만들거나 집을 짓는 데 쓴다. 경상남도에서는 팽나무로 소반을 만들어 썼다. 논에 물을 퍼 넣을 때 쓰는 용두레를 만들어도 좋다. 팽나무는 도마를 만들면 아주 좋다. 음식 찌꺼기가 조금이라도 묻어 있으면 금세 검푸른 곰팡이가 슬면서 썩기 때문이다. 그만큼 깨끗이 간수해야 하니 도마감으로 알맞다.

2000년 10월, 전북 전주수목원

2000년 11월, 전북 전주수목원

겨울에 잎이 지는 큰키나무다.
나무껍질은 잿빛이다. 가지를 많이 치는데,
새로 난 가지는 풀빛 밤색이며 겉에
잔털이 빽빽하게 덮여 있다.

2000년 5월, 경북 대구

잎은 끝이 뾰족하고 일그러진 타원꼴이다.
앞면은 풀빛이고 뒷면은 연한 풀빛이다.
봄에 노란 꽃이 피고, 가을에 열매가 여문다.
콩알 같은 열매가 처음에는 푸르다가
익으면 빨갛게 된다.

포도

Vitis vinifera

포도나무는 포도를 먹으려고 심어 기르는 덩굴나무다. 원산지는 서아시아인데 우리나라에서는 고려 시대 이전부터 길렀다. 포도는 처음에는 푸르다가 차츰 붉은빛이 돌며 검게 익는다. 다 익은 포도는 맛이 달고 시다. 다 익어도 색이 푸른 청포도도 있다. 생김새나 맛이 머루와 비슷한 포도도 있다.

포도나무는 세계에서 가장 많이 심는 과일나무다. 과수원이나 온상에 많이 심어 기른다. 포도는 날로 먹고, 말려서 건포도를 만들기도 한다. 서양에서는 술을 많이 담가 마신다. 와인이나 샴페인, 브랜디 같은 술이 모두 포도로 담근 것이다.

열매 포도는 색이 짙고 알이 굵으면서 탱글탱글한 것이 맛있다. 알이 잘 떨어지거나 주름진 것은 딴 지 오래되어 시든 것이다. 포도를 먹으면 입맛이 돌고 소화가 잘 되고 힘이 난다. 병을 오래 앓는 사람이 기운을 다시 얻는 데도 좋다. 또 피가 잘 흐르게 하고 오줌이 잘 나오게 한다.
약재 잎과 뿌리, 열매를 약으로 쓴다. 뿌리는 캐서 물에 씻어 말려 두었다가 구역질이 나거나 몸이 부을 때 달여 먹으면 좋다. 잎은 부스럼 난 데 찧어 붙이기도 하고, 아기집이 약한 임산부에게 달여 먹이면 아기가 자리를 잘 잡는다. 가을에 익은 포도를 따서 말려 두었다가 약처럼 달여 먹어도 좋다.
기르기 가지를 잘라다 심으면 뿌리가 잘 내려서 기르기가 쉽다. 옆에는 꼭 울타리나 버팀대를 세워 주어야 한다. 그래야 덩굴손이 버팀대를 감고 잘 뻗어 나간다. 가지치기는 이른 봄 새순이 나기 전에 해야 한다. 포도는 새로 난 가지에만 열리기 때문에 제때에 가지치기를 하지 않으면 열매가 열리지 않는다. 추위를 많이 타므로 겨울에는 덩굴을 땅에 묻고 짚이나 거적으로 덮어 주는 것이 좋다.

2000년 9월, 충북 음성

겨울에 잎이 지는 덩굴나무다.
나무껍질은 연한 갈색이고 조각조각 갈라지며 떨어진다. 줄기에는 덩굴손이 있다.

1998년 9월, 강원도 원주

잎은 넓적하고 3~5 갈래로 갈라지고 톱니가 있다. 5~6월에 자잘한 누런 풀색 꽃이 핀다. 열매는 송이로 달리는데 품종에 따라서 빛깔이나 굵기, 맛이 다르다.

플라타너스(버즘나무)

Platanus orientalis

플라타너스는 길가에 많이 심는다. 나무껍질이 살갗에 버즘이 핀 것처럼 얼룩덜룩 벗겨지기 때문에 버즘나무라고도 한다. '플라타너스'로 더 알려져 있다. 열매가 방울처럼 생겼다고 방울나무라고도 한다. 플라타너스는 열매가 하나만 달리는 것도 있고 서너 개가 달리는 것도 있다.

플라타너스는 튼튼하고 빨리 자라는 나무다. 메마른 땅에서도 잘 자라고 추위에도 강하다. 상처를 입어도 스스로 낫는 힘이 강해서 여간해서는 죽지 않는다. 공해에도 잘 견디고 먼지나 나쁜 물질까지 빨아들여서 큰 도시의 길가에 많이 심는다.

우리나라에 들어온 지는 백 년이 채 안 됐다. 그래서 아주 큰 나무는 없지만 다른 나라에는 둘레가 10m가 넘는 나무도 있다. 나무가 오래되고 굵어지면 줄기 속이 썩어서 커다란 구멍이 생긴다. 구멍은 사람이 들어갈 수 있을 만큼 크다고 한다.

다른 이름 방울나무[북]

여러 가지 플라타너스 버즘나무, 양버즘나무, 단풍버즘나무 세 가지가 있다. 버즘나무는 잎이 깊게 갈라지고 열매가 서너 개씩 달린다. 나무껍질은 큼지막하게 벗겨진다. 양버즘나무는 잎이 덜 갈라지고 열매가 하나씩 달린다. 나무껍질은 작은 조각으로 벗겨진다. 단풍버즘나무는 두 나무 사이에서 생긴 나무다. 두 나무를 골고루 닮았다.

목재 플라타너스 목재는 단단하고 무거워서 다른 나라에서는 통을 만드는 재료로 많이 쓴다. 음식을 담는 그릇을 만들기도 하고 가구를 만들기도 한다. 나무가 깨끗하고 냄새가 없어서 부엌에서 쓰는 도마를 만들어도 좋다. 옷감이나 종이를 만들 때도 쓴다.

기르기 플라타너스는 꺾꽂이를 하는 것이 좋다. 이른 봄에 손가락 굵기만 한 가지를 잘라 땅에 꽂아 두고 물을 넉넉히 주면 뿌리가 잘 내린다. 가지치기는 봄과 초가을에 한다. 가지를 쳐서 나무 모양을 다듬을 수 있다. 하지만 조금이라도 가지를 남겨 두면 그 자리에서 다시 잔가지가 돋으니까 바싹 잘라 주어야 한다.

2000년 8월, 강원도 원주

2000년 12월, 강원도 원주

겨울에 잎이 지는 큰키나무다.
나무껍질은 잿빛이다. 작은 조각으로 벗겨져서 얼룩덜룩하다.

1997년 9월, 강원도 원주

씨앗과 열매, 1998년 2월, 강원도 원주

양버즘나무(미국플라타너스) *Platanus occidentalis*

양버즘나무는 잎이 어긋나게 붙고 잎자루가 길다. 아주 크고 넓적하며 3~5 갈래로 얕게 갈라졌다. 봄에 잎과 함께 꽃이 핀다. 암수한그루이다. 열매는 방울처럼 생겼는데 하나씩 달린다.

피나무

Tilia amurensis

피나무는 높은 산에서 자라는 나무다. 피나무는 결이 세지 않으면서 물건을 만들어 놓으면 갈라지지 않는다. 가벼워서 쓰기도 좋다. 함지도 깎고 떡판도 만들고 여물통, 쌀통, 소반 같은 것을 만든다.

함경도에서는 굴뚝을 '구새'라 하는데 구새감으로 50년 넘게 자란 피나무를 첫손에 꼽는다. 뿌리 쪽이 썩기 시작할 때 베어서 가운데를 파고 썼다. 강원도 인제에서는 토종벌을 기를 때 피나무 통을 많이 쓴다. 피나무는 어느 만큼 자라면 속이 저절로 비게 된다. 속이 빈 나무를 잘라서 구멍을 파서 좀 더 넓히고, 한 해 남짓 그늘에서 말리면 좋은 벌통이 된다.

피나무 껍질은 질기고 튼튼하고 섬유질이 많다. 진이 나와서 물에 젖어도 잘 썩지 않는다. 그물이나 밧줄도 만들고 바구니도 만들었다. 옛날에는 옷도 만들었다. 삿자리를 만들어 방바닥에 깔기도 했다. 피나무라는 이름은 이렇게 껍질을 쓰는 나무라는 데서 붙은 것이라고 한다.

다른 이름 달피나무, 피목

꽃 피나무는 꿀이 많이 난다. 피나무 꿀은 꿀 중에서 가장 향이 진하다. 피나무 꽃은 약으로도 쓴다. 여름에 말려 두었다가 달여서 먹는다. 감기나 폐결핵으로 열이 날 때 쓴다.

껍질 피나무 껍질은 5월과 6월에 물이 한참 올랐을 때 벗겨 낸다. 벗겨 낸 껍질에서 다시 겉껍질을 벗기고 속껍질만 말려서 가늘게 쪼갠다. 이것을 손으로 꼬아서 밧줄을 만든다. 소쿠리, 망태, 삿자리를 엮고 신도 삼았다고 한다.

목재 피나무 목재는 노란빛이 도는 흰색이다. 결이 곱고 연하며 잘 마른다. 마르면 가볍고 아무 냄새가 나지 않아서 음식을 담는 그릇으로 쓰기 좋다. 큰 함지, 쌀통, 떡판에서부터 작은 이남박까지 여러 가지 부엌 살림살이를 만든다. 다식판이나 소반, 바둑판도 만든다. 하회탈도 이 나무로 만들었다. 흔한 목재인데도 물러서 집 지을 때는 쓰지 않는다.

2000년 9월, 충북 제천

2000년 12월, 충북 제천

겨울에 잎이 지는 큰키나무다. 줄기는 높이 20~25m쯤 된다. 줄기가 곧게 자라고 나무껍질은 검은 잿빛이다.

2000년 7월, 강원도 홍천

잎은 어긋나게 붙고 심장 모양이다.
잎자루가 길고 잎 뒷면에 털이 조금 나 있다.
꽃은 6~7월에 피고, 열매는 9~10월에 익는다.
꽃에는 기다란 잎이 붙어 있는데 열매가
익은 뒤에도 남아 있다.

함박꽃나무

Magnolia sieboldii

함박꽃나무는 깊은 산 중턱, 물이 흐르는 골짜기나 산기슭에서 자란다. 가을에 잎이 지는 다른 나무들과 섞여서 자란다. 추위에 잘 견디는 나무지만 함경도, 자강도, 양강도 산골짜기에서는 너무 추워서인지 자라지 않는다.

늦은 봄에 하얗고 큰 꽃송이가 함박웃음처럼 아름답게 피어난다. 꽃이 목련꽃을 많이 닮았다. 그래서 산목련이라고도 하고 개목련이라고도 한다. 전라도에서는 작약을 함박꽃이라고 한다. 작약은 꽃밭에 많이 심는 약초다.

목련은 잎보다 꽃이 먼저 피지만 함박꽃나무는 넓은 초록색 잎사귀가 다 펼쳐진 다음에야 꽃이 핀다. 봄이 가고 막 여름이 시작될 즈음 깊은 산골짜기에서 아름답게 피어난다. 저절로 자라는 우리 꽃나무 중에 이만큼 크고 아름다운 꽃이 피는 것도 드물다.

북녘에서는 마치 나무에 피는 난초 같다고 '목란'이라고 하며 나라꽃으로 삼았다. 함박꽃은 탐스럽고 향기가 좋고 꿀이 많다. 열매 속에 있는 씨앗으로는 기름을 짠다. 잎, 꽃, 나무껍질은 약으로 쓴다.

다른 이름 목란[북], 산목란, 산목련

여러 가지 함박꽃나무 함박꽃나무에는 잎에 얼룩이 있는 얼룩함박꽃나무와 꽃잎이 열두 장이 넘는 겹함박꽃나무도 있다. 얼룩함박꽃나무는 드물어서 지리산에서만 자란다.

약재 5~6월에 꽃과 잎을 함께 뜯어서 약으로 쓴다. 바람이 잘 통하는 그늘에 말려 두었다가 머리가 아프거나 어지러울 때 달여 먹는다. 혈압을 낮추는 데에도 좋다. 나무껍질도 혈압이 높거나 머리가 아프거나 고뿔이 들었을 때 약으로 쓴다.

기르기 씨앗을 심거나 가지를 눌러 묻거나 포기를 갈라서 심는다. 씨앗은 가을에 모래와 섞어 묻어 두었다가 봄에 심는다. 가지를 묻는 것은 4월에 한다. 2~3년 된 나무의 가지를 눌러서 묻었다가 뿌리를 내리면 이듬해 봄에 잘라서 옮겨 심는다. 포기를 갈라서 심을 때는 이른 봄이나 늦가을에 한다. 함박꽃나무는 물기가 넉넉하고 기름진 땅에서 잘 자란다. 추위에는 잘 견디지만 더위에는 약하다.

2000년 8월, 경기도 국립수목원

2001년 1월, 경기도 국립수목원

겨울에 잎이 지는 작은키나무다.
키는 4~10m쯤 된다. 가지는 좀 굵고 매끈하다. 나무껍질은 잿빛 나는 흰색이다. 햇가지는 흰색이고 털이 있다.

겨울눈

1998년 5월, 강원도 원주

잎은 어긋나게 붙고 달걀꼴이다. 윗면은 풀빛이고 윤기가 나며 뒷면은 희다. 늦봄에 크고 향기로운 흰 꽃이 핀다. 꽃잎은 보통 여섯 장이다. 열매는 타원꼴이고 가을에 붉게 여문다.

해당화

Rosa rugosa

여름에 바닷가 하얀 모래밭에 유난히 빨갛게 피어나는 꽃이 바로 해당화다. 햇빛을 좋아해서 바닷가나 우물가, 산기슭 양지바른 곳에서 저절로 자란다. 바닷바람에도 강하고 소금기에도 잘 견뎌서 바닷가 모래땅에서 잘 자란다. 해당화는 한데 모여서 자란다. 함경도 원산 명사십리 모래밭에 자라는 해당화는 아주 아름답다고 한다. 요즘에는 해당화 뿌리와 잎이 당뇨병에 좋다고 마구 자르고 파헤쳐서 바닷가의 해당화 밭이 많이 망가졌다.

해당화는 찔레나무처럼 가지와 줄기에 가시가 많다. 남쪽 지방에서는 해당화를 붉은찔레, 큰찔레, 또는 때찔레라고 한다. 찔레나무처럼 꽃을 보려고 집 가까이에 산울타리로 심기도 한다.

해당화 열매는 먹을 수 있다. 붉게 익으면 따 먹는데 새콤달콤하다. 열매 안에는 작은 씨앗이 많이 들어 있는데 손가락으로 후벼 내고 먹는다. 씨앗을 파내면 꽈리처럼 속이 빈다. 그것을 입에 대고 불면 휘파람 소리가 난다. 이것을 '해당화 피리'라고 한다.

다른 이름 때찔레, 큰찔레, 붉은찔레

꽃 해당화 꽃은 향이 아주 진해서 향수를 만들 때 쓰인다. 밥을 지을 때 꽃잎을 따 넣어 색을 내기도 한다. 해당화 꽃으로 술을 담그면 빛깔도 곱고 향기도 좋은 술이 된다. 중국에서는 해당화 꽃봉오리를 차에 넣어 마시기도 했다.

약재 해당화는 열매와 꽃잎을 약으로 쓴다. 여문 열매를 따서 햇볕에 말린다. 열매는 밤에 오줌을 자주 누거나 설사가 날 때 먹으면 좋다. 꽃은 꽃잎만 말려서 쓴다. 달거리를 잘하게 하고, 피를 잘 통하게 한다. 간이 나쁠 때나 위가 아플 때도 쓴다.

염색 해당화 줄기 껍질과 뿌리로 옷감에 갈색 물을 들일 수 있다. 뿌리를 쓰면 줄기보다 더 짙게 물이 든다. 3~4년 된 나무뿌리가 가장 좋다. 봄에 뿌리를 캐서 손가락 마디만큼씩 잘라서 겉껍질을 벗기고 말려서 쓴다. 해당화 물로 그물을 물들이기도 한다.

겨울에 잎이 지는 떨기나무다. 높이는 1~2m이다. 땅속줄기가 옆으로 뻗으면서 여러 포기로 불어난다. 줄기는 단단하고 곧게 자란다. 가지와 줄기에 크고 작은 가시가 배게 나 있다. 가시에 털이 있다.

2000년 6월, 강원도 삼척

잎은 어긋나게 붙고 쪽잎 7~9장으로 이루어진
깃꼴겹잎이다. 쪽잎은 달걀꼴이고 윤기가 나며
톱니가 있다. 늦봄에서 여름 사이에 꽃이 핀다.
꽃은 가지 끝에서 피며, 붉고 향이 진하다.
꽃잎은 다섯 장이고 장미꽃처럼 부드럽다.
여름과 가을 사이에 열매가 붉게 익는다.

해송(곰솔)

Pinus thunbergii

바닷가에서 잘 자라는 소나무다. 바닷가에서 잘 자란다고 해송이라고 한다. 잎이 억세다고 곰솔이라고도 하고, 줄기 빛깔이 검다고 흑송이라고도 한다. 바닷가에서는 해송 숲을 가꿔서 바람이 마을로 들이치는 것을 막는다.

해송은 남쪽 지방 바닷가에서 잘 자란다. 제주도를 비롯한 남쪽 바닷가에 좋은 해송 밭이 많다. 북쪽으로는 인천까지, 동해안을 따라서는 경상북도 울진, 강원도 삼척까지 자라고 있다.

해송은 나무에 송진이 많아서 소나무보다는 쓰임새가 적다. 소나무처럼 큰 나무를 구하기도 쉽지 않다. 그러나 다른 바늘잎나무들보다 더 단단하고 잘 썩지 않는다.

다른 이름 흑송

여러 가지 소나무 우리나라에서 저절로 자라는 소나무에는 소나무와 해송이 있다. 지금 우리 산에는 외국에서 들여온 갖가지 소나무도 함께 자라고 있다. 그 소나무들은 보통 북미에서 들여왔다고 통틀어 미송이라고 한다. 가장 흔히 볼 수 있는 미송으로 리기다소나무, 방크스소나무, 테에다소나무를 꼽을 수 있다.

목재 해송은 소나무만큼 크게 자라지는 않지만 좋은 목재가 된다. 나뭇결이 곱고 휘거나 뒤틀리거나 틈새가 생기지 않는다. 집을 짓는 데 쓰고 땔감으로 쓴다. 송진이 많아서 불땀이 아주 세다. 땅에 떨어져 쌓인 해송 잎도 불땀이 좋아서 구들방을 덥히고 밥을 짓는 데 썼다. 종이를 만드는 데도 쓴다.

기르기 씨앗을 심어 기른다. 어릴 때는 소나무보다 빨리 자라는데 크면서 소나무보다 더디게 자란다. 바닷가에서 잘 자라는 나무지만 산에 옮겨 심어도 잘 자란다. 씨앗을 심어서 7~8년이 되면 꽃이 피고 열매가 달리기 시작해서 200~300년을 산다. 솔방울은 한 해 건너서 한 번씩 많이 달린다. 소나무보다 추위에 약해서 나무모는 모판에서 기르는 것이 좋다.

2000년 11월, 전남 여수

겨울에도 잎이 지지 않는 늘푸른 바늘잎나무다.
어린 해송은 원뿔 모양이며 줄기 마디마다
곁가지가 여러 개씩 돌려나서 층을 이룬다.
줄기는 곧게 자라는데 바닷바람 때문에
구부러지기도 한다. 나무껍질은 거칠고
잿빛 밤색이다가 오래되면서 더 깊게 갈라지고
검어진다.

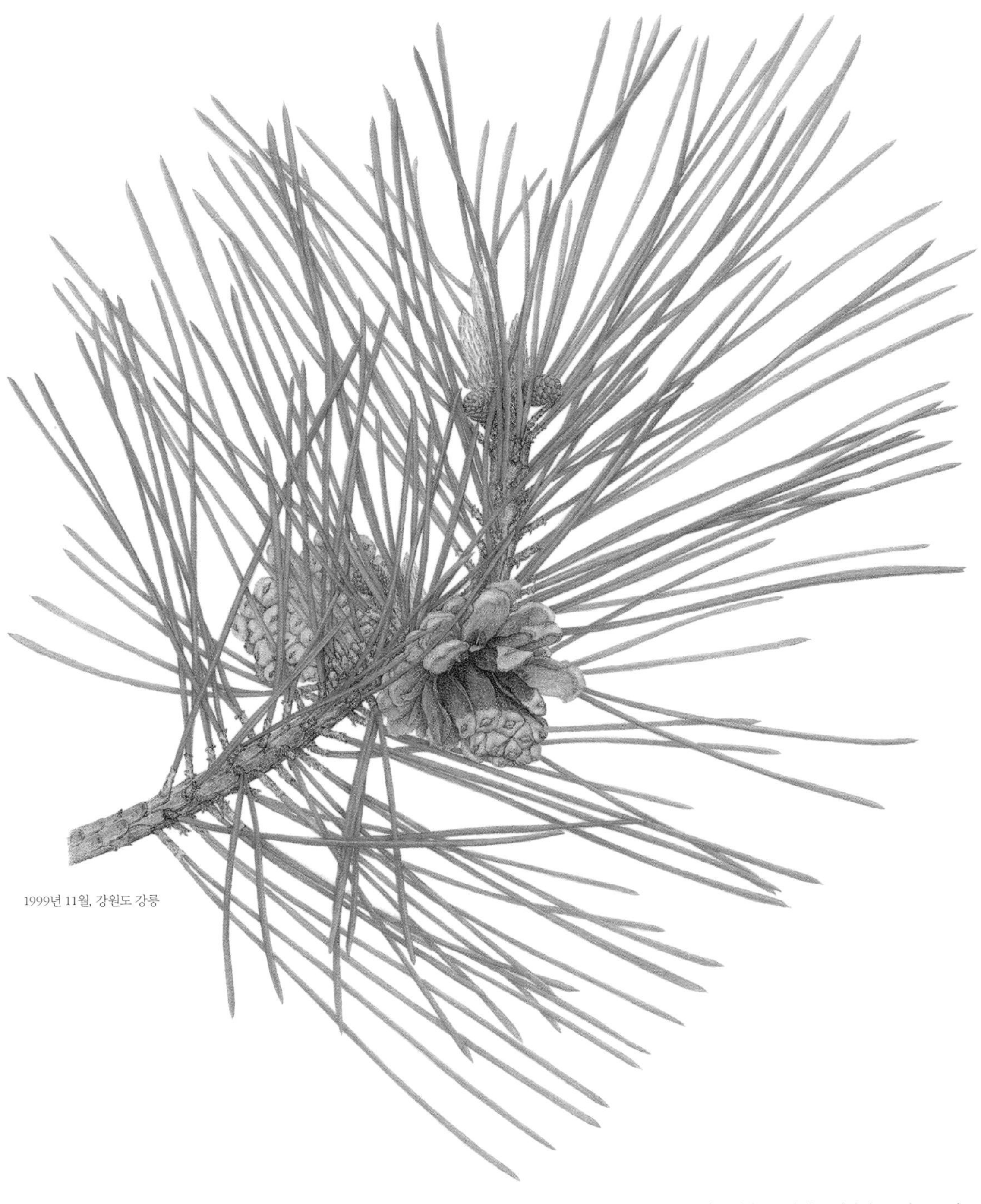

1999년 11월, 강원도 강릉

바늘잎은 두 개씩 모여난다. 끝이 뾰족하고 소나무 잎보다 굵다. 꽃은 5월에 피는데 암꽃과 수꽃이 한 그루에 핀다. 솔방울은 가지 끝에 한 개 또는 여러 개가 달린다. 처음에는 풀색이다가 여물면 밤색이 된다. 씨앗은 꽃이 핀 이듬해 가을에 여문다.

향나무
Juniperus chinensis

향나무는 온 나무에서 향기가 난다. 그래서 이름도 향나무다. 향나무를 태우면 향긋한 냄새가 퍼진다. 제사 때 화로에 피우는 향은 이 나무를 깎아서 만들었다. 향나무는 목재로도 무척 좋다. 나무속이 붉고 윤기가 나서 아름다울 뿐만 아니라 연해서 다루기가 쉽다. 가지를 그대로 말렸다가 가루를 내어 모기향으로 쓴다.

옛날부터 우물가에 향나무나 버드나무, 구기자나무를 심는 풍습이 있다. 향나무는 모기 같은 날벌레가 가까이 못 오게 하고 우물가에 신선한 향내를 풍긴다. 길을 가다가도 향나무를 보면 그곳에 우물이 있다는 것을 바로 알 수 있었다.

향나무는 오래 산다. 울릉도에는 향나무가 많은데 천 년이 넘은 것도 있다. 향나무는 섬이나 바닷가에서 저절로 자라기도 하지만, 냄새가 좋고 겨울에도 잎이 지지 않고 모양이 아름다워서 뜰이나 절이나 공원에도 많이 심는다.

다른 이름 상나무, 상낭구, 향낭그, 노송나무

목재 향나무는 냄새가 좋은데다 결이 곧고 윤이 나서 좋은 목재로 꼽힌다. 목재 가장자리는 붉으면서도 노르스름한 흰빛이고 가운데는 붉은 밤빛이다. 향기가 좋아 절에서 바리때와 수저를 만들고 불상을 만든다. 향나무로 상자를 만들어 책이나 옷을 넣어 두면 벌레가 생기지 않는다.

약재 향나무는 아무 때나 가지와 잎을 잘라 말려 두었다가 약으로 쓴다. 상처와 피부병에 쓰면 좋다. 토하거나 설사가 날 때, 배가 아플 때 먹어도 좋다. 종기나 두드러기가 났을 때는 생잎을 찧어 붙인다.

기르기 보통 씨앗을 심는데 가지를 끊어서 심어도 된다. 가을에 여문 씨앗을 모아서 움 속에 묻어 두었다가 봄에 심는다. 어릴 때는 더디게 자라지만 10년이 넘으면 빨리 자란다. 오래 자라도 나무는 그다지 굵어지지 않는다. 가지를 끊어서 심을 때는 장마철에 해야 뿌리를 잘 내린다. 씨앗을 심은 것보다 훨씬 빨리 자란다. 향나무는 뿌리는 깊게 뻗지 않지만 곁뿌리가 많아서 메마른 곳에서도 잘 자란다. 하지만 배나무에 병을 옮기는 나무라서 과수원 가까이는 심지 않는다.

둥근향나무 *Juniperus chinensis* var. *globosa*
1997년 2월, 충북 청원

겨울에도 잎이 지지 않는 늘푸른 바늘잎나무다. 줄기가 곧게 자란다. 자라면서 줄기가 비틀어지고 구부러지는 것이 많다. 어린 가지는 풀색이지만 차츰 검게 된다. 오래된 나무는 껍질이 세로로 터지면서 얇게 벗겨진다.

1997년 3월, 강원도 원주

열매, 1998년 1월, 강원도 원주

어린 가지에는 보통 바늘잎이 달리는데 만지면 따갑다. 그러나 오래된 가지에는 비늘잎이 더 많이 난다. 만지면 부드럽다. 4월쯤 꽃이 피는데 작아서 눈에 잘 띄지 않는다. 열매는 이듬해에 짙은 자주색으로 여물면서 벌어진다. 열매 속에는 씨앗이 두세 개 들어 있다.

호두나무

Juglans regia

호두는 고소하고 맛이 좋다. 딱딱한 껍질을 깨뜨리고 안에 든 속살을 먹는다. 호두 속에는 몸에 좋은 기름이 많아서 많이 먹으면 얼굴이 반질반질해진다. 호두 두 알을 한 손에 쥐고 굴리면 머리가 맑아진다.

호두는 다람쥐나 청설모도 좋아한다. 한여름이 지나서 풋호두가 떨어지면 아이들은 떨어진 호두를 주워다 돌에 갈아서 속살을 빼 먹는다. 아직 덜 여문 하얀 속살이 풋풋하고 맛있지만 열매껍질 때문에 손이 새까맣게 물이 든다.

호두나무는 뜰이나 밭둑, 산비탈에 심어 기른다. 흙이 깊고 물이 잘 빠지는 땅에 심으면 잘 자란다. 뜰에 호두나무를 한 그루 심어 두면 그늘도 시원하고 호두도 먹을 수 있어 좋다. 정월 대보름날 아침에는 호두나 땅콩이나 잣, 밤 같은 딱딱한 과일을 먹는다. '부럼'이라고 한다. 모두 깨물면 '딱' 하고 소리가 날 만큼 단단한 열매들이다. 대보름날에 부럼을 먹으면 이가 튼튼해지고 일 년 내내 건강하다고 한다.

열매 호두는 날로 깨 먹거나 기름을 짜서 먹는다. 호두 기름은 노랗고 향이 좋다. 그냥 먹기도 하고 약으로도 쓴다. 기침을 멎게 하고, 가래를 삭이며, 변비에도 좋다. 기름을 짜고 남은 찌꺼기도 버리지 않고 과자나 엿을 만들 때 넣으면 좋다.

목재 호두나무는 단단해서 비행기나 배를 만드는 데 쓴다. 가볍고 탄력이 있는데다 기름기가 많아서 대패로 밀어 놓으면 아른아른 윤이 난다. 물에 젖어도 갈라지거나 뒤틀리지 않아 살림살이, 악기, 공예품을 만들 때 많이 쓴다.

약재 가을에 익은 호두를 따서 속살을 햇볕에 말려 약으로 쓴다. 기침을 낫게 하고 몸을 튼튼하게 한다. 잎, 호두 껍질, 나뭇가지, 뿌리도 약으로 쓴다. 호두나무 잎을 달인 물을 먹으면 머리카락이 잘 난다. 습진이나 옴을 앓을 때도 그 물을 바르면 좋다. 벌레에 물렸을 때 생잎을 붙이기도 한다. 호두씨를 태운 가루로 만든 고약은 피부병에 좋다고 한다.

재배 역사 호두나무는 700여 년 전, 고려 시대에 중국에서 들어왔다. 충청도 천안에 심은 게 처음이라고 한다. 지금도 천안에는 호두나무가 많고 호두를 넣어 만든 호두과자가 천안의 명물이 되었다.

2000년 7월, 충북 충주

2001년 1월, 충북 충주

겨울에 잎이 지는 큰키나무다. 높이는 20m 안팎이다. 줄기가 곧게 자라고 매끈하다. 나무껍질은 처음에는 잿빛 밤색이다가 점차 검어진다.

잎은 쪽잎 3~7장으로 된 겹잎이다. 쪽잎은 길쭉하고 톱니가 없다. 잎 윗면은 진한 풀색이고 윤이 난다. 5월쯤 꽃이 피는데, 암꽃과 수꽃이 한 나무에 핀다. 열매는 둥글고 풀색이다. 가을에 검게 여물면서 벌어진다. 벌어지면서 호두가 떨어진다.

화살나무

Euonymus alatus

화살나무는 가지에 화살 깃처럼 생긴 날개가 붙어 있다. 한 가지에 보통 날개가 두 줄에서 넉 줄쯤 달리는데 생김새가 화살 깃을 닮았다고 이름도 화살나무다. 옛날에는 이 나무로 진짜 화살을 만들기도 했다. 날개가 머리를 빗는 참빗하고 닮았다 해서 참빗나무라고도 하고, 홑잎나무라고도 한다. 봄에 뾰족이 돋아난 싹을 홑잎나물이라고 한다. 뜯어다가 데쳐서 무쳐 먹는다.

화살나무는 낮은 산기슭이나 들에서 저절로 자란다. 잎과 꽃이 다 진 뒤에도 줄기를 보고 어디서나 쉽게 알아볼 수 있다. 집 뜰에 심기도 한다. 가을에는 단풍이 빨갛게 들고 열매가 겨울까지도 빨갛게 매달려 있어 뜰에 심어 두면 보기가 좋다.

옛날에는 손가락에 가시가 박히면 당장 화살나무를 찾았다. 날개를 태워 재를 만든 다음 밥풀에 이겨서 종이에 바른다. 마치 고약을 만들 듯이 하는 것이다. 이것을 가시가 박힌 곳에 붙이면 신기하게도 가시가 쏙 빠져 나온다고 한다.

다른 이름 홑잎나무, 참빗나무, 참빗살나무, 횟잎나무

나물 어린잎은 나물로 무쳐 먹거나 국을 끓여 먹는다. 쓴맛이 있기 때문에 데쳐서 물에 담갔다가 먹는 것이 좋다. 너무 무성하게 자란 잎은 잘못 먹으면 토하거나 설사를 하기도 한다.

약재 화살나무 가지에 달린 날개와 뿌리껍질을 약으로 쓴다. 봄과 가을에 가지에서 날개를 떼어 햇볕에 말린다. 피를 잘 돌게 하고 벌레를 죽인다. 달거리가 없을 때나 횟배를 앓을 때 약으로 쓴다. 진드기 때문에 피부병이 생겼을 때 열매로 고약을 만들어 바르기도 한다.

목재 화살나무는 치밀하고 당기는 힘이 강해서 나무못을 만들거나 공예품을 만드는 데 쓴다. 화살을 만들 만큼 단단한 나무라서 지팡이를 만들면 튼튼하고 오래 쓴다.

2000년 7월, 경기도 국립수목원

겨울에 잎이 지는 떨기나무다. 어린 가지는 풀색이고, 오래되면 잿빛이 된다. 가지는 네모난데 날개가 붙어 있다. 날개는 오래된 가지에도 있다.

2000년 5월, 강원도 원주

잎은 마주나고 버들잎 모양이다. 가장자리에 톱니가 있고 끝이 뾰족하다. 가을에는 붉게 단풍이 든다. 5~6월에 자잘하고 연한 풀색 꽃이 2~5개씩 피는데 눈에 잘 띄지 않는다. 열매는 9~10월에 빨갛게 여문다.

회양목

Buxus microphylla var. *koreana*

회양목은 뜰이나 공원에 많이 심는 나무다. 공원이나 길을 걷다 보면 둥글게 다듬어진 아담한 나무가 줄줄이 심어진 것을 볼 수 있는데 바로 회양목이다. 본디 회양목은 산기슭이나 산골짜기, 석회가 많은 땅에서 저절로 자란다. 요즘은 산보다 도시에서 더 흔하게 볼 수 있다. 가지치기를 해도 꿋꿋하게 잘 자라고 메마른 땅이나 공해에도 강해서 가꾸기 쉽기 때문이다.

회양목은 아주 더디게 자란다. 한 해에 한 치 자란다고도 하고, 4년에 한 번씩 돌아오는 윤년에는 오히려 오그라든다고 할 정도로 느릿느릿 자란다. 하지만 더디 자라는 만큼 나무는 단단하고 촘촘하다. 매끄럽고 윤기가 나서 도장을 파면 아주 좋다. 그래서 '도장나무'라는 별명이 붙었다. 지팡이나 얼레빗을 만들기도 한다. 회양목으로 만든 얼레빗은 잘 부러지지 않고 부드러워서 귀하게 여긴다.

경기도 화성군 용주사에는 천연 기념물로 정해진 회양목이 한 그루 있다. 이 나무는 정조 임금이 아버지인 사도세자를 그리며 용주사를 세울 때 함께 심은 나무라고 한다. 200년쯤 되었다고 하는데 줄기 지름이 한 뼘도 채 안 된다고 한다.

다른 이름 고양나무[북], 고양목, 회양나무

여러 가지 회양목 회양목에는 잎이 좁고 길게 뻗친 긴잎회양목과 잎이 둥글고 약간 크며 뒷면에 털이 없는 섬회양목이 있다. 긴잎회양목은 경기도 관악산에서 많이 자라고 섬회양목은 흑산도나 거제도 같은 섬에서 잘 자란다.

목재 회양목 목재는 누렇거나 거무스름한 빛이다. 아름답고 윤이 나서 조각품을 만드는 데 많이 쓴다. 또 단단하고 촘촘하며 뒤틀리지 않는다. 그래서 도장이나 장기알, 악기의 줄받이, 인쇄판, 여러 가지 측량 도구들을 만든다. 조선 시대에는 신분증인 호패를 회양목으로 만들었다. 그래서 그나마 더디 자라는 나무마저 많이 잘려 나갔다고 한다.

약재 잎이 붙은 어린 가지를 잘라 그늘에 말려 두었다가 약으로 쓴다. 관절염이 있을 때 달여 먹거나 아기가 잘 안 나올 때 산모에게 먹이면 좋다.

1999년 4월, 강원도 원주

겨울에도 잎이 지지 않는 늘푸른떨기나무다.
가지를 많이 친다. 나무껍질은 잿빛이다.

1997년 3월, 강원도 원주

잎은 마주나고 달걀 모양이다. 작은 잎은 두껍고 윤기가 난다. 4~5월에 향기 나는 누런 꽃이 핀다. 여름에 열매가 갈색으로 여문다.

회화나무

Styphnolobium japonicum

회화나무는 느티나무나 팽나무처럼 정자나무로 많이 심는 나무다. 요즘은 길가에도 많이 심는다. 다 자란 나무 생김새는 둥글고 온화하다. 예로부터 '선비나무'라고 하고 집에 심으면 큰 선비나 학자가 난다고 믿었다. 문 앞에 심으면 귀신이 넘나들지 못한다고 해서 집 앞이나 마을 어귀에도 많이 심었다. 여름이면 마을 사람들이 회화나무 그늘을 정자 삼아 모여서 더위를 식히곤 했다.

회화나무는 우리나라 어디서나 잘 자란다. 여름에 나비같이 생긴 하얗고 작은 꽃이 피는데 냄새가 좋다. 꿀이 많아서 벌이 좋아한다. 회화나무 꽃은 '괴화'라고 한다. 꽃봉오리를 따다가 물에 담그면 진한 노란빛이 우러나는데 그걸로 물을 들인다. 시집가는 새색시의 노란 저고리도 이 꽃으로 곱게 물들였다. 활짝 핀 꽃보다는 채 피지 않은 봉오리가 물이 더 잘 든다.

인천시 서구 신현동에는 천연 기념물로 정해진 회화나무가 있다. 나이는 500살쯤 되고 높이가 22m다. 이 나무에는, 꽃이 위에서부터 피면 풍년이 들고 밑에서부터 피면 흉년이 든다는 이야기가 전해져 내려온다.

다른 이름 회나무, 회목, 괴목
약재 꽃과 열매와 가지를 약으로 쓴다. 여름에 꽃이 피기 시작할 때 꽃과 봉오리를 함께 따서 햇볕에 말렸다가 달여 먹는다. 피가 날 때는 꺼멓게 볶아서 쓰고, 혈압을 낮추려고 먹을 때는 조금만 볶아 쓴다. 부스럼이 생겼을 때는 꽃을 달인 물로 씻으면 좋다. 열매는 가을에 따서 말려 두었다가 열을 내리는 약으로 쓴다. 오랫동안 꾸준히 먹으면 눈이 밝아지고, 기운이 나며, 머리칼이 희어지지 않고 오래 산다고 한다. 또 봄에 연한 가지를 잘라 태워서 그 재로 이를 닦으면 이가 썩지 않는다. 헌데나 가려운 데는 가지를 달인 물로 씻으면 좋다.
목재 회화나무 목재는 단단하면서도 아름답고 윤이 난다. 나무 세공품이나 악기를 만드는 데 쓴다. 책상으로 만들어 쓴다.

2000년 9월, 강원도 원주
2000년 12월, 강원도 원주

겨울에 잎이 지는 큰키나무다. 줄기가 곧게 자라고 가지를 넓게 뻗는다. 껍질은 잿빛 밤색이나 검은 밤색을 띤다. 어린 가지에는 짧고 부드러운 털이 촘촘히 덮여 있다.

1999년 10월, 강원도 원주

잎은 어긋나게 붙는데 쪽잎 7~15개로 이루어진 겹잎이다. 쪽잎은 타원꼴이다. 뒷면에 털이 나서 희게 보인다. 연노란색 꽃이 여름에 핀다. 가을이면 염주처럼 생긴 꼬투리 열매가 익는다. 열매는 여물어도 저절로 터지지 않는다.

히말라야시다(개잎갈나무)

Cedrus deodara

히말라야시다는 높은 히말라야산 위에서 저절로 나서 자라는 나무다. 히말라야에서는 크고 굵게 자라서 키가 20~30m나 되고 줄기 지름도 1m쯤 된다. 아주 큰 나무는 키가 50m, 줄기 지름이 3m에 이른다. 히말라야 북서부에서 아프가니스탄 동부에 걸쳐 나는데 이곳 사람들은 이 나무로 향을 만들어 피운다.

우리나라에는 1910년대에 들어왔다. 추위에 약해서 따뜻한 남쪽 지방에서 많이 심었다. 전라남도와 경상남도, 강원도 동해안 쪽이 자라기가 좋다.

히말라야시다는 나무가 고깔 모양이고, 잎이 은빛이 나서 나무 전체에 서리가 내려앉은 것 같다. 나무 생김새가 보기 좋아서 다른 여러 나라에서도 공원이나 식물원, 놀이터 같은 곳에 많이 심는다. 히말라야시다는 크게 자라는 나무여서 좁은 땅에는 심지 않는 것이 좋다.

다른 이름 설송나무[북], 히말라야삼나무, 히말라야전나무

비슷한 나무 히말라야시다를 닮은 나무에 레바논시다와 아틀라스시다가 있다. 레바논시다는 시리아의 레바논산맥이 고향이다. 이집트에서는 옛날에 미이라를 만들 때 이 나무에서 짠 기름을 썼다. 레바논시다 기름은 시체가 썩는 것을 막아 준다. 이 기름에 종이를 절이면 좀이 먹지 않는다. 유럽에서 많이 심어 기른다. 아틀라스시다는 알제리와 모로코에 있는 아틀라스산에서 자라는 나무다.

목재 히말라야시다 목재는 가장자리가 희고 안쪽은 누런 갈색이다. 윤이 나고 향기롭다. 질기고 잘 썩지 않아서 집을 짓고, 배를 만들고, 가구나 철길 침목을 만드는 데 쓴다.

기르기 씨앗을 뿌리거나 가지를 심어 기른다. 씨앗을 심어 보름쯤 지나면 싹이 튼다. 싹이 틀 무렵에는 해를 가려 준다. 묵은 가지는 한 뼘쯤 끊어서 가을에 심고 햇가지는 여름에 심는다. 옮겨 심어도 잘 산다. 그늘진 곳이나 메마른 땅에서도 잘 견딘다. 보통 30년쯤 자라야 꽃이 피고 열매를 맺기 시작한다.

2000년 10월, 전북 전주수목원

겨울에도 잎이 지지 않는 늘푸른 바늘잎나무다.
큰 가지는 옆으로 뻗고 잔가지는 밑으로
드리워진다. 나무껍질은 검은 잿빛이며
조각조각 비늘처럼 일어나면서 벗겨진다.

2000년 3월, 충북 충주

바늘잎은 풀색이나 잿빛이 도는 풀색이고 끝이 뾰족하다. 10월에 암꽃과 수꽃이 한 나무에 핀다. 열매는 꽃 핀 이듬해 9~10월에 밤색으로 여문다. 씨앗에는 날개가 있다.

더 알아보기

나무의 생김새

줄기와 나무 생김새

나무에는 키가 작은 떨기나무와 키가 큰 큰키나무가 있다. 다 자라도 키가 작은 작은키나무도 있다. 큰키나무는 보통 키가 15m 넘게 자란다. 떨기나무는 키가 작을 뿐만 아니라 땅의 바로 위에서부터 가지를 많이 친다. 그런데 큰키나무는 줄기가 하나뿐이고 높은 줄기 끝에서만 가지들이 나온다.

진달래나 싸리는 떨기나무다. 아무리 크게 자라도 어른 키만큼만 자란다. 이 나무들은 줄기가 뚜렷하지 않다. 땅 위에서부터 가는 줄기가 많이 올라오기 때문이다. 굵은 가지에서는 다시 잔가지가 다보록하게 많이 퍼져 나온다. 가문비나무나 소나무는 큰키나무다. 굵은 줄기가 높이 솟아오른다. 가문비나무나 소나무 줄기 끝에는 끝눈이 있다. 그래서 해마다 줄기 끝이 높고 길게 자란다. 옆눈에서는 가지 여러 개가 나와서 옆으로 조금만 자란다. 이렇게 하여 앞 해에 자란 줄기 끝에 새로 가지가 뻗는다. 이런 나무들은 멀리서 보면 나무가 고깔처럼 보인다. 느릅나무나 느티나무도 큰키나무다. 키가 30m쯤 자란다. 느릅나무나 느티나무 줄기의 끝눈은 오래 남아 있지 않고 없어진다. 그리고 옆눈에서 수많은 가지가 자란다. 옆가지는 거듭거듭 가지를 친다. 따라서 짧은 줄기 위에 수많은 가지가 얽혀서 버섯 모양으로 된다. 키가 작은 진달래나 키가 큰 느릅나무나 느티나무의 겉모습은 타고난 성질이다. 그러나 환경에 따라서 조금은 바뀔 수도 있다. 가문비나무나 소나무는 드문드문 성기게 서 있으면 원뿔 모양이지만 촘촘히 배게 서 있으면 잎과 가지가 줄기 끝에만 붙는 키다리 나무가 된다. 그리고 물기가 많은 땅에서는 잎과 가지가 촘촘히 붙지만 메마른 땅에서는 성기게 붙는다.

줄기는 뿌리와 잎을 이어 주는 곳이다. 그리고 줄기는 뿌리와 꽃이나 열매도 이어 준다. 뿌리에서 빨아들인 물과 양분은 줄기를 지나서 잎으로 올라가고, 잎에서 만든 당분은 줄기를 지나서 뿌리로 내려간다. 줄기는 이렇게 물과 양분을 포함한 모든 것이 아래위로 움직이는 길이다.

풀은 겨울이면 줄기가 시들어 버린다. 그러나 나무줄기는 겨울에도 죽지 않는다. 줄기는 어렸을 때는 야들야들하고 연두색을 띤다. 이때는 햇볕을 받으면 잎처럼 광합성을 한다. 얼마 지나지 않아 줄기는 곧 코르크질로 싸이게 된다. 이것을 나무껍질이라고 한다. 나무껍질에는 수많은 점이나 줄이 생긴다. 점이나 줄은 다른 곳보다 연하고 엉성하여 이곳으로 공기가 들어오고 나간다.

줄기에는 반드시 눈이 붙어 있다. 눈은 자라서 가지나 잎이 된다. 줄기 끝에는 끝눈이 붙고, 옆에는 옆눈이 붙는다. 끝눈에서는 줄기가 위로 뻗고 옆눈에서는 가지가 옆으로 뻗는다. 줄기에 옆눈이 붙는 자리를 마디라고 한다.

나무 그루터기를 들여다보자. 속에는 하얀 나무질이 있고 겉에는 껍질이 있다. 나무 한가운데는 갈색 점이 있다. 이것을 '속'이라고 한다. 하얀 나무질 속에는 뿌리에서 빨아들인 물과 양분이 지나는 수많은 구멍이 뚫려 있다. 그리고 껍질에는 잎에서 만든 당분이 지나는 구멍이 뚫려 있다. 나무질에서 껍질을 벗기면 쉽게 떨어지고 연한 살이 드러나 보인다. 그것이 부름켜다. 부름켜는 줄기가 굵게 자라게 한다. 부름켜는 봄에 큰 세포를 만들고 여름에 작은 세포를 만들다가 가을에는 만들지 않는다. 이렇게 자라는 주기를 해마다 되풀이하기 때문에 나이테가 생긴다.

큰키나무와 작은키나무

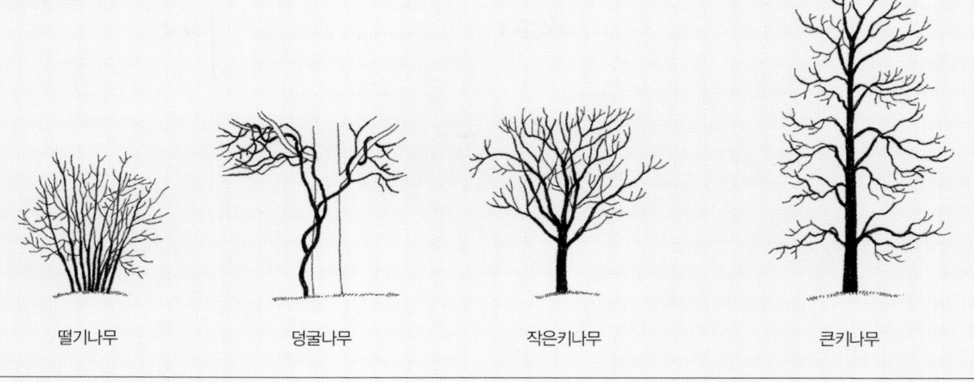

여러 가지 나무 생김새

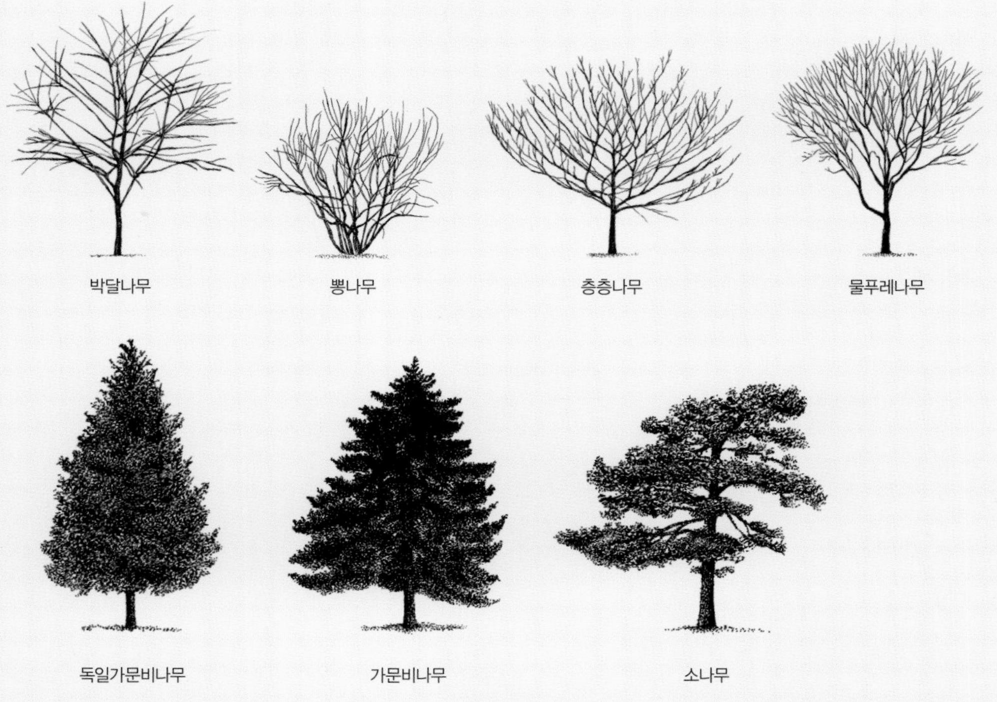

줄기 자른 면

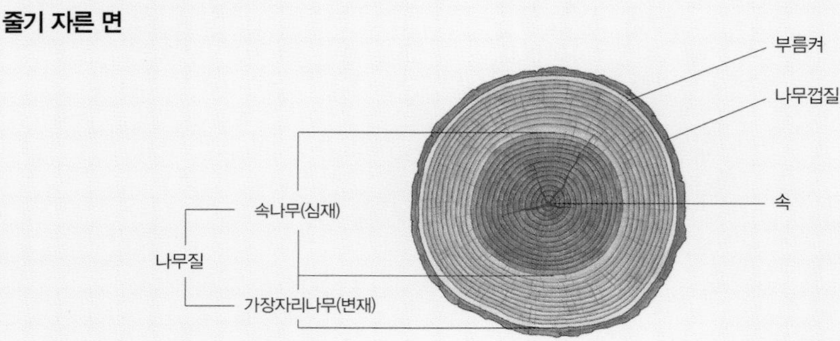

잎의 생김새

잎은 줄기나 가지에 달린다. 잎은 햇빛을 받아서 나무에 필요한 당분을 만들어 준다. 잎은 보통 넓고 얇다. 잎에서 가장 넓고 눈에 잘 띄는 부분은 잎몸이다. 잎몸 가운데에는 튼튼한 잎맥이 버티고 있다. 잎맥에서는 얇은 잎살이 뻗어 간다. 줄기나 가지에 곧바로 잎몸이 붙는 잎도 있지만 잎자루를 거쳐서 붙는 잎이 많다. 잎자루 밑의 양쪽에는 작은 턱잎이 두 장 붙어 있다.

잎에는 두 가지가 있다. 잎몸과 잎자루와 턱잎을 가지는 갖춘잎과 이들 세 가지 가운데서 어떤 한 가지가 없는 안갖춘잎이다. 벚나무 잎은 갖춘잎이고, 떡갈나무 잎은 안갖춘잎이다.

잎맥에는 두 가지가 있다. 벚나무 잎처럼 그물 모양으로 얽혀 있는 그물맥과 대나무 잎처럼 나란히 뻗어 있는 나란히맥이다.

소나무 잎은 가늘고 길다. 이런 잎을 바늘잎이라고 한다. 바늘잎은 다섯 장이 한데 모여 붙는 잣나무, 석 장이 모여 붙는 리기다소나무, 두 장이 붙는 소나무와 해송, 한 장씩 붙는 전나무와 주목이 있다.

잎 생김새는 매우 다르다. 은행나무와 밤나무 잎처럼 잎몸이 한 장으로 된 것을 홑잎이라 하고 붉나무 잎처럼 쪽잎 여러 장으로 이루어진 것을 겹잎이라 한다. 홑잎이라도 감나무 잎처럼 가장자리가 밋밋한 것과 단풍나무 잎처럼 갈라져서 손바닥처럼 보이는 것이 있다. 겹잎도 붉나무 잎이나 해당화 잎처럼 깃털 모양으로 갈라진 겹잎이 있고 싸리나무처럼 쪽잎 석 장으로 이루어진 겹잎도 있다. 오갈피나무처럼 쪽잎 다섯 장으로 이루어진 겹잎도 있다. 이러한 잎 모양은 나무를 나누는 기준이 된다.

잎에는 생김새가 많이 변해서 잎이 아닌 것처럼 보이는 것이 있다. 장미의 줄기에 붙는 가시는 잎이 변한 것이다. 아까시나무 줄기에 붙는 가시는 턱잎이 변한 것이다. 담쟁이덩굴 잎은 빨판으로 변해서 벽이나 바위에 찰싹 붙는다. 머루는 잎이 덩굴손으로 변하여 다른 물체를 감는다.

국수나무 잎의 생김새

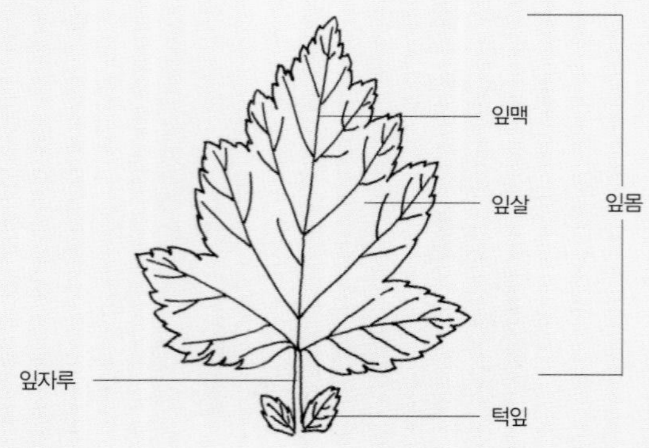

여러 가지 잎차례

모여나는 철쭉 잎

어긋나게 붙는 대추나무 잎

마주나는 쥐똥나무 잎

여러 가지 잎의 생김새

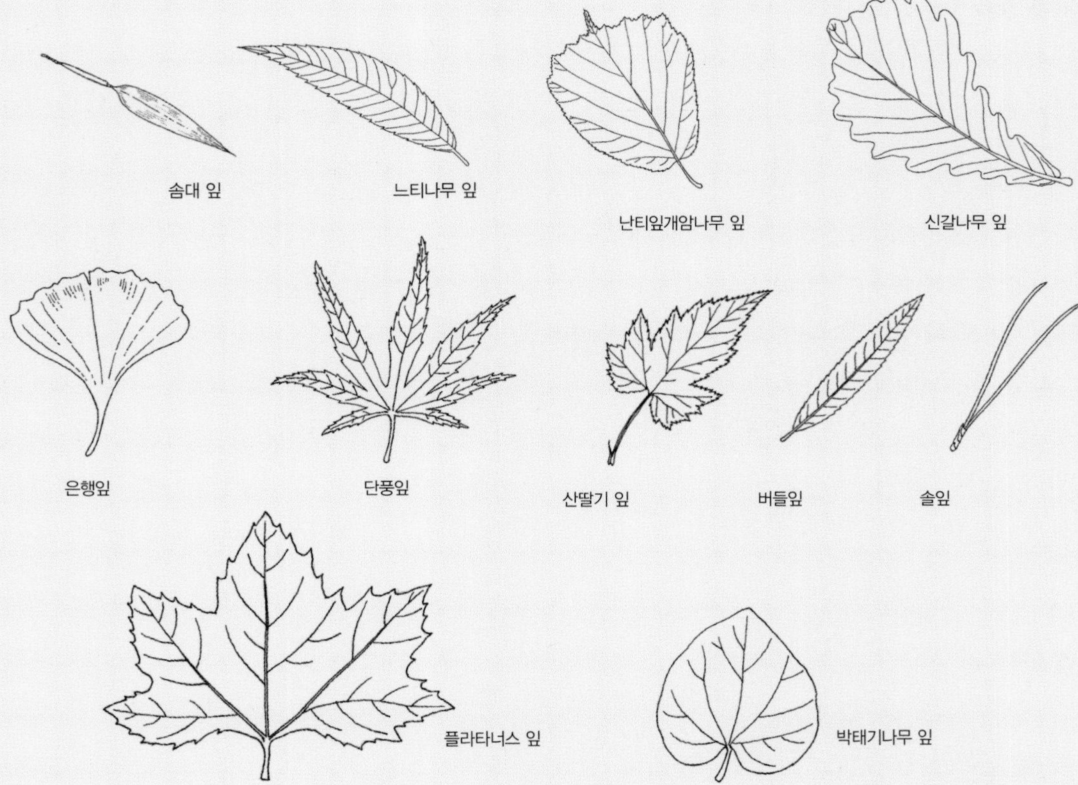

여러 가지 겹잎

손꼴겹잎

싸리나무 잎

오갈피나무 잎

깃꼴겹잎

해당화 잎

붉나무 잎

꽃의 생김새

꽃은 꽃자루 위에 받쳐져 있다. 많은 꽃이 모여 붙을 때는 꽃 하나하나가 작은 꽃자루에 받쳐진다. 어느 꽃이든 자세히 보면 네 개의 동그라미 위에 밑에서부터 꽃받침, 꽃관, 수술, 그리고 암술이 차례로 붙어 있다. 이들이 꽃턱 위에 올려져 있다.

꽃받침은 보통 푸른색을 띤다. 진달래꽃의 꽃받침은 통 모양으로 붙지만 벚꽃은 꽃받침 조각으로 나누어져 있다.

꽃관은 우리가 꽃잎이라고 하는 곳이다. 진달래꽃처럼 꽃관이 통꽃으로 붙은 나무와 벚꽃처럼 여러 장으로 갈라진 나무가 있다. 그리고 꽃잎 안쪽 깊은 곳에는 꿀샘이 있다. 수술은 보통 기다란 꽃실 끝에 꽃밥을 달고 있다. 꽃밥은 두 개의 꽃가루주머니로 이루어져 있다. 꽃가루주머니 속에는 꽃가루가 잔뜩 들어 있다. 진달래꽃의 꽃밥을 자세히 보면 끝에 구멍이 뚫려 있다. 그 구멍에 연필 끝을 댔다가 떼면 실에 달린 꽃가루가 염주처럼 연필 끝에 붙어서 따라 나온다. 연필 대신 곤충의 다리가 꽃밥에 닿았다면 꽃가루는 어떻게 되겠는가.

꽃 한가운데에는 암술이 있다. 암술은 암술머리와 암술대와 씨방으로 이루어져 있다. 암술 맨꼭대기에 있는 암술머리에는 끈적끈적한 진이 묻어 있거나 우툴두툴한 돌기가 솟아 있어서 꽃가루가 붙기 쉽도록 되어 있다. 암술대가 기다란 꽃도 있지만 짧아서 보이지 않는 꽃도 있다. 암술의 맨 밑에 있는 씨방은 보통 작은 단지 모양이다. 그 속에는 장차 씨가 될 밑씨가 들어 있다.

한 꽃에 꽃받침과 꽃잎, 수술, 암술, 네 가지 모두를 갖춘 꽃을 갖춘꽃이라고 한다. 이 가운데서 어느 한 가지라도 없는 꽃을 안갖춘꽃이라고 한다. 동백꽃과 무궁화꽃은 갖춘꽃이고 상수리나무 꽃과 소나무 꽃은 안갖춘꽃이다. 꽃받침과 꽃잎이 없더라도 암술과 수술을 가지고 있으면 양성화라 하고, 암술이나 수술 중에서 한 가지만 있으면 단성화라고 한다. 벚꽃과 매화는 양성화이고 감꽃과 밤꽃은 단성화이다.

꽃잎에는 보통 붉은색과 자주색 물감이 들어 있다. 이런 물감을 안토시안이라고 한다. 또 주황색과 노란색 꽃잎에는 카로틴이라는 색소가 들어 있다. 그런데 흰 꽃은 꽃잎에 색소가 없다.

복사꽃의 생김새

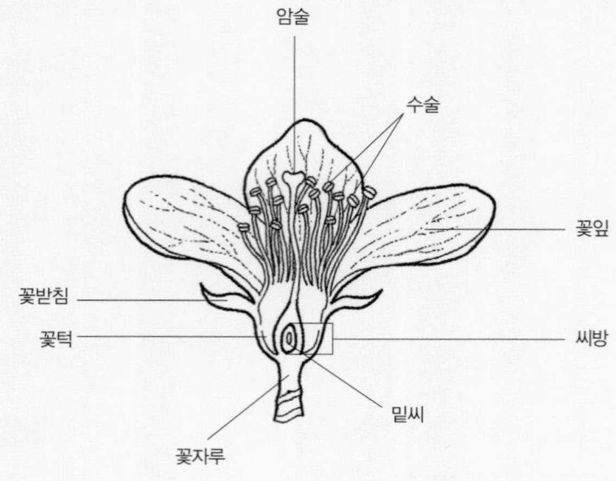

여러 가지 꽃의 생김새

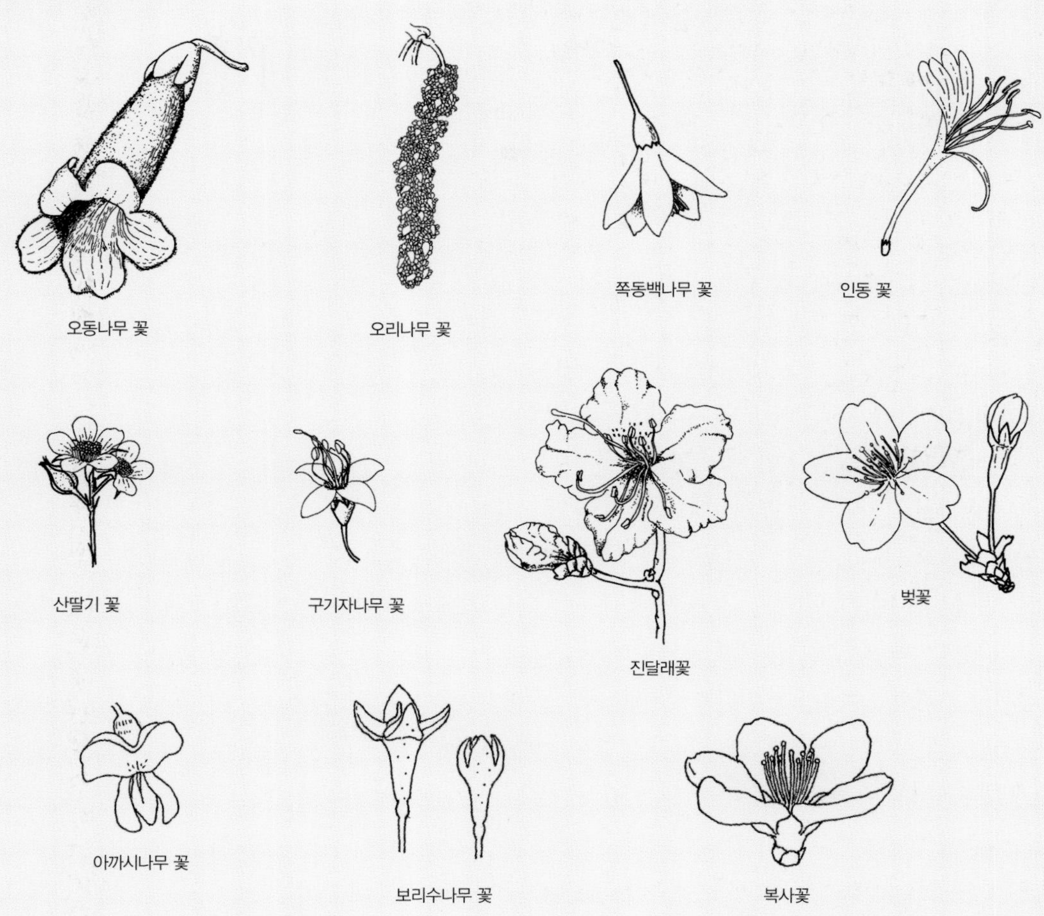

여러 가지 꽃차례

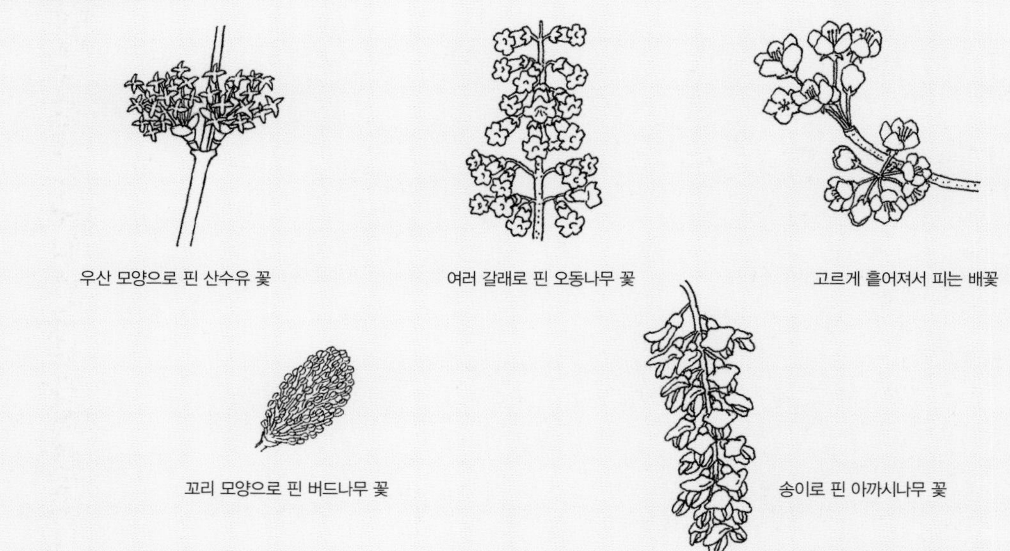

열매의 생김새

수술의 꽃가루가 암술머리에 닿으면 가루받이가 이루어진다. 가루받이가 이루어진 감꽃은 꽃받침이 살아 있는 채 씨방벽이 무럭무럭 자란다. 우리가 먹는 감의 살은 씨방벽이 자란 것이다. 그리고 씨방 속에 얌전하게 들어 있던 밑씨는 감씨가 된다.

그런데 매실나무와 복숭아나무의 열매는 가루받이가 이루어지면 꽃받침과 꽃잎, 수술이 모두 시든다. 오직 씨방만이 자란다. 씨방벽은 자라서 세 가지 과피로 발달한다. 곧 얇고 질긴 외과피, 수분과 살이 많고 맛있는 중과피, 그리고 단단한 내과피로 나누어진다. 내과피 속에 씨가 들어 있다.

사과나무와 배나무 열매는 꽃턱이 자라면서 씨방을 에워싸서 과일이 된다. 꽃받침이 씨방 위로 밀려 올라가기 때문에 과일이 익은 뒤에 꽃받침이 열매 위에 남아 있다. 열매 밑에 꽃받침이 남아 있는 감과 비교가 된다. 감처럼 씨방이 자라서 과일이 된 것을 참열매라 하고, 씨방이 아닌 곳이 자라서 과일이 된 사과나 배를 헛열매라고 한다. 무화과나 산딸기나 오디도 헛열매다.

소나무 열매인 솔방울은 다른 나무 열매와 많이 다르게 생겼다. 소나무 암꽃은 기둥 한 개에 수많은 암술이 모여 붙는다. 가루받이가 끝난 뒤 암술이 발달하여 비늘잎으로 바뀐다. 이 비늘잎은 단단한 나무질이다. 솔방울은 비늘잎의 겨드랑이에 씨가 두 개씩 들어 있다. 씨에는 날개가 붙는다. 솔방울이 익으면 비늘잎이 벌어지고 씨가 밖으로 나와서 바람에 날린다.

참나무 열매인 도토리도 재미있게 생겼다. 참나무의 암술은 수많은 포엽으로 싸여 있다. 가루받이가 이루어지면 포엽이 발달한다. 포엽은 모자 모양의 깍정이가 되어 속에 들어 있는 도토리를 감싼다. 밤송이는 포엽이 가시로 변한 것이다.

나무 열매가 생기는 차례

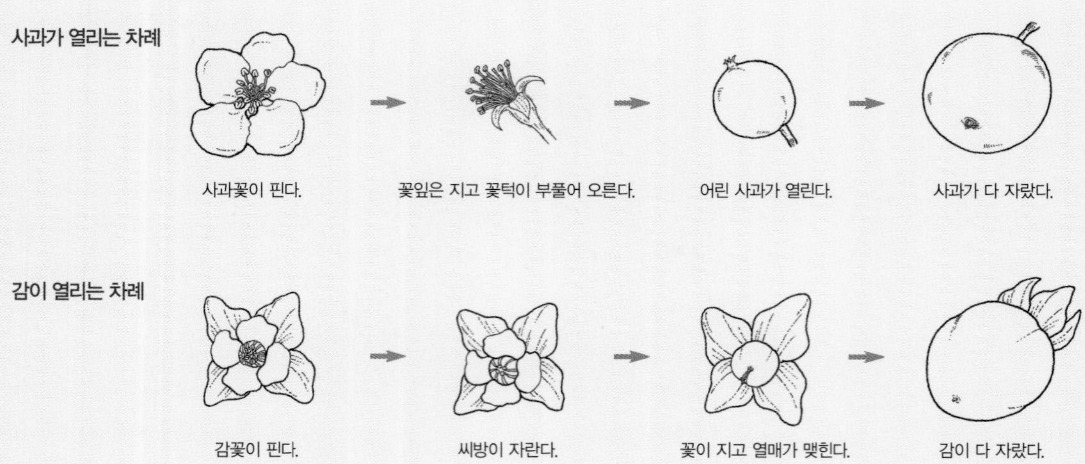

여러 가지 나무 열매

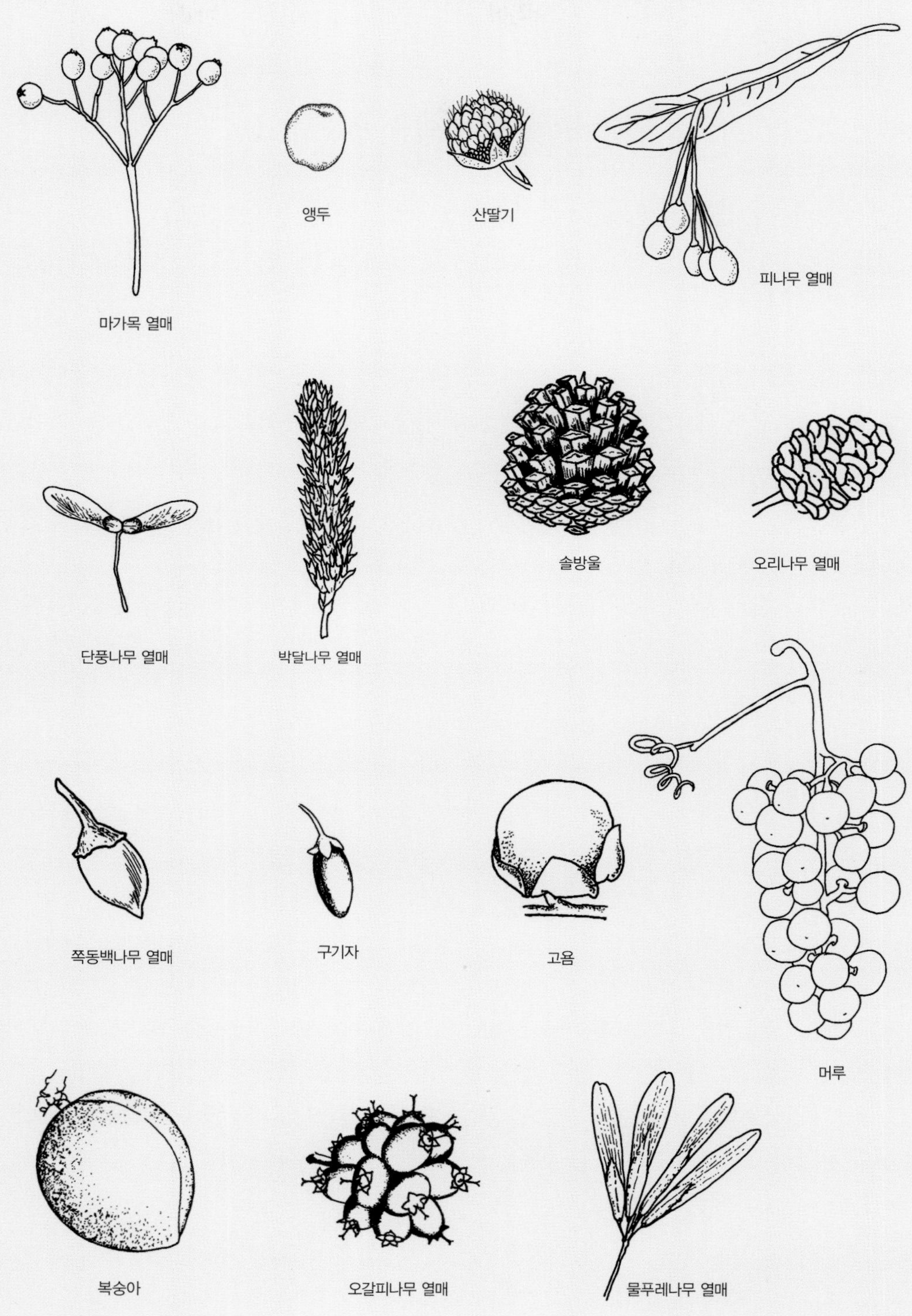
앵두
산딸기
피나무 열매
마가목 열매
솔방울
오리나무 열매
단풍나무 열매
박달나무 열매
쪽동백나무 열매
구기자
고욤
머루
복숭아
오갈피나무 열매
물푸레나무 열매

나무 기르기

과일나무 심기

옮겨심기 이른 봄이 되면 나무를 심는다. 춘분 전에 심는 것이 좋다고 한다. 씨를 땅에 묻어서 올라온 지 2년 남짓 되면 옮길 수 있다. 나무뿌리를 잘 펴 놓고 흙을 땅 거죽과 같은 높이로 펴 넣고 단단히 다진다. 한 번 이렇게 심은 뒤에는 건드리지 말고 다시 안 볼 것같이 내버려 둔다.

나무를 옮겨 심을 때는 미리 넓고 깊게 구덩이를 판다. 나무를 뜰 때는 뿌리에 흙을 많이 붙이고 남쪽 가지를 표시한 뒤에 뜬다. 미리 파 둔 구덩이에 섰던 방향 그대로 들여세우고 뿌리를 잘 펴 놓는다. 맑은 거름물에 흙을 묽게 개어 뿌리 위에 주고는 나무를 흔들어 그 진흙이 뿌리 사이로 잘 들어가게 한다. 그리고 흙을 메워 올라오면서 다지는데 맨 위에 올라올 흙은 다지지 않는다. 나무를 심고 물을 주고 나서는 늘 마른 흙을 덮어 주어 물기가 바로 날아가지 않도록 한다. 옮길 때 조심할 것은 묻혔던 자리보다 더 깊이 묻지 않는 것이다. 또 네 귀에 든든한 받침대를 세우고 새끼로 붙들어 매어 큰 바람이 불어도 흔들리지 않도록 해 준다.

씨 심기 나무 씨앗은 여름이나 가을에 받아 놓는다. 열매를 먹을 때 모아 놓으면 좋다. 씨앗을 물로 깨끗이 씻어서 젖은 모래와 섞어서 화분이나 시루에 넣어 둔다. 화분이나 시루는 밑이 새지 않도록 막아 놓아야 한다. 이렇게 심은 씨앗은 서늘한 곳에 놓아둔다. 이때 씨가 바짝 마르면 봄에 싹이 안 트므로 조심해야 한다. 씨를 심을 때는 여러 번 접붙인 나무의 열매는 피하는 것이 좋다.

따뜻한 날을 골라서 씨뿌리기를 한다. 앵두나무나 대추나무 씨는 흩어 뿌려도 좋다. 하지만 밤은 고랑 위에 뉘어 놓아야 한다. 뿌리가 나올 때 밤톨의 위쪽에서 나오기 때문이다. 그리고 대추씨는 성기게 뿌려야 한다. 대추씨 한 개 속에는 두 개의 싹이 붙어 있어 새싹이 나오기 때문이다.

접붙이기 접붙이기는 한 나무에 다른 나무의 가지나 눈을 따다 붙여서 새 나무로 키우는 것이다. 이때 뿌리가 될 나무는 '접그루'라 하고 접그루 위에 붙이는 가지나 눈은 '접가지'라 한다. 접그루에는 다른 나무를 접붙이기도 하고 같은 나무를 접붙이기도 한다. 예를 들면 사과나무 접그루로는 아그배나무나 콩배나무를 쓰지만 매실나무 접그루로는 매실나무를 쓴다. 복숭아나무나 자두나무, 살구나무의 접그루로는 어느 것이나 복숭아나무를 쓴다. 접가지는 과일이 크고 맛이 좋으며 병에 걸리지 않는 나무의 가지를 골라서 쓴다. 접가지는 늦가을이나 이른 봄에 베어서 축축하고 서늘한 곳에 보관한다.

꺾꽂이 이른 봄에 좋은 과일나무에서 어리고 좋은 가지를 고른다. 굵기가 손가락만 하고 곧은 것이 좋다. 이것을 30cm쯤 되도록 잘라서 심는다. 토란이나 무나 순무에 꽂아 심기도 하고 밑을 불로 지져서 심기도 한다. 심은 뒤 3～4일 지나면 물을 준다. 심은 지 2년이 넘으면 옮겨 심을 수 있다.

과일나무 접붙이기

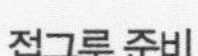

접그루 준비

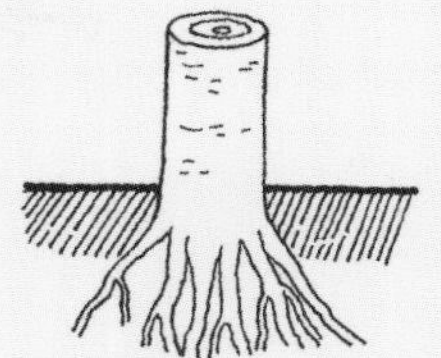

접그루 줄기를 싹둑 자른다.

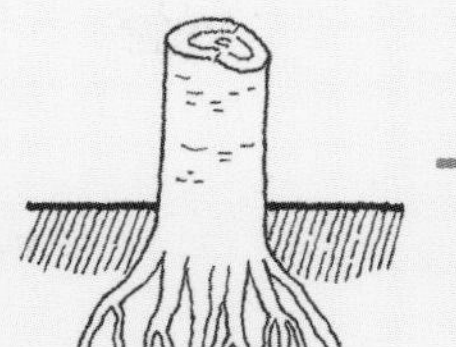

접그루 줄기를 비스듬히 베어 낸다.

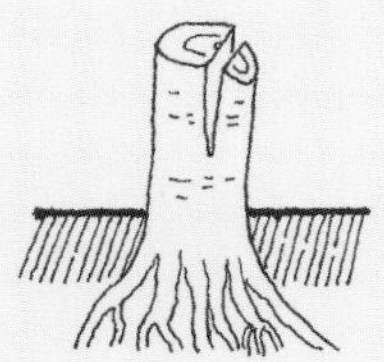

자른 자리 한쪽에 칼을 세우고 부름켜에 따라서 3cm 길이로 깎아 내린다.

접가지 준비

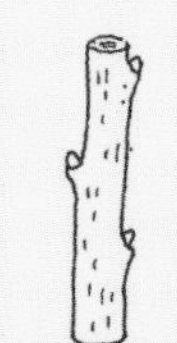

접가지는 접그루보다 가는 것이 좋다. 눈이 붙은 접가지를 5~6cm 길이로 끊는다.

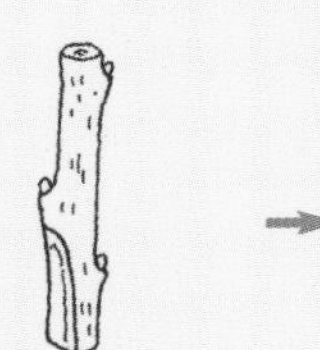

칼로 밑을 비스듬히 한칼에 깎아 내린다.

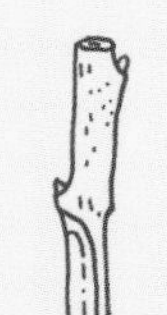

다시 반대쪽을 비스듬히 깎아 내린다. 이때 양면에 부름켜가 드러나야 한다.

접붙이기

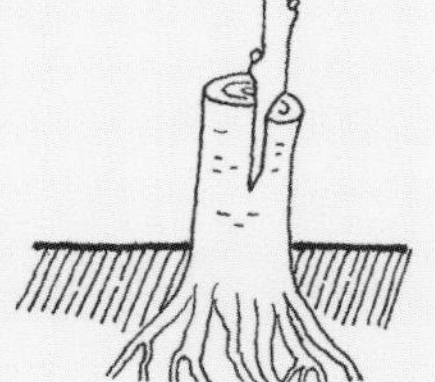

접그루의 깎아 내린 자리에 접가지를 끼워 넣는다.

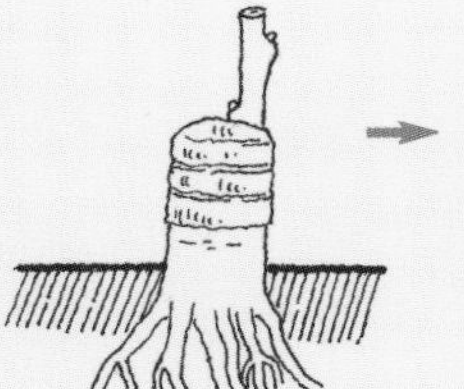

접그루와 접가지의 부름켜를 잘 맞추고 움직이지 않도록 끈으로 칭칭 감아 준다.

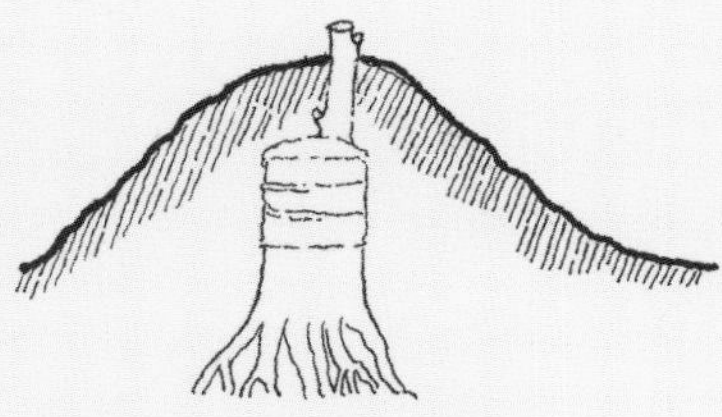

접붙이기가 끝났다. 접붙인 자리가 마르지 않도록 흙을 1~2cm 깊이로 덮어 준다.

꺾꽂이와 휘묻이

포도나무 꺾꽂이

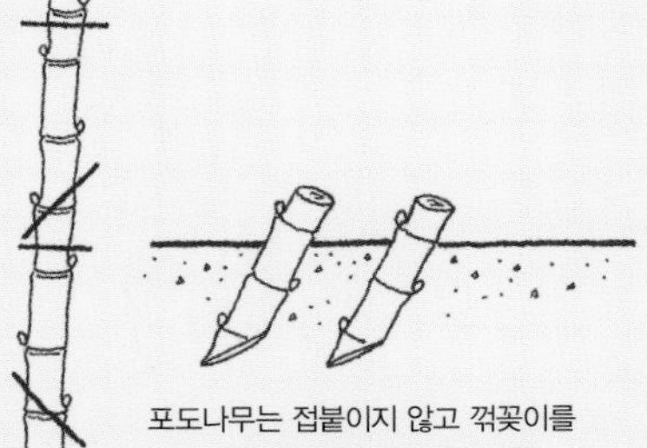

포도나무는 접붙이지 않고 꺾꽂이를 한다. 이른 봄에 포도 덩굴에서 잘 자란 가지를 길이가 30cm쯤 되도록 잘라서 깊이가 20cm 남짓 되도록 묻는다.

뽕나무 휘묻이

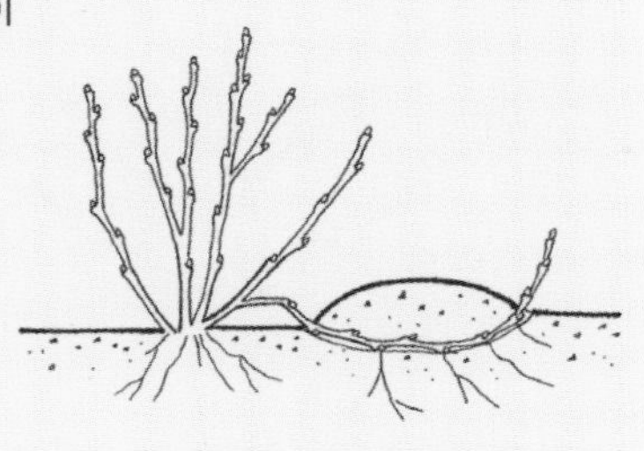

2월에 뽕나무 가지를 휘어 땅에 붙이고 마른 흙으로 묻어 두면 뿌리가 쉽게 나온다. 이것을 이듬해 정월에 잘라 심는다.

과일나무 가꾸기

나무 고르기 과일나무는 기르기도 어렵고, 병충해를 다스리기도 어렵다. 그래서 집에 심을 때는 여러 가지를 심는 것보다 서너 가지씩 심는 것이 좋다. 과일나무를 고를 때는 그 지방에서 잘 되고 가꾸기 쉬우면서 열매가 잘 달리는 나무를 고르는 것이 좋다. 대추나무나 호두나무처럼 크게 자라고 수백 년을 사는 나무는 뒤뜰이나 집에서 조금 떨어진 곳에 심는다. 앞뜰에는 앵두나무나 자두나무처럼 키가 작은 과일나무를 심어야 방에 그늘이 안 진다.

거름주기 과일나무는 거름을 많이 주고 김을 제때 여러 번 매 주어야 한다. 그중에서도 사과나무는 다른 과일나무보다 거름을 많이 먹고 생명력이 약한 편이다. 그래서 늘 손질하고 정성 들여 가꾸어야 한다.

밑거름은 봄, 가을에 과일나무에서 두세 발자국 떨어진 곳에 홈을 깊이 파고 준다. 밑거름으로는 두엄이나 풋거름 같은 것을 듬뿍 준다. 덧거름은 사과꽃이 진 다음 과일이 잘 자라도록 초여름에 한두 번씩 뿌리께에 묻어 준다. 가을에 사과가 익을 무렵에는 재를 묻어 준다. 사과밭은 한 해에 네댓 번쯤 갈아 준다. 장마철을 앞두고는 물도랑을 내주어 빗물이 잘 빠지도록 해 준다. 사과밭에 토끼풀이나 자운영 같은 풀로 풀밭을 만들어 두면 장마철에 흙이 씻겨 내려가지 않는다. 포도나무는 물을 많이 먹는다. 꽃이 피기 전과 꽃이 진 뒤에는 물을 많이 주어야 한다. 고랑을 깊이 파고 물을 넣어 주거나 물을 퍼다가 부어 주면 된다.

가지치기 나무가 어느 정도 자라면 가지를 많이 뻗치고 수많은 잎이 달린다. 밑가지의 잎들은 윗가지의 잎에 가려진다. 그늘에 묻힌 잎들은 햇빛을 못 봐서 병에 걸리거나 열매가 작아진다. 이 때문에 가지치기를 한다. 마당 구석이나 뒤뜰에 한두 그루 심어 기르는 것은 이른 봄에 죽은 가지나 배게 붙은 가지를 낫으로

과일나무 가지치기

정월에 어지러운 잔가지들을 잘라 주면 열매가 살찌고 나무 힘이 좋아진다.

과일나무 시집보내기

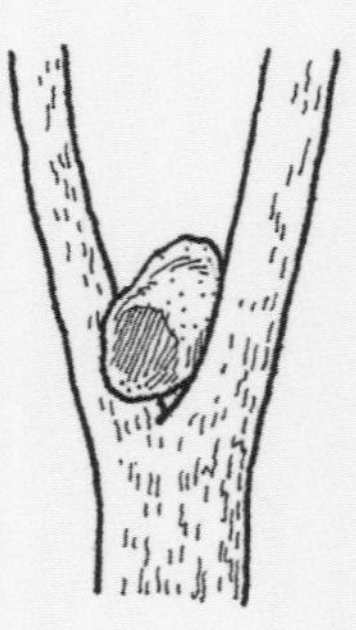

정월 초에 줄기가 갈라진 곳에 돌을 끼우는 것을 '시집보낸다'고 한다. 이렇게 하면 열매가 크고 많아진다.

솎아 준다. 밭에 심어 기르는 것은 나무 모양을 만들어 가면서 꼼꼼히 가지를 친다.

사과나무와 배나무는 너무 높게 자라면 열매를 따기가 어렵다. 그래서 나무가 낮아지도록 가지치기를 한다. 배나무는 그대로 두면 가지가 너무 가늘게 자라서 열매가 바람에 흔들린다. 그래서 가지치기를 하고 가지가 흔들리지 않도록 버팀대나 시렁에 묶고 햇빛을 많이 받도록 한다. 포도나무는 덩굴식물이다. 가지치기를 하여 필요한 가지만 시렁에 올리거나 울타리에 묶어 준다.

복숭아나무는 수명이 짧다. 10년이 지나 나무가 늙어서 열매가 잘 안 달리고 알도 작아지면 그루를 톱으로 바싹 잘라 버린다. 그러면 그루에서 새 가지가 돋아나서 젊은 나무로 자란다. 대추나무는 수명도 길고 기르기도 쉽다.

열매 솎기 사과나무나 배나무, 복숭아나무는 열매가 달리면 솎아 준다. 솎지 않으면 열매가 아주 작아지고 해거리를 하기 때문이다. 열매는 하지 무렵에 솎는다. 꽃이 피었다가 진 뒤에 한 달쯤 지나서 하는 것이 좋다. 병든 것, 흠집이 있는 것, 찌그러진 것, 가지 끝에 달린 것을 따 준다. 너무 배게 달린 것도 따 준다.

열매를 솎아 주기에 앞서 꽃을 솎아 주기도 한다. 한창 꽃이 필 때 너무 꽃이 배고 성근 것을 보아서 한두 번쯤 따 준다. 큰 과일을 따려면 많이 솎아 낸다. 대추나무는 꽃이 피면 작대기로 나무를 두드려서 못쓸 꽃을 떨군다. 그리고 단옷날에 도끼날로 나무껍질을 툭툭 찍어서 자리를 내 준다. 그러면 대추 살도 두터워지고 맛도 좋아진다.

열매가 어느 정도 자라면 하나하나 종이 봉지로 싸 준다. 열매를 싸 주면 병충해를 적게 받는다. 또 익었을 때 빛깔이 고우며 비에 젖어도 살이 터지지 않고 새가 덜 쪼아 먹는다. 과일이 익어서 딸 때는 두 손으로 나무가 상하지 않도록 조심해서 따야 한다. 한 나무에서도 익는 때가 다르기 때문에 익은 것만 골라 따야 한다.

겨울나기 추위에 약한 나무는 가을에 볏짚으로 몸을 싸고 새끼를 촘촘히 감은 뒤에 흙을 발라 준다. 왕겨로 나무 밑을 북돋워 주기도 한다. 포도나무는 추위를 잘 타고 얼어 죽기 쉬우므로 겨울을 잘 나야 한다. 서리가 오기 전에 덩굴을 걷어서 서리서리 감은 뒤에 구덩이를 깊이 파고 모두 묻는다. 포도나무 원줄기 옆으로 길게 홈을 판 뒤에 덩굴을 눕혀 놓고 흙으로 묻기도 한다. 겉으로 나온 원줄기 밑동은 짚으로 싸매 주거나 짚단을 쌓아 덮어 준다. 이렇게 하면 이듬해 마른 가지도 없어지고 벌레도 덜 낀다. 이렇게 두었다가 이른 봄 눈 트기 전에 겨울 동안 묻어 두었던 구덩이에서 파내어 덕대 위에 올려놓는다.

한창 꽃이 필 때 과일나무가 서리를 만나면 열매를 못 맺는다. 마른 풀을 나무 밑에 여기 저기 쌓은 다음 불을 놓아 뭉게뭉게 연기를 내 준다. 그러면 서리를 막아 꽃이 스러지지 않는다.

과일 따기 과일을 딸 때 가장 중요한 것은 나무와 과일이 상하지 않도록 따야 한다는 것이다. 그리고 한 나무에서 과일이 다 익기를 기다리지 말고 익는 대로 그때그때 따야 한다. 키가 작은 사과나무나 배나무는 선 자리에서 한 손으로는 가지를 잡고 다른 한 손으로는 열매를 움켜쥐고 비틀어서 딴다. 나무가위로 자르기도 한다. 키가 큰 나무는 사다리를 걸쳐 놓고 두 손으로 딴다. 손이 닿지 않는 것은 긴 장대 끝에 갈고리를 매어 열매꼭지에다 걸어서 당기거나 비틀어서 딴다. 이때 과일이 떨어져도 깨지거나 터지지 않도록 나무 밑에 멍석을 깔아 놓는다. 살구, 자두, 감, 대추는 장대를 써서 많이 딴다.

우리 이름 찾아보기

아

자

차

카

타

파

하

학명 찾아보기

Q

R

S

T

U

V

Z

분류 찾아보기

저자 소개

그림

이제호
1959년에 충남 부여에서 태어나 중앙대학교 회화과에서 공부했다. 나무나 풀을 좋아하고 별과 우주에도 관심이 많다. 그동안 《세밀화로 그린 보리 어린이 식물 도감》《세밀화로 그린 보리 어린이 동물 도감》《들나물 하러 가자》《파브르 식물 이야기》 들에 그림을 그렸다. 쓰고 그린 책으로 《겨울눈아 봄꽃들아》《할머니 농사일기》 들이 있다.

손경희
1966년에 서울에서 태어나 동덕여자대학교 산업디자인과에서 공부했다. 그동안 《빨간 열매 까만 열매》, 《내가 좋아하는 나무》에 그림을 그렸다.

임병국
1971년 인천 강화에서 태어나 홍익대학교 회화과에서 공부했다. 〈보리 제1회 세밀화 공모전〉에서 대상을 받았다. 그동안 《세밀화로 그린 보리 어린이 곡식 채소 도감》《버섯 도감-세밀화로 그린 보리 큰도감》《동물 도감-세밀화로 그린 보리 큰도감》에 그림을 그렸다.

글

임경빈
서울대학교 농과대학 교수, 산림청 임업연구원 고문 들을 지내면서 한평생 나무를 연구했다. 쓴 책으로는 《임학개론》《조림학원론》《조림학본론》《천연기념물(식물편)》《이재임학논설집》《조선임업사》 〈나무백과〉 〈푸른 마을을 꿈꾸는 나무〉 들이 있다.

김준호
서울대학교 자연과학대학 교수, 대한민국학술원 회원, 한국식물학회 회장, 한국생물과학협회 회장 들을 지내면서 생태학을 연구하고 가르쳤다. 쓴 책으로는 《한국 생태학 100년》《생태와 환경》《현대생태학》《산성비》《어느 생물학자의 눈에 비친 지구온난화》 들이 있다.

김용심
〈샘이 깊은 물〉, 〈말〉, 〈우리교육〉에서 기자로 일했고, 여러 책을 쓰거나 편집했다. 쓴 책으로는 《문체반정, 나는 이렇게 본다》《백정, 나는 이렇게 본다》 들이 있고, 《보리 국어사전》《최명길 평전》《선조, 나는 이렇게 본다》 들을 편집했다.

참고한 책

《나무백과 1~6》 임경빈, 일지사, 1977~2002

《대한식물도감》 이창복, 향문사, 2003

《무슨 나무야?》 보리, 2002

《쉽게 찾는 우리 나무 1~4》 서민환, 이유미, 현암사, 2000

《식물 도감-세밀화로 그린 보리 큰도감》 김창석 외, 권혁도 외, 보리, 2017

《약 안 치고 농사짓기》 민족의학연구원, 보리, 2012

《약초 도감-세밀화로 그린 보리 큰도감》 김종현, 이원우 외, 보리, 2018

《약초 도감》 솔뫼, (주)넥서스, 2010

《우리 나무의 세계 1, 2》 박상진, 김영사, 2011

《조선식물지》 과학기술출판사, 2000

《한국식물도감》 이영노, 교학사, 2002